U0192720

该书由赤峰学院学术专著出版基金资助出版

配位聚合物的合成、性能及典型材料应用研究

桑雅丽　著

中国原子能出版社

图书在版编目 (CIP) 数据

配位聚合物的合成、性能及典型材料应用研究 / 桑雅丽著 . -- 北京 : 中国原子能出版社 , 2021.8

ISBN 978-7-5221-1529-0

Ⅰ . ①配… Ⅱ . ①桑… Ⅲ . ①配位聚合—功能材料 Ⅳ . ① TB34

中国版本图书馆 CIP 数据核字 (2021) 第 174140 号

内 容 简 介

配位聚合物是指在结构、配位性质方面可以多样化的有机配体和金属离子在配位键作用下形成的具有高度规整的无限网络结构配合物。本书系统地介绍了配位化学的基本性能和典型配位材料的研究现状及其应用，全书主要内容包括配位化学导论、配合物的立体结构和异构现象、配合物的合成与表征、配位聚合物的典型性能、配位聚合物储氢材料、金属 - 有机骨架结构配位聚合物发光材料和配位聚合物铁电材料。本书论述严谨 , 条理清晰，内容丰富新颖，是一本值得学习研究的著作。

配位聚合物的合成、性能及典型材料应用研究

出版发行　中国原子能出版社（北京市海淀区阜成路 43 号 100048）
责任编辑　白皎玮
责任校对　冯莲凤
印　　刷　三河市德贤泓印务有限公司
经　　销　全国新华书店
开　　本　710mm × 1000mm　1/16
印　　张　13.75
字　　数　218 千字
版　　次　2022 年 3 月第 1 版　2022 年 3 月第 1 次印刷
书　　号　ISBN 978-7-5221-1529-0　　定　　价　72.00 元

网　　址：http://www.aep.com.cn　　E-mail:atomep123@126.com
发行电话：010-68452845

前　言

配位化学（Coordination Chemistry）是在无机化学基础上发展起来的一门交叉学科，是无机化学的一个极其重要而又非常活跃的分支学科，在化学基础理论和实际应用方面都具有非常重要的意义。目前，配位化学不仅与有机化学、分析化学、物理化学、高分子化学等学科相互关联、渗透，而且与材料科学、生命科学以及医药等其他学科的关系也越来越密切，已成为化学学科中最具活力的前沿学科之一。

配位聚合物是指在结构、配位性质方面可以多样化的有机配体和金属离子在配位键作用下形成的具有高度规整的无限网络结构配合物。澳大利亚化学键 R. Robson 小组在 1989 年报道了一系列多孔配位聚合物，并因此成为研究配位聚合物的开拓者。随后，配位聚合物作为一个新兴领域很快吸引了化学家们的关注，成为配位化学的重要研究领域。经过多年的研究，目前已经发现了大量结构新颖、甚至具有各种功能的配位聚合物，并因种类的多样性和特殊的物理、化学性质使其在催化、非线性光学、磁学和光学等方面表现出极好的应用前景。

为此，作者产生了写作这样一本书的念头，意在对配位聚合物的合成、性能和典型材料应用展开研究。本书系统地介绍了配位化学的基本性能和典型配位材料的研究现状及其应用，全书共计 7 章，主要内容包括配位化学导论、配合物的立体结构和异构现象、配合物的合成与表征、配位聚合物的典型性能、配位聚合物储氢材料、金属－有机骨架结构配位聚合物发光材料和配位聚合物铁电材料。

在撰写本书时，作者力求继承国内外配位化学已有文献、专著的精华，希望做到深入浅出，阐明基本概念，并注重内容的科学性和系统性，阐明配位聚合物的基本理论、基本知识、最新成果及其发展前景。由于篇幅等原因，本书并没有囊括配位聚合物性质功能研究的全部内容。综合起来，本书具有如下三个特点。

①本书以配位化学中的基本概念、理论以及性质为线索，结合化学学科的学习特点，由浅入深，逻辑性强，科学组织内容体系。

②将配位聚合物领域的最新科技成就融入相关章节，以便读者能跟踪本领域的科学进展。

③本书结合图表加以描述，力求做到结构描述清楚、合成方法具体、规律总结可信、性质选取有代表性。整体内容具有系统性、新颖性和很强的实用性。

作者在多年研究的基础上，广泛吸收了国内外学者在配位聚合物性能和应用方面的研究成果，在此向相关内容的原作者表示诚挚的敬意和谢意。由于作者水平有限，加之时间仓促，错误和遗漏在所难免，恳请读者批评指正。

本书在撰写和出版过程中得到了内蒙古自治区光电功能材料重点实验室的大力支持与帮助，实验室主任靳瑞发教授在本书撰写期间提出了许多细致中肯的修改意见和建议，特此致谢。

作　者

2021年1月

目　录

第1章　配位化学导论

配位化合物具有较为复杂的结构，是现代无机化学重要的研究对象。配位化合物具有多种独特的性能，在很多领域方面有着广泛的应用，在科学研究和生产实践中日益起着越来越重要的作用。这一领域的发展，已经形成了一门独立的分支学科——配位化学。

1.1　配合物的基本概念

1.1.1 配位化合物的概念及组成

配位化合物（简称配合物）是由可以给出孤对电子或多个不定域电子的一定数目的离子或分子（称为配体）和具有接受孤对电子或多个不定域电子的空位原子或离子（统称为中心原子）按一定组成和空间构型所形成的化合物。

配位化合物由内界和外界两部分组成。内界又称配离子，写在方括号内，由中心原子与一定数目的中性分子或阴离子以配位键结合形成，中性分子或阴离子又叫配位体，配位体中与中心原子形成配位键的原子叫配位原子，中心原子形成配位键的数目叫配位数。与配离子带相反电荷的其他离子称为外界，又称外界离子，内界与外界之间以离子键结合，在溶液中可完全解离。[①]

例如，$[Cu(NH_3)_4]SO_4$ 配位化合物的组成可表示为：

① 冯勋，戴建辉，武国兴．无机化学理论分析与应用[M]．长春：吉林大学出版社，2013.

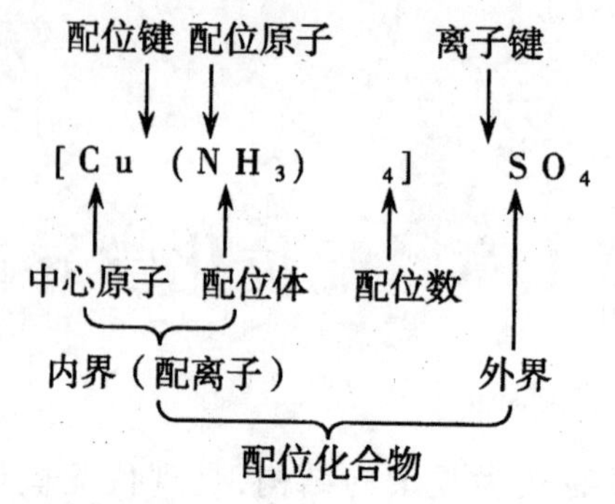

$K_4[Fe(CN)_6]$ 配合物的组成如下。

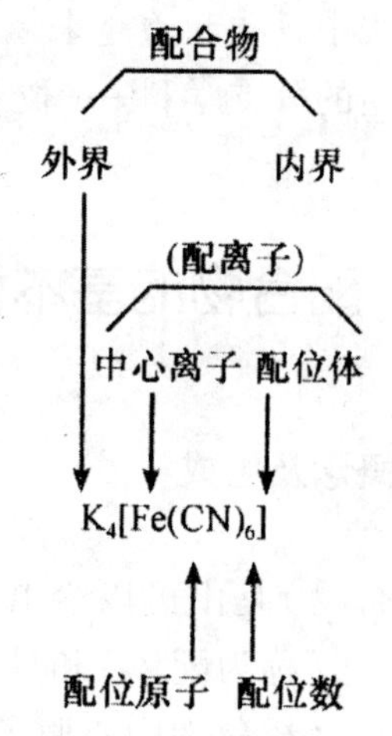

也有一些配位化合物只有内界，没有外界，如配位分子 $[Pt(NH_3)_2Cl_2]$。

1.1.2 配位化合物的分类

1.1.2.1 简单配合物

简单配合物是指由一个中心离子与若干个单基配体所形成的配合物。如 $[Cu(NH_3)_4]SO_4$ $[Cu(NH_3)_4]SO_4$、$K_2[HgI_4]$、$[Ag(NH_3)_2]^+$、$[ZnCl_4]^{2-}$、$[Ni(CN)_4]^{2-}$ 等均属于这种类型。这类配合物中一般没有环状结构，在溶液中常发生逐级生成和逐级离解现象，如 $[Ag(NH_3)_2]^+$ 的形成

$$Ag^+ + NH_3 \rightleftharpoons [Ag(NH_3)]^+$$

$$[Ag(NH_3)]^+ + NH_3 \rightleftharpoons [Ag(NH_3)_2]^+$$

1.1.2.2 螯合物

当多齿配位体中的多个配位原子同时和中心离子键合时,可形成具有环状结构的配合物,这类具有环状结构的配合物称为螯合物。多齿配位体称为螯合剂,螯合剂与中心离子的键合也称为螯合。螯合物所形成的五原子环和六原子环最稳定。

比如:乙二胺与 Cu^{2+} 反应生成 $[Cu(en)_2]^{2+}$。形成具有2个五原子环的螯合物:

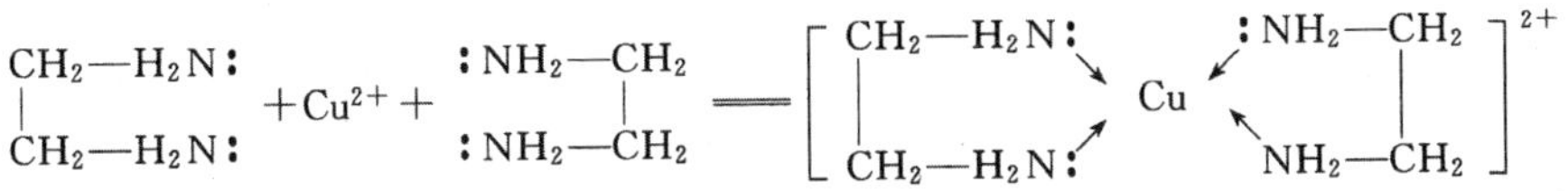

$$\begin{matrix} CH_2—H_2N: \\ | \\ CH_2—H_2N: \end{matrix} + Cu^{2+} + \begin{matrix} :NH_2—CH_2 \\ | \\ :NH_2—CH_2 \end{matrix} = \left[\begin{matrix} CH_2—H_2N: \\ | \\ CH_2—H_2N: \end{matrix} \rightarrow Cu \leftarrow \begin{matrix} :NH_2—CH_2 \\ | \\ NH_2—CH_2 \end{matrix} \right]^{2+}$$

乙二胺四乙酸(简称 EDTA)具有六个配位原子:

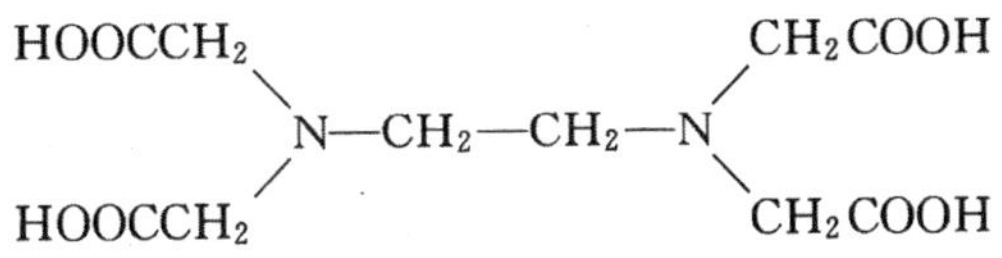

$$\begin{matrix} HOOCCH_2 & & & & CH_2COOH \\ & \diagdown & & \diagup & \\ & & N—CH_2—CH_2—N & & \\ & \diagup & & \diagdown & \\ HOOCCH_2 & & & & CH_2COOH \end{matrix}$$

螯合物的稳定性比普通配合物高螯合物比具有相同配位原子的非螯合物要稳定,在水中更难解离。并且,螯合物大多数有特种颜色,这一特征可用于金属离子的定性鉴定或定量测定。①

多数金属离子与 EDTA 形成有5个五原子环的、稳定的、组成为1:1的螯合物(图1-1)。Ca^{2+} 为ⅡA族金属离子,与一般配位体不易形成配合物,或形成的配合物很不稳定,但 Ca^{2+} 与 EDTA 能形成很稳定的螯合物。该反应可用于测定水中 Ca^{2+} 离子的含量。

1.1.3 配位化合物的命名

配位化合物的命名方法基本上遵循无机化合物的命名原则,先命名阴离子再命名阳离子。若为配阳离子化合物,根据外界阴离子分别称为:外界阴离子为简单离子则叫作某化某,外界阴离子为复杂离子(如

① 冯勋,戴建辉,武国兴. 无机化学理论分析与应用[M]. 长春:吉林大学出版社,2013.

SO_4^{2-})则叫作某酸某；若为配阴离子化合物，则在配阴离子名称与外界阳离子名称之间用“酸”字连接，若外界为氢离子，则在配阴离子名称之后加上“酸”字。①

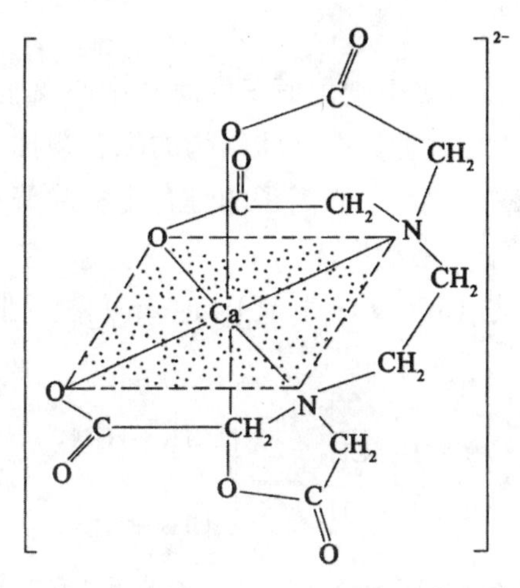

图 1-1　EDTA 与 Ca^{2+} 形成螯合物的环状结构

按照上述命名方法，下面举一些实例说明配合物的命名：

(1) $[Ag(NH_3)_2]Cl$：氯化二氨合银(Ⅰ)。

(2) $[Cu(NH_3)_4]SO_4$：硫酸四氨合铜(Ⅱ)。

(3) $[Co(NH_3)_5H_2O]Cl_3$：三氯化五氨·一水合钴(Ⅲ)。

(4) $H_2[PtCl_6]$：六氯合铂(Ⅳ)酸。

(5) $[Ag(NH_3)_2]OH$：氢氧化二氨合银(Ⅰ)。

(6) $K_3[Fe(CN)_6]$：六氰合铁(Ⅲ)酸钾(铁氰化钾或赤血盐)。

(7) $[Fe(CO)_5]$：五羰基合铁(0)。

(8) $[Pt(NH_3)_2Cl_2]$：二氯·二氨合铂(Ⅱ)。

(9) $[Pt(NO_2)_2(NH_3)_4]Cl_2$：二氯化二硝基·四氨合铂(Ⅳ)。

(10) $K[PtCl_5(NH_3)]$：五氯·一氨合铂(Ⅳ)酸钾。

有些配合物还常用习惯名称或俗名，如 $[Cu(NH_3)_4]^{2+}$ 称为铜氨配离子，$[Ag(NH_3)_2]^+$ 称为银氨配离子，$K_3[Fe(CN)_6]$ 称为铁氰化钾(俗称赤血盐)，$K_4[Fe(CN)_6]$ 称为亚铁氰化钾(俗称黄血盐)。另外在配合物的命名中，有的原子团使用有机物官能团的名称，如 -OH 羟基、CO

① 张定娃，何兰珍，韩敏．现代无机化学理论与应用发展研究[M]．长春：吉林大学出版社，2014．

羰基、$-NO_2$ 硝基等。

1.1.4 配位化合物的空间构型

由于中心离子在杂化轨道具有一定的方向性，所以配合物具有一定的空间构型。配合物常见的空间几何构型如图 1-2 所示。

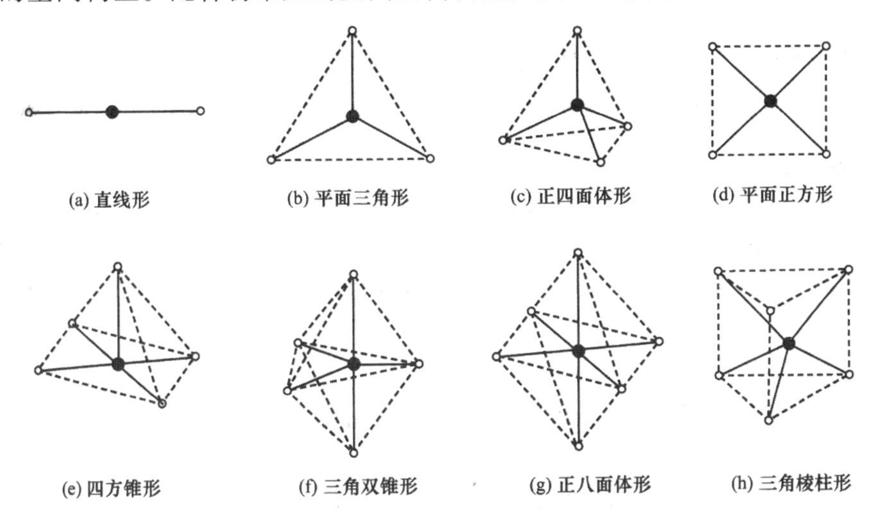

图 1-2 配合物常见的空间几何构型

现介绍几种重要的中心离子采用的杂化轨道和空间构型。

1.1.4.1 sp 杂化

氧化数为 +1 的中心离子常采用 sp 杂化，形成配位数为 2 的配合物，如 $[Ag(NH_3)_2]^+$ 配离子。从图 1-3 可见 Ag^+ 的价层电子结构为 $4d^{10}5s^0\ 5p^0$，在与 NH_3 形成配离子时，Ag^+ 的 1 个空 5s 轨道和 1 个空 5p 轨道杂化形成 2 个 sp 杂化轨道，NH_3 分子中的 2 个 N 原子上的具有孤电子对的原子轨道分别与 2 个 sp 杂化轨道重叠成键。2 个 sp 杂化轨道的夹角是 180°，故 $[Ag(NH_3)_2]^+$ 为直线形。

1.1.4.2 sp^3 杂化

采用 sp^3 杂化的中心离子，形成的配合物配位数为 4、空间构型为正四面体形。如 $[Zn(NH_3)_4]^{2+}$ 配离子。从图 1-4 可见，Nn^{2+} 离子的价层

电子结构为 $3d^{10}4s^{0}4p^{0}$，与 NH_3 形成配离子时，Zn^{2+} 的 1 个空 4s 轨道与 3 个空的 4p 轨道杂化形成 4 个 sp^3 杂化轨道，NH_3 分子中的 4 个 N 原子上的具有孤电子对的原子轨道分别与 4 个 sp^3 杂化轨道重叠成键。4 个 sp^3 杂化轨道的空间构型为正四面体形，故 $[Zn(NH_3)_4]^{2+}$ 配离子为正四面体形。

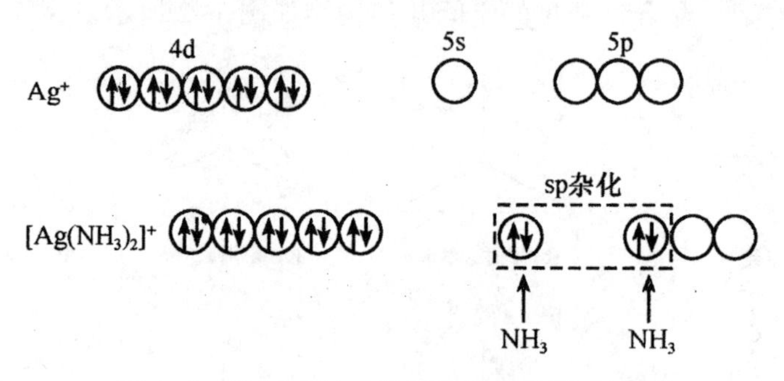

图 1-3 $[Ag(NH_3)_2]^+$ 配离子得的形成过程

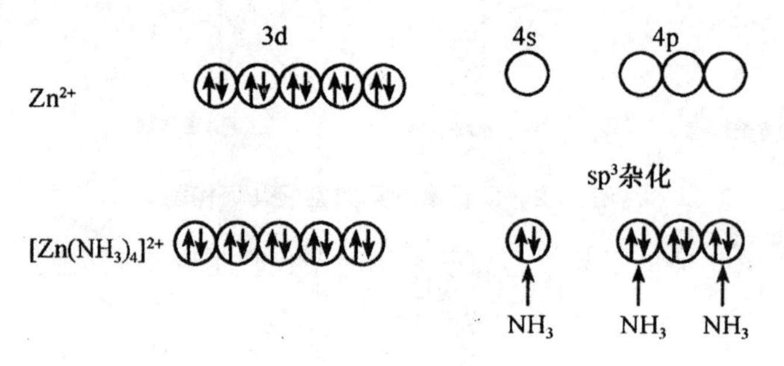

图 1-4 $[Zn(NH_3)_4]^{2+}$ 配离子的形成过程

1.1.4.3 dsp^3

采用 dsp^2 杂化的中心离子，形成的配合物配位数为 4、空间构型为平面正方形。如 [Ni(CN)4]$^{2-}$ 配离子。从图 1-5 可见，在 CN^- 的作用下，Ni^{2+} 的 3d 电子发生重排，空出一个 3d 空轨道与一个 4s、2 个 4p 空轨道进行杂化，形成 4 个 dsp^2 杂化轨道，分别接受 4 个 CN^- 离子中的 4 个 C 原子提供的 4 对孤对电子而形成 4 个配位键。4 个 dsp^2 杂化轨道的空间构型是平面正方形，故 $[Ni(CN)_4]^{2-}$ 配离子为平面正方形。

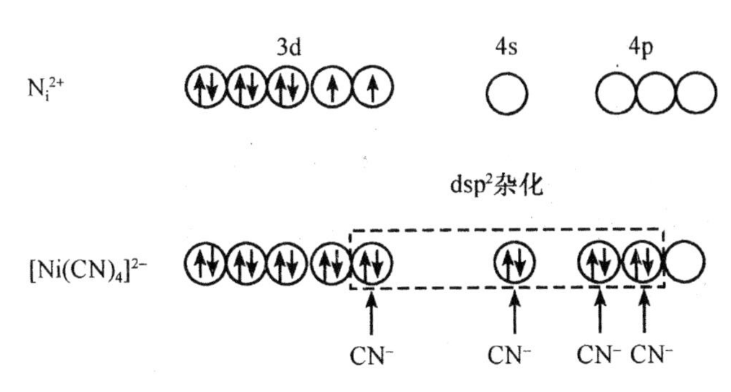

图 1-5 $[Ni(CN)_4]^{2-}$ 配离子的形成过程

1.1.4.4 sp^3d^2 杂化

采用 sp^3d^2 杂化的中心离子,形成的配合物配位数为 6、空间构型为正八面体形。如 $[FeF_6]^{3-}$ 配离子。从图 1-6 可见,Fe^{3+} 离子的价层电子结构为 $3d^5\ 4s^04p^0\ 4d^0$,在与 F^- 离子形成配离子时,Fe^{3+} 的 1 个 4s、3 个 4p、2 个 4d 空轨道进行杂化,形成 6 个 sp^3d^2 杂化轨道,分别接受 6 个 F^- 提供的 6 对孤对电子形成 6 个配位键。6 个 sp^3d^2 杂化轨道的空间构型为正八面体形,故为 $[FeF_6]^{3-}$ 正八面体形。

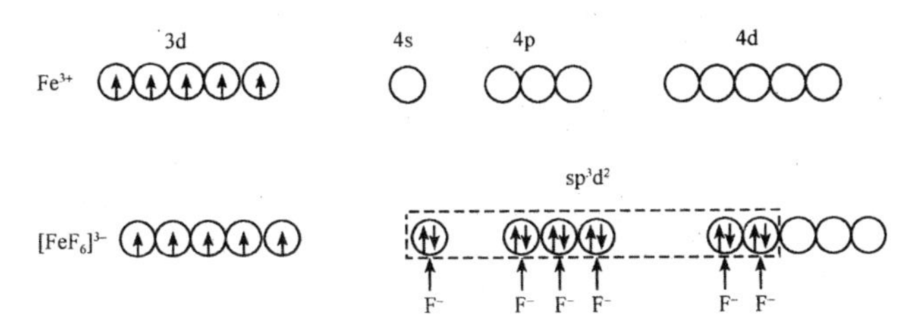

图 1-6 $[FeF_6]^{3-}$ 配离子的形成过程

1.1.4.5 d^2sp^3

采用 d^2sp^3 杂化的中心离子,形成的配合物配位数为 6、空间构型为正八面体形。如 $[Fe(CN)_6]^{3-}$ 配离子。从图 1-7 可见,在配位体 CN^- 的作用下,Fe^{3+} 的 3d 电子重新排布,原有未成对电子数减少,空出 2 个 3d 轨道与 1 个 4s、3 个 4p 空轨道进行杂化,形成 6 个 d^2sp^3 杂化轨道,分别接受 6 个 CN^- 离子中的 6 个 C 原子上的 6 对孤电子对而形成 6 个配位键。6 个 d^2sp^3 杂化轨道的空间构型为正八面体面体形,故为

$[Fe(CN)_6]^{3-}$ 正八面体形。

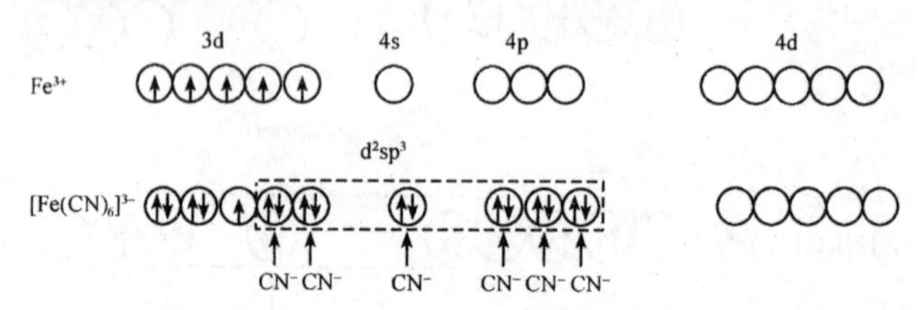

图 1-7 $[Fe(CN)_6]^{3-}$ 配离子的形成过程

综上所述,中心离子的杂化轨道的空间构型配合物的配位数和空间构型。现将常见的杂化轨道和配合物的空间构型,配位数的关系列于表 1-1。

表 1-1 常见轨道杂化类型和配合物的空间构型

杂化类型	配位数	空间构型	示例
sp	2	直线形	$[Cu(NH_3)_2]^+$,$[AgCl_2]^-$,$[CuCl_2]^-$,$[Ag(CN)_2]^-$
sp^2	3	平面三角形	$[CuCl_3]^{2-}$, $[HgI_3]^-$, $[Cu(CN)_3]^{2-}$
sp^3	4	正四面体形	$[Ni(NH_3)_4]^{2+}$, $[Zn(NH_3)_4]^{2+}$, $[Ni(CO)_4]$
dsp^2	4	正方形	$[Ni(CN)_4]^{2-}$,$[Cu(NH_3)_4]^{2+}$,$[Cu(H_2O)_4]^{2+}$
dsp^3	5	三角双锥形	$[Fe(CO)_5]$, $[Ni(CN)_5]^{3-}$

1.1.5 配位化合物在分析化学方面的应用

（1）离子的定性鉴定。在分析化学方面，常利用许多配合物有特征的颜色来定性鉴定某些金属离子。

例如，Cu^{2+} 与 NH_3 作用生成深蓝色的 $[Cu(NH_3)_4]^{2+}$ 配离子；Fe^{3+} 与 NH_4SCN 作用生成血红色的 $\left[Fe(NCS)_n\right]^{3-n}$ 的配离子。二乙酰二肟在氨碱性溶液中与 Ni^{2+} 作用生成鲜红色沉淀：

$$Ni^{2+}+2\begin{matrix}CH_3-C=N-OH\\ |\\ CH_3-C=N-OH\end{matrix}+2NH_3\cdot H_2O\longrightarrow\left[\begin{matrix} & O\cdots H-O & \\ CH_3-C=N\nearrow & & \nwarrow N=C-CH_3\\ | & \searrow Ni \swarrow & |\\ CH_3-C=N\nearrow & & \nwarrow N=C-CH_3\\ & O-H\cdots O & \end{matrix}\right]\downarrow+2NH_4^++2H_2O$$

鲜红色

可用来做 Ni^{2+} 的定性分析，也可用来做 Ni^{2+} 的定量分析。

（2）离子的分离。两种离子中若仅有一种离子能和某配位剂形成配位化合物，这种配位剂即可用于分离两种离子。例如，向含有 $A1^{3+}$ 和 Zn^{2+} 的混合溶液中加入氨水，此时 Zn^{2+} 和 $A1^{3+}$ 均能够与氨水形成氢氧化物沉淀。

$$A1^{3+}+3NH_3+3H_2O\rightarrow Al(OH)_3\downarrow+3NH_4^+$$

$$Zn^{2+}+2NH_3+2H_2O\rightarrow Zn(OH)_2\downarrow+2NH_4^+$$

在含有 Zn^{2+} 和 $A1^{3+}$ 的溶液中加入过量氨水：

$$(Zn^{2+}、Al^{3+})\xrightarrow{\text{过量}NH_3\cdot H_2O}\begin{cases}[Zn(NH_3)_4]^{2+}(aq)\\ Al(OH)_3\downarrow\end{cases}$$

可达到 Zn^{2+} 和 $A1^{3+}$ 分离的目的。①

（3）定量测定。配位滴定法是一种十分重要的定量分析方法，它利用配位剂与金属离子之间的配位反应来准确测定金属离子的含量，应用十分广泛，例如螯合剂 EDTA 可用作多种金属离子的定量测定。

① 冯勋，戴建辉，武国兴．无机化学理论分析与应用[M]．长春：吉林大学出版社，2013.

1.2 配合物的化学键理论

1.2.1 配位化合物的晶体场理论

晶体场理论(crystal field theory, CFT)是由物理学家培特(H.Bethe)及冯弗莱克(J.H.van Vleck)根据静电理论于1929年和1932年提出,由于当时人们不了解其意义,未引起注意。直到1953年,有人应用晶体场理论解释了配合物的结构、磁性、光学性质的产生机理,使晶体场理论受到无机化学界的重视并迅速发展起来,从而确定了该理论在配位化学中的地位。

晶体场理论认为中心离子与其周围配体的相互作用,纯粹是静电排斥和吸引作用,不交换电子,即不形成共价键。中心离子在周围配体电场(称为配位场, ligand field)作用下,原来5个能量相同简并的d轨道发生了能级分裂,在d层未充满电子的情况下,这种能级分裂的结果将使配合物带来额外的稳定化能(stabilization energy,即总能量下降),这就造成了中心离子与周围配体的附加成键效应。

1.2.1.1 晶体场中的d轨道

(1)晶体场中d轨道的能级分裂。自由中心原子的5个d轨道具有相同的能量,即d轨道是五重简并的。5个d轨道的角度分布如图1-8所示。

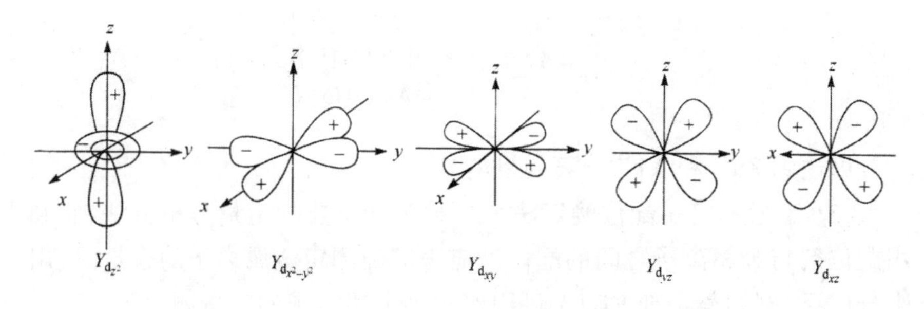

图1-8 d轨道的角度分布示意图

如果将中心原子放入假想的球形对称的负电场中,由于球形负电场对 5 个简并 d 轨道的静电排斥是相同的，会使 5 个 d 轨道能量升高，其能量仍然相同。

当中心原子处于八面体、四面体或平面正方形等负电场中，5 个轨道受到配体的静电排斥不同，各轨道能量升高的幅度不同，即原来的简并轨道将发生能级分裂。

①八面体场（O_h 场，octahedral field）对 d 轨道的分裂。在配位数 n=6 的八面体配合物中，配体位于八面体的 6 个顶点，如图 1-9 所示。

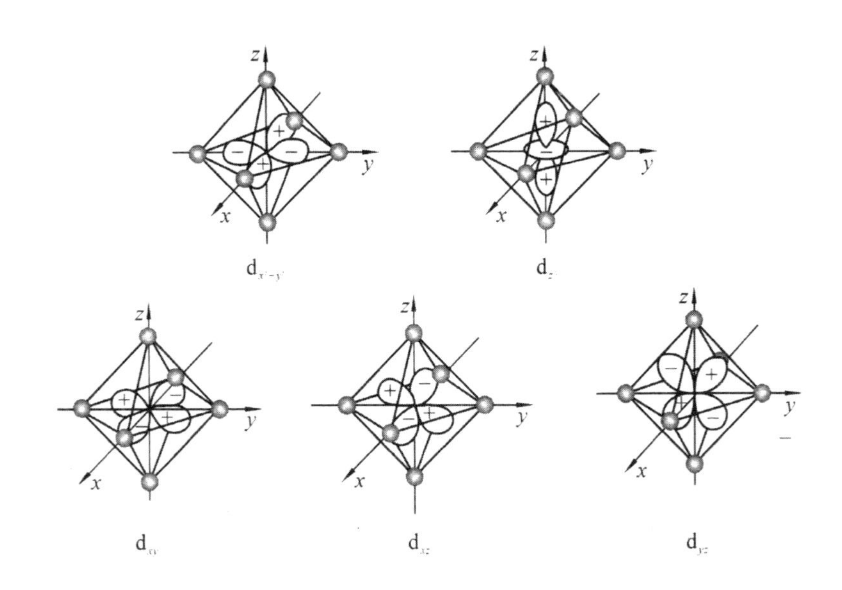

图 1-9　八面体负电场对中心原子 d 轨道的影响

6 个配体沿 x、y、z 三个坐标轴的正负 6 个方向向中心原子靠近，$d_{x^2-y^2}$、d_{z^2} 轨道的极大值正好指向配体，受到配体负电场的静电排斥作用较大，使其能量较球形配体场升高。而 d_{xy}、d_{xz}、d_{yz} 轨道的极大值正好插入配体的空隙中间，这些轨道上的电子受到的静电排斥作用较小。因而这 3 个轨道的能量比球形配体场的能量要低，这样就造成 d 轨道的分裂。本来能量相等的 5 个简并轨道，此时分裂成两组（图 1-10），一组是能量较高的二重简并 $d_{x^2-y^2}$ 和 d_{z^2} 轨道，称为 $d_{\bar{a}}$ 轨道（晶体场符号），或称为 e_g 轨道（群论符号）。另一组是能量较低的三重简并 d_{xy}、d_{xz}、d_{yz} 轨道，称为 $d_{\bar{a}}$ 轨道或 t_{2g} 轨道。

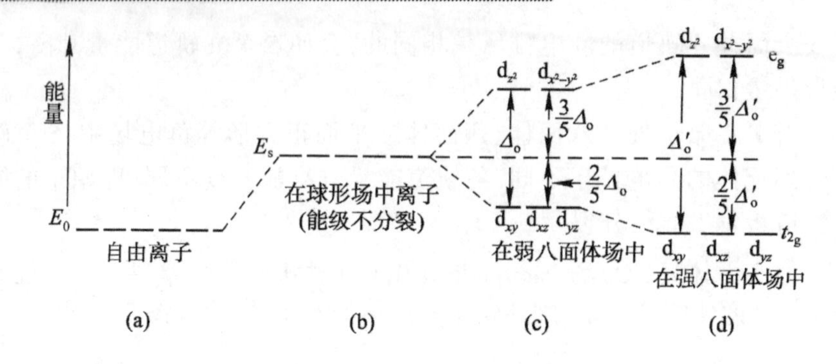

图 1-10 在 O_h 场中 d 轨道能级的分裂

②四面体场（T_d 场，tetrahedral field）对 d 轨道的分裂。在四面体配合物中，中心原子位于四面体的中心，4 个配体占据立方体 8 个顶点中相互错开的 4 个顶点的位置。它们在接近中心原子时正好与坐标轴 x、y、z 错开，在这种情况下，d_{xy}、d_{xz}、d_{yz} 三个轨道距配体较近，受到的排斥力较大，其能量高于球形场。$d_{x^2-y^2}$ 和 d_{z^2} 轨道与配体是错开的，受到的排斥力较小，其能量低于球形场，如图 1-11 所示。

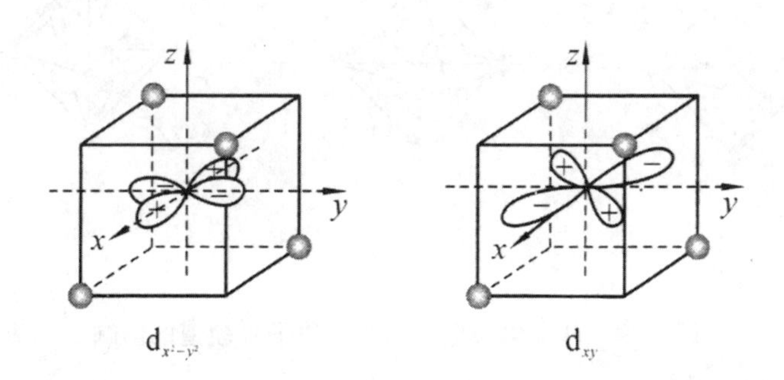

图 1-11 四面体负电场对中心原子 d 轨道的影响

在四面体配体场作用下，5 个简并 d 轨道的能级产生了和八面体场相反的分裂：一组是能量较高的 d_{ε} 轨道或 t_2 轨道，它包含了 d_{xy}、d_{xz} 和 d_{yz} 3 个轨道；另一组是能量较低的 e 轨道或 d_{γ} 轨道，它包含了 d_{z^2} 和 $d_{x^2-y^2}$ 2 个轨道，如图 1-12 所示。

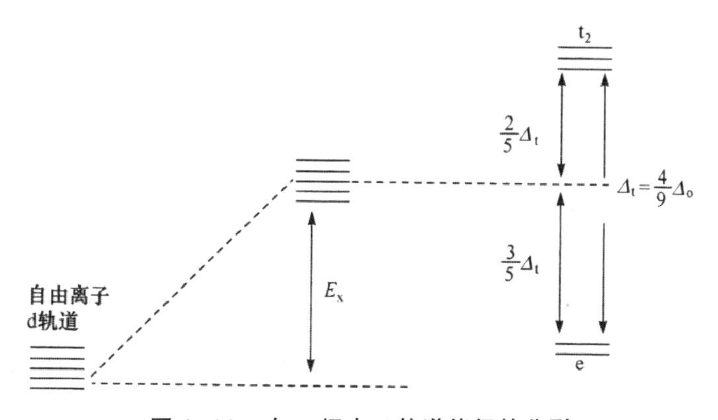

图 1-12　在 T_d 场中 d 轨道能级的分裂

③平面正方形场(square field)对 d 轨道的分裂。在平面正方形配合物中,4 个配体位于平面正方形的 4 个顶点,如图 1-13 所示。图内中心原子的 $d_{x^2-y^2}$ 轨道的极大值指向 4 个配体,受到的静电排斥最强,使 $d_{x^2-y^2}$ 轨道能量最高。d_{xy} 轨道的极大值部分虽然是指向配体之间,但由于 d_{xy} 轨道在 xy 平面,所以也要受到较大的推斥。d_{z^2} 轨道的极大值方向与 4 个配体所在 x 、y 轴成 90° 夹角,其只有小环部分在 xy 平面上,存在一定的排斥作用。而 d_{xz} 、d_{yz} 轨道的极大值不在 xy 平面上,距配体最远,因此能量最低。因此平面正方形配合物中,d 轨道能级分裂成四组,如图 1-14 所示。这 4 组能级为 $d_{x^2-y^2} > d_{xy} > d_{z^2} > d_{xz}$ 、d_{yz} 。

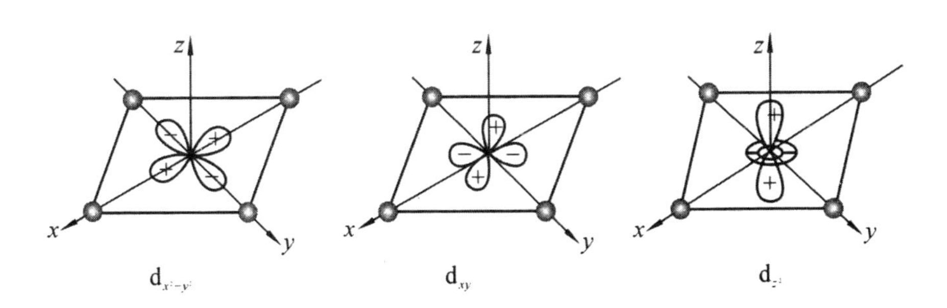

图 1-13　平面正方形负电场对中心原子 d 轨道的影响

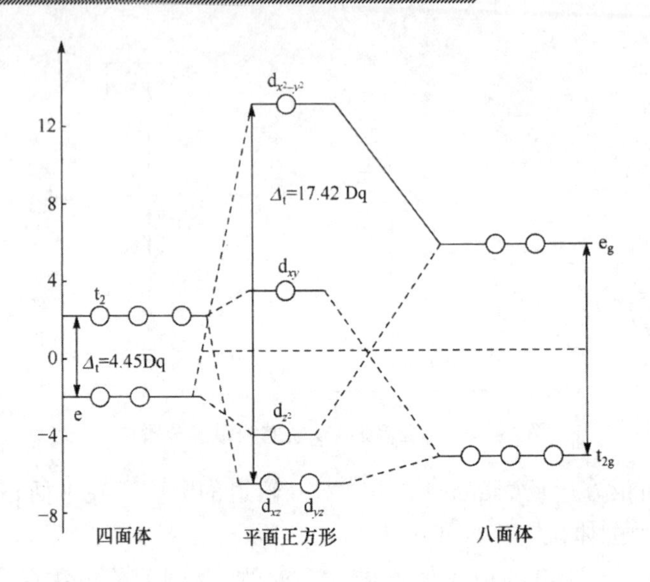

图 1-14　平面正方形场中 d 轨道能级的分裂

（2）影响分裂能大小的因素。

①分裂能。d 轨道在不同构型的配合物中，分裂方式与大小都不相同。分裂后最高和最低能量 d 轨道的差值称为分裂能（splitting energy），可用 Δ 表示。八面体场、四面体场和正方形场的分裂能分别为 Δ_o、Δ_t 和 Δ_s。此能量的大小通过配合物的光谱来测定。在不同构型的配合物中，Δ 值是不同的，即使构型相同的配合物由于配体和中心原子的不同，也有不同的 Δ 值。

Δ 值的计算应选择一个相对计算标准。通常用在球形场中 d 轨道的能量升高值 $E=0$ 作为计算相对能量的比较标准。在八面体配合物中，则把 e_g 和 t_{2g} 轨道的能级差称为分裂能，以 Dq 为单位，等于 10 Dq。

则有

$$E_{e_g}-E_{t_{2g}}=10\ \mathrm{Dq}$$

$$2E_{e_g}+3E_{t_{2g}}=0$$

解得

$$E_{e_g}=\mathrm{Dq}\ 或\ E_{e_g}=0.6\Delta_o$$

$$E_{t_{2g}}=-4\ \mathrm{Dq}\ 或\ E_{t_{2g}}=-0.4\Delta_o$$

可见，在八面体场中，d 轨道分裂的结果是：e_g 轨道能量上升了 6 Dq，

而 t_{2g} 轨道能量下降了 4 Dq。

计算表明,在配体相同以及它与中心离子的距离相同的条件下,正四面体场中 d 轨道能级分裂所产生的能级差只有八面体场的 4/9,即四面体场的分裂能 Δ_t 为

$$E_{t_2} - E_e = \frac{4}{9} \times 10\ \text{Dq} = \Delta_t$$

则有

$$E_{t_2} - E_e = \Delta_t = \frac{4}{9}\Delta_o$$

四面体 e 和 t_2 轨道的位置与八面体的相反,故得

$$4E_e + 6E_{t_2} = 0$$

解得:

$$E_e = -2.67\ \text{Dq}\ ,\ E_{t_2} = 1.78\ \ \text{Dq}$$

因此在四面体场中,d 轨道分裂结果是每个 t_2 轨道能量升高 1.78 Dq,每个 e 轨道能量降低 2.67 Dq。

同理,可计算出平面正方形场分裂后的各轨道能级为

$$E(d_{x^2-y^2}) = 12.28\ \text{Dp},\ E(d_{xy}) = 2.28\ \text{Dp}$$

$$E(d_{z^2}) = -4.28\ \text{Dp},\ E(d_{xz}, d_{yz}) = -5.14\ \text{Dp}$$

图 1-15 给出 d 轨道在不同配体场中 Δ 的相对关系。

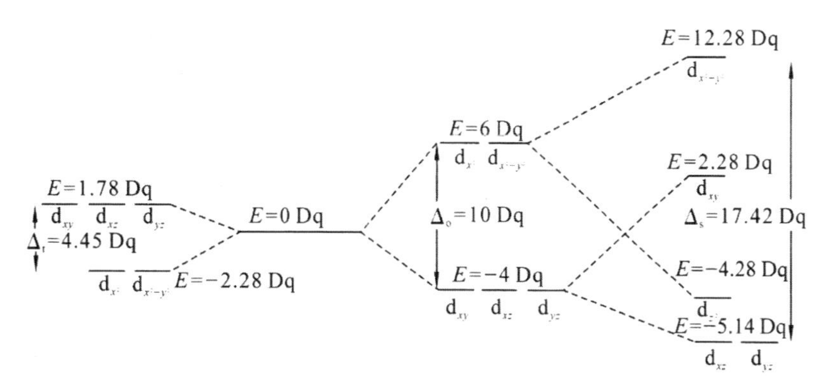

图 1-15 d 轨道在不同配体场中 Δ 的相对值

②影响分裂能大小的主要因素。

一是配合物的空间构型。中心原子和配体均相同,配合物的空间构型与晶体场分裂能的关系为:

$$\Delta_o > \Delta_t > \Delta_s$$

二是配体的性质。同种中心离子，与不同配体形成相同构型的配离子时，其分裂能 Δ 值随配体场强弱不同而变化。表 1–2 列出 Cr^{3+} 与不同配体形成八面体配离子时分裂能的大小。

表 1–2　不同配体的晶体场分裂能

配离子	$[CrCl_6]^{3-}$	$[CrF_6]^{3-}$	$[Cr(H_2O)_6]^{3-}$
分裂能 Δ_o /（kJ/mol）	158	182	208
配离子	$[Cr(NH_3)_6]^{3-}$	$[Cr(en)_6]^{3-}$	$[Cr(CN)_6]^{3-}$
分裂能 Δ_o /（kJ/mol）	258	262	314

由表 1–3 可看出，Cl^- 作为配体时，Δ_o 值小，即它对中心离子 3d 电子的排斥作用较小；CN^- 作配体时，Δ_o 值大，即在 CN^- 的八面体场中，中心离子 3d 电子强烈地被 CN^- 排斥。显然 Cl^- 为弱场配体，CN^- 为强场配体。配体场强愈强，Δ_o 值就愈大。配体场强的强弱顺序排列如下：

弱场配体　　　　　　　　　　　　　　　　　　强场配体

场强增强

$$I^- < Br^- < S^{2-} < SCN^- \approx Cl^- < F^- < OH^- < ONO^- < C_2O_4^{2-} < H_2O < NCS^- < NH_3 < en < NO_2^- < CN^- \approx CO$$

这个顺序是通过配合物的光谱实验确定的，故称为光谱化学序列。光谱化学序列中大体上可以将 H_2O 、NH_3 作为分界弱场配体（如 I^- 、Br^- 、Cl^- 、F^- 等）和强场配体（如 NO_2^- 、CN^- 等）的界限。

三是中心离子的电荷。同种配体与同一过渡元素中心离子形成的配合物，中心离子正电荷越多，其 Δ 值越大。这是由于随着中心离子正电荷的增多，配体更靠近中心离子，中心离子外层 d 电子与配体之间的斥力增大，从而使 Δ 值增大。

四是中心原子所在的周期。由相同的配体与不同中心原子形成的配合物，中心原子 d 轨道的主量子数越大，分裂能越大；显然，原因是 5d 轨道伸展空间范围大于 4d、3d 轨道。在三个过渡系中，第三过渡系过渡金属元素作中心原子时分裂能最大。第二过渡系比第一过渡系的 Δ_o 值大 40% ~ 50%，第三过渡系比第二过渡系的 Δ_o 值大 20% ~ 25%。如 $\Delta[Hg(CN)_4^{2-}] > \Delta[Zn(CN)_4^{2-}]$。其原因是电荷数相同的同族元素的中心原子，随着周期数的增加，半径增大，d 轨道与配体之间的距离减小，受配体场的排斥作用增强，因而晶体场分裂能增大。

（3）分裂后的 d 轨道中电子的排布。

游离过渡金属中心原子的 5 个 d 轨道是简并轨道，d 电子的分布按洪特规则，即 d 电子以自旋平行方式占有较多的轨道。在配体场作用下，d 轨道发生分裂，能量有高有低，d 电子的分布情况会有所变化。d 电子排布原则仍然遵守能量最低原理、泡利不相容原理和洪特规则，使体系能量最低。

例如，游离的 Fe^{3+} 的 d 电子排布为

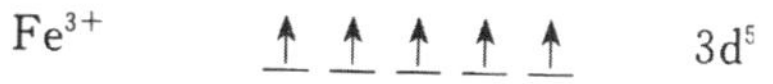

Fe^{3+}　　↑ ↑ ↑ ↑ ↑　　$3d^5$

而 $[Fe(H_2O)_6]^{3+}$ 和 $[Fe(CN)_6]^{3-}$ 的 d 电子排布则不同，分别如下

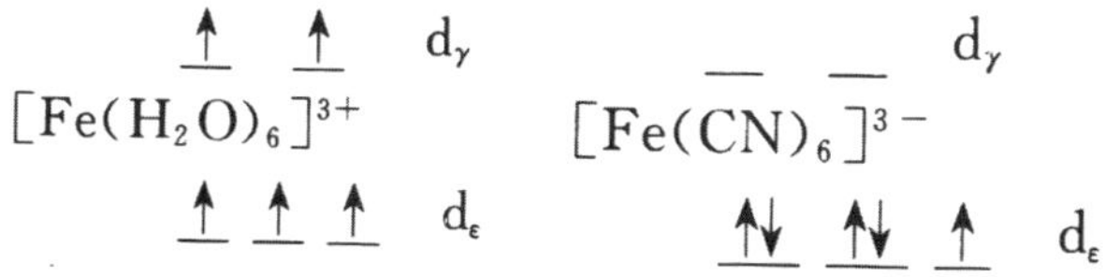

$[Fe(H_2O)_6]^{3+}$　　d_γ：↑ ↑　　d_ε：↑ ↑ ↑

$[Fe(CN)_6]^{3-}$　　d_γ：__ __　　d_ε：↑↓ ↑↓ ↑

在分裂的 d 轨道上，d 电子的分布常用 d 电子分布式表示，上例中 $[Fe(H_2O)_6]^{3+}$ 和 $[Fe(CN)_6]^{3-}$ 的 d 电子分布式可分别写成 $d_{a}^{3}d^{2}$ 和 $d_{a}^{5}d^{0}$。

电子成对能（electron pairing energy）是当一个轨道中已有一个电子时，再增加一个电子所需要克服电子间斥力的能量，简称成对能，并使用 P 表示。

配合物采取哪种 d 电子排布方式取决于分裂能 Δ 与电子成对能 P 的相对大小。

当 d 轨道分裂能较小（$\Delta < P$）时，电子尽可能占据较多的 d 轨道，保持较多的自旋平行电子，形成高自旋型配合物。

当 d 轨道分裂能较大（$\Delta > P$）时，电子尽可能占据能量低的 t_{2g} 轨道而自旋配对，成单电子数减少，形成低自旋型配合物。

八面体配合物中中心原子的 d 电子排布如表 1-3 所示。

表 1–3 八面体配合物中中心原子的 d 电子排布

d 电子数	$\Delta > P$		未成对电子数	$\Delta < P$		未成对电子数
	$d_{å}$	$d_{ã}$		$d_{å}$	$d_{ã}$	
1	↑	↑（高	1	↑	（低	1
2	↑ ↑	↑ ↑ 自	2	↑ ↑	自	2
3	↑ ↑ ↑	↑ ↑ 旋）	3	↑ ↑ ↑	旋）	3
4	↑ ↑ ↑	↑ ↑	4	↑↓ ↑ ↑	↑	2
5	↑ ↑ ↑	↑ ↑	5	↑↓ ↑↓ ↑	↑ ↑	1
6	↑↓ ↑ ↑	↑↓ ↑	4	↑↓ ↑↓ ↑↓	↑↓ ↑	0
7	↑↓ ↑↓ ↑	↑↓ ↑↓	3	↑↓ ↑↓ ↑↓	↑↓ ↑↓	1
8	↑↓ ↑↓ ↑↓		2	↑↓ ↑↓ ↑↓		2
9	↑↓ ↑↓ ↑↓		1	↑↓ ↑↓ ↑↓		1
10	↑↓ ↑↓ ↑↓		0	↑↓ ↑↓ ↑↓		0

1.2.1.2 晶体场稳定化能

（1）晶体场稳定化能。

在晶体场作用下，d 轨道发生能级分裂，电子进入分裂轨道后的总能量往往低于未分裂前的总能量，这个总能量的下降值称晶体场稳定化能（crystalfield stabilization energy，CFSE），它给配合物带来额外的稳定性。根据分裂后各轨道的相对能量和进入其中的电子数，就可计算出配合物的晶体场稳定化能。如对八面体配合物：

$$\mathrm{CFSE}=E_{d_{ã}}\times n+E_{d}\ \times n=\frac{2}{5}\Delta_o\times n+\frac{3}{5}\Delta_o\times n$$

式中，n 为进入 $d_{å}$ 轨道和 $d_{ã}$ 轨道的电子数。可见分裂能的大小既与 Δ_o 的大小有关，又与进入 $d_{å}$ 和 $d_{ã}$ 轨道的电子数目有关。当 Δ_o 一定时，进入低能 $d_{å}$ 轨道的电子数目越多，则稳定化能越大，配合物越稳定。以 $[Fe(CN)_6]^{3-}$ 比 $[FeF_6]^{3-}$ 配离子稳定为例：

$$\mathrm{CFSE}[FeF_6]^{3-}=(-4\ \mathrm{Dq})\times 3+(6\ \mathrm{Dq})\times 2=0$$

$$\mathrm{CFSE}[Fe(CN)_6]^{3-}=(-4\ \mathrm{Dq})\times 5=-20\ \mathrm{Dq}$$

晶体场稳定化能为负值，这表明 d 轨道分裂后配合物的能量比不分裂时的能量降低了，配合物获得额外的稳定性。

必须指出，由于分裂能远远小于从气态金属离子（即自由离子）与配位体形成配合物时的能量，通常稳定化能比结合能小一个数量级左右。

（2）用晶体场稳定化能解释水合热的双峰曲线。

根据晶体场理论，能够很好地解释第一过渡系统金属水合热的双峰特性。晶体场理论认为，配合物构型相同时，晶体场稳定化能越大越稳定。

理论上讲，第一过渡系元素的二价金属离子是从 Ca^{2+} 到 Zn^{2+}，d 电子组态是 $d^0 \sim d^{10}$。由于有效核电荷的逐渐增加，离子半径逐步缩小，带极性的水分子和离子间距也要减小，水化作用就会增大，则水合热 $-\Delta H$ 值随 3d 电子数的增多要循序上升，形成一条平滑曲线。但是用实测的 $-\Delta H$ 值对 d^n 作图时，得到了图 1–16 中的实线，它是一条具有“双峰”的曲线，而不是一条平滑曲线。

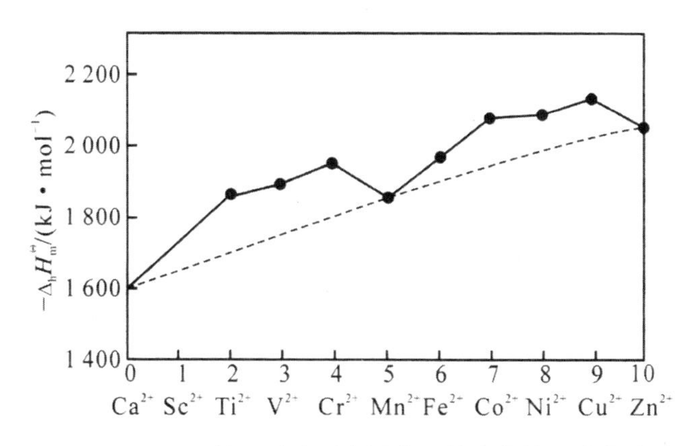

图 1–16 第一过渡系金属离子的水合热双峰曲线

由于第一系列过渡金属的二价离子的六水合物 $[M(H_2O)_6]^{2+}$ 都是八面体构型，配体是 H_2O，中心离子是二价的，可推知是弱八面体场。$d^0 \sim d^{10}$ CFSE 的变化规律：第一、二、三个 d 电子是填入低能的 t_{2g} 轨道，CFSE 逐渐增大，所以水合热的增加比单靠有效核电荷增大时所预计的要大；第四、五个 d 电子是填入高能的 e_g 轨道，CFSE 逐渐降低，水合热也相应减少；第六、七、八个 d 电子又是填入低能的 t_{2g} 轨道，CFSE 逐渐增大，水合热上升；第九、十个 d 电子又是填入高能的 e_g 轨道，CFSE 下降，水合热下降。显然，这个变化规律和双峰曲线是完全一致的。若从实际测得的水合热中扣除相应的 CFSE，则可得到图 1–16 中虚线所示的平滑曲线。这说明实验曲线的不正常现象，来自晶体场稳定化能。

1.2.1.3 过渡金属配合物的颜色

白光是由 7 种（严格说是 8 种）颜色的光组合而成，这些颜色的光两两互补，两种互补的光混合即可组成白光(图 1-17)。当白光透过溶液时，被选择性地吸收了某一种颜色的光，呈现该被吸收光的互补色。配合物的颜色是它对光选择性吸收的结果。

图 1-17　光的颜色及其互补色

晶体场理论认为，在过渡金属配合物或过渡金属离子水溶液中，由于中心原子 d 轨道能级发生分裂，当吸收可见光或紫外区某一波长的光(相当于分裂能 Δ 的光)时，d 电子便可从较低能级跃迁到较高能级，这种 d 轨道能级间的电子跃迁通常称为 d-d 跃迁(图 1-18)。若 d-d 跃迁所需能量恰好在可见光范围内，即跃迁时吸收了可见光波长的光子，则化合物显示颜色。若 d-d 跃迁吸收的是紫外光或红外光，则化合物不显色。由于 d-d 跃迁，不同配体的同一中心原子配合物有不同的颜色，同一配体的不同中心原子配合物颜色也有差异。

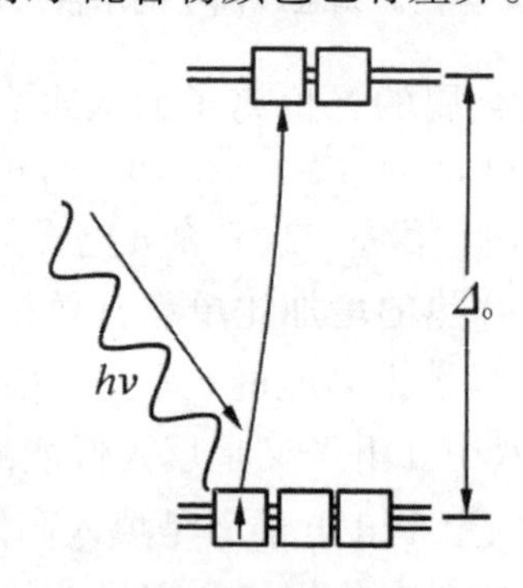

图 1-18　d^1 组态中心原子 d-d 跃迁

例如正八面体配离子 $[Ti(H_2O)_6]^{3+}$ 的水溶液显紫红色，这是因为 Ti^{3+} 只有 1 个 3d 电子，它在八面体场中的电子排布为 $d_{\text{å}}^{1}$，当可见光照射到该配离子溶液时，处于 $d_{\text{å}}$ 轨道上的电子吸收了可见光中波长为 492.7 nm 附近的光而跃迁到 $d_{\text{ã}}$ 轨道。这一波长光子的能量恰好等于配离子的分裂能，相当于 20 400 cm^{-1}。这时可见光中蓝绿色光被吸收，剩下红色和紫色的光，故溶液显紫红色，如图 1–19 所示。①

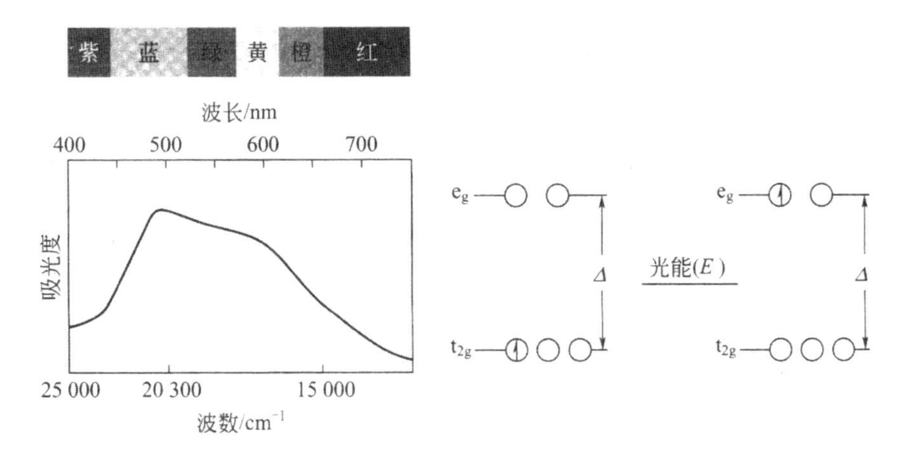

图 1–19　$[Ti(H_2O)_6]^{3+}$ 溶液的吸收光谱和 d–d 跃迁

1.2.1.4 姜 – 泰勒效应

1937 年，姜（H.A.Jahn）和泰勒（E.Taylor）指出，在对称的非线性分子中，如果一个体系的基态有几个简并能级，则是不稳定的，体系一定要发生畸变，使一个能级降低，以消除这种简并性。这种由于 d 电子云的不对称分布产生畸变，结果使本来简并的轨道有的能级升高，有的能级下降，消除了原来的简并性的现象称为姜 – 泰勒效应（Jahn–Taylor effect），如图 1–20 所示。

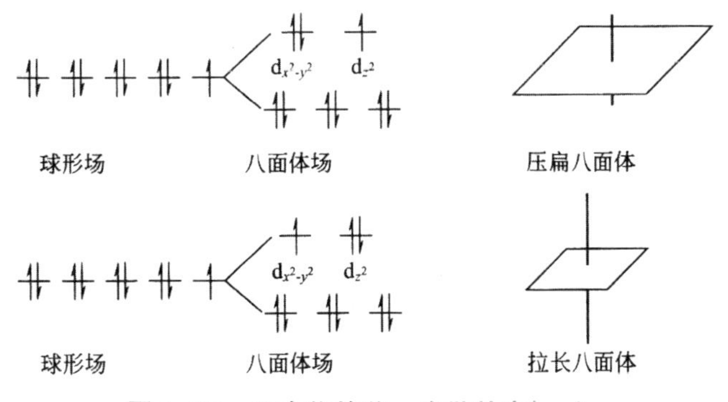

图 1–20　配合物的姜 – 泰勒效应（一）

① 王伟生．共沉淀合成钇铝陶瓷色料及稀土矿分解流程研究 [D]. 武汉：武汉理工大学博士论文，2007.

例如，利用姜－泰勒效应可以解释为什么$\left[Cu(NH_3)_4(H_2O)_2\right]^{2+}$为拉长的八面体结构而$Cu(NH_3)_4^{2+}$为正方形结构。按晶体场理论，$Cu^{2+}$为$d^9$电子构型。在八面体场中，最后一个电子有两种排布方式：一种是最后一个电子排布到$d_{x^2-y^2}$轨道，则xy平面上的4个配体受到的斥力大，距核较远，形成压扁的八面体。一种是最后一个电子排布到d_{z^2}，则z轴方向配体受到的斥力大，距核较远，形成拉长的八面体。

这恰好解释了$\left[Cu(NH_3)_4(H_2O)_2\right]^{2+}$为拉长的八面体。若轴向的两个配体拉得太远，则失去轴向两个配体，变成$Cu(NH_3)_4^{2+}$正方形结构，如图1-21所示。

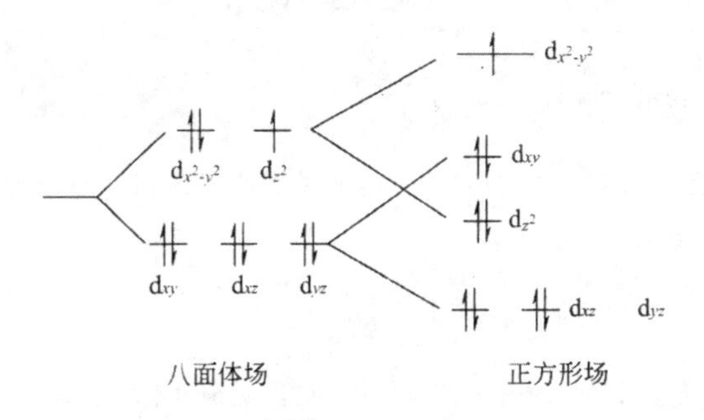

图1-21　配合物的姜－泰勒效应(二)

1.2.2 配合物的价键理论

价键理论的核心是认为形成体和配位原子通过共价键结合。

例如，Fe^{3+}的3d能级上有5个电子，其价电子构型如图1-22所示，这些d电子分布服从Hund规则，即在等价轨道中，自旋平行时状态最稳定。当与F^-形成$[FeF_6]^{3-}$时，Fe^{3+}的3d电子层不发生改变，而最外层的1个4s、3个4p和2个4 d空轨道受配体影响，杂化形成6个sp^3d^2杂化轨道，6个F^-的6对孤对电子进入这些杂化轨道。①

① 张定娃，何兰珍，韩敏．现代无机化学理论与应用发展研究[M]．长春：吉林大学出版社，2014.

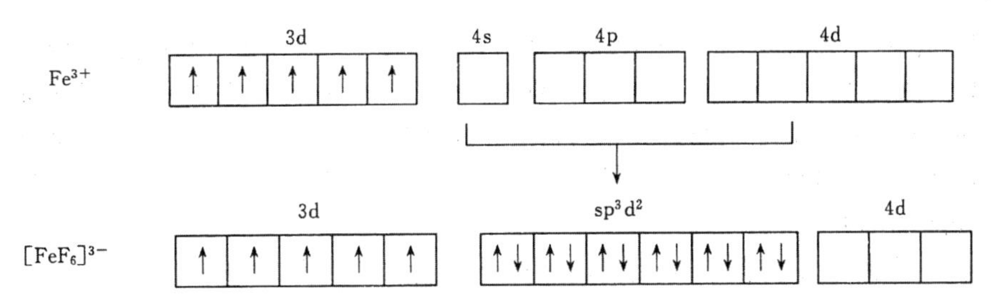

图 1-22　Fe^{3+} 的价电子构型

1.2.2.1 配位键的类型

根据中心原子杂化时所提供的空轨道所属电子层的不同，配合物可分为两种类型：外轨型配合物和内轨型配合物。中心原子全部用最外价电子层空轨道（ns，np，nd）参与杂化成键，所形成的配合物称为外轨配合物，如中心原子采取 sp、sp^3、sp^3d^2 杂化轨道成键，分别形成配位数为 2、4、6 的配合物都是外轨配合物；中心原子用次外层 d 轨道，即（$n-1$）d 轨道和最外层 ns、np 轨道参与杂化成键，所形成的配合物称为内轨配合物。如中心原子采取 dsp^2 或 d^2sp^3 杂化轨道成键，分别形成配位数为 4 或 6 的配合物都是内轨配合物。

形成内轨配合物还是外轨配合物，主要取决于中心原子的价电子构型和配体的性质，例如：$[Fe(H_2O)_6]^{3+}$ 与 [$[Fe(CN)_6]^{3-}$ 的形成过程。

（1）$[Fe(H_2O)_6]^{3+}$ 的形成。若配体中的配原子的电负性较大（如卤素原子或氧原子等），不易给出孤对电子，对中心原子（$n-1$）d 电子影响较小，所提供的孤对电子占据中心原子的外层轨道，一般形成外轨配合物。如 $[FeF_6]^{3-}$、$[Fe(H_2O)_6]^{3+}$ 和 $[Ni(H_2O)_4]^{2+}$ 等都是外轨配合物。

Fe^{3+} 的价电子构型为 $3d^5$：

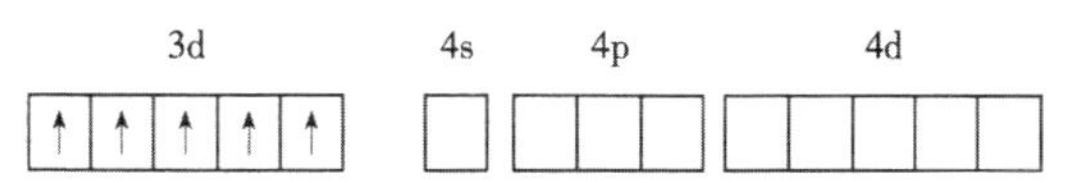

$[Fe(H_2O)_6]^{3+}$ 的价层电子构型：

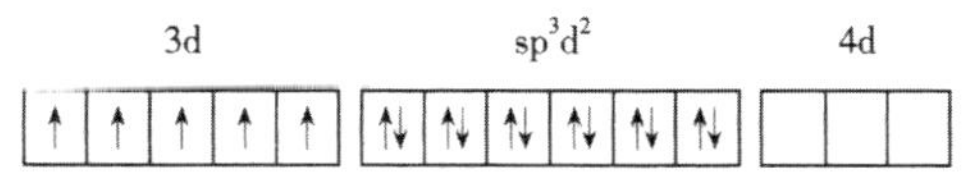

由此可见，Fe^{3+} 采取 sp^3d^2 杂化，形成空间构型为八面体的外轨配合物。

（2）$[Fe(CN)_6]^{3-}$ 的形成。若配体中的配原子的电负性较小（如 CN^- 中的 C 原子，NO_2^- 中的 N 原子等），容易给出孤对电子，对中心原子（n−1）d 电子影响较大，使中心原子 d 电子重排，空出（n−1）d 轨道，一般形成内轨配合物。如 $[Ni(CN)_4]^{2-}$ 、$[Fe(CN)_6]^{3-}$ 、$[Co(NO_2)_3]^{3-}$ 等都是内轨配合物。

$[Fe(CN)_6]^{3-}$ 的价层电子构型：

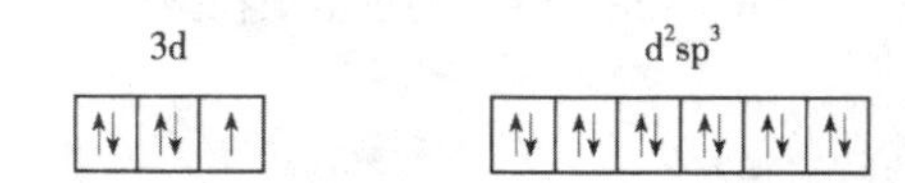

由此可见，在配体 CN^- 离子的作用下，Fe^{3+} 的 2 个 3d 电子被挤压成对，未成对电子数由 5 个减少为 1 个。空出 2 个 3d 空轨道与 1 个 4s 轨道、3 个 4p 轨道进行 d^2sp^3 杂化，形成空间构型为八面体的内轨配合物。

1.2.2.2 配合物价键理论的特点

配合物价键理论简单明确，易于理解和接受，能较好地阐明许多配合物的几何构型，并能成功地解释配离子的某些性质。但它有一定的局限性，价键理论仅是一个定性的理论，不能定量或半定量地说明配合物的性质。如当配体相同时，第四周期过渡金属八面体型配离子的稳定性常与金属离子所含 d 电子数有关。又如每种配合物都具有自己的特征光谱，过渡金属配离子具有不同的颜色，对这些现象用价键理论无法给出合理的说明，而用晶体场理论却能得到比较满意的解释。①

价键理论的优点：

（1）可解释许多配合物的配位数和立体构型；

（2）可解释含有离域 δ 键的配合物特别稳定；

（3）可解释配合物某些性质（稳定性和磁性）。

局限性：

（1）价键理论为定性理论，不能定量或半定量地说明配合物的性质；

（2）不能解释配合物的可见和紫外吸收特征光谱，也无法解释过渡金属配合物普遍具有特征颜色等问题；

（3）不能解释 $\left[Cu(H_2O)_4\right]^{2+}$ 的正方形结构等。

① 张定娃，何兰珍，韩敏．现代无机化学理论与应用发展研究[M].长春：吉林大学出版社，2014.

为弥补价键理论的不足,可通过晶体场理论、配位场理论等得到比较满意的解释。

1.3　配位化学研究的主要领域

当代配位化学沿着广度、深度和应用三个方向发展。

(1)从广度看,二茂铁的合成打破了传统配位键的概念,配合物被扩展为由两种或更多种可以独立存在的简单物种相结合而形成的可以独立存在的一种新化合物。这时不再强调它的规则几何构型,而是注重其组建方式,并使无机物和有机物的界限变得模糊起来。进一步的研究扩展到多齿螯合物、多核配合物、烯烃、炔烃和芳香烃等有机配体所形成的有机金属的 π-配合物(如 Zeise 盐)、金属簇合物、大环配合物,甚至各类生物模拟配合物。总之,自 Werner 创立配位化学以来,在广度上表现为配位化学始终处于导向无机化学的通道,成为无机化学研究的主流。

(2)在深度上,表现为有众多与配位化学有关的学者获得了诺贝尔奖,在以这些诺贝尔奖得主为代表的开创性成就的基础上,配位化学在合成、结构、性质和理论的研究方面取得了一系列进展。

(3)在应用方面,结合生产实践,配合物的传统应用继续得到发展,例如,金属簇合物作为均相催化剂,对 O_2、H_2、N_2、CO、CO_2、NO、SO_2 及烯烃等小分子的活化;螯合物稳定性差异在湿法冶金和元素分析、分离中的应用等。近年来,配位化学在信息材料、光电技术、激光能源、生物技术等分子光电功能材料方面得到广泛重视。

近几十年来,配位化学的研究领域已大大拓展,其主要研究领域可概括如下。

1.3.1 新型配合物的合成和结构

随着近代技术的发展,开辟了一系列合成配合物的新途径。由于元素周期表中各种元素的反应性能差别远比有机化学中所遇到的大得多,因而在合成方法中经常采用多种独特的方法和技术。

目前已制备了大量大环、笼状、簇状、夹心、包合、层状、非常氧化态和混合价化合物，以及非常配位数和各种罕见构型的配合物。由于大量使用有机配体，一系列以 M–C 键为特征的有机金属化合物的出现反映了这方面的进展①。此外，以金属－金属键为特征的金属簇合物的研究得到了蓬勃的发展，弥补了在固体化学和简单分子化合物之间的空白。至 2013 年就已合成了含有 50 多个金属核的簇合物。我们知道，碳烯配合物的合成为首次确定 C_{60} 的结构作出了贡献，考虑到已合成了几百万种以碳原子为骨架的有机化合物，不难设想以不同金属为核心的簇合物和多核配合物将会有多么宽广的发展前景。

尽管对各种新型配合物的合成积累了不少事实，但还没有系统的方法可循。在制备中常会获得意外的产物，正是“有心栽花花不活，无意插柳柳成荫”。这就要求在今后的工作中加强反应机理及规律性的研究。

1.3.2 生物无机化学的兴起

生命金属元素在生物体中的含量不足 2%，但对生物功能的影响极大。生物化学和无机化学相结合而产生的生物无机化学这门科学在 20 世纪 70 年代后得到了蓬勃的发展。X 射线衍射法是测定金属蛋白质的二、三和四级结构的有力武器。目前高分辨二维 NMR 方法被推崇为研究生物分子“溶液结构分析”的有力武器。氧的传递、太阳能的转化、细胞间电信号的传递和膜的渗透都是有待探讨的课题。微量元素在生物体内的作用非常微妙。酶的催化作用比简单金属离子的反应要快 10^6 数量级以上。合成具有凹型表面的大分子，引入具有催化能力的过渡金属配合物以模拟天然酶的工作日益受到重视。

1.3.3 功能配合物材料的开发

随着空间技术、激光、能源、计算机和电子技术的发展，配合物固体材料的应用也日益引人注目。很多有机金属化合物的应用也已从作为均相催化剂而转向功能材料。

利用光化学方法对太阳能进行储存和转换是近代化学中一个具有吸引力的课题，其中代表性的工作是 N3、N719 及 black dye 等（结构如

① 黄子群．多核配合物的合成及结构表征 [D]. 合肥：安徽大学，2007.

图 1-23 所示)钌金属光敏剂的合成,而 $[Ru(bipy)_3]^{2+}$ 和 $[Ru(bipy)_3]^{3+}$ 分别具有还原 H_2O 生成 H_2 和氧化 H_2O 成 O_2 的可能性。① 可以采用光电解方法将太阳能转化为化学能,也可采用光伏电池方法将太阳能转化为电能。各种光、电、热、磁等配合物敏感器件相继出现。通过修饰电极等方法制备了几乎可以在可逆电位下催化分子氧还原为水的面对面的双钴卟啉配合物。这种新催化剂的特点是可以被吸附在电极上而不必溶解在溶液中。②

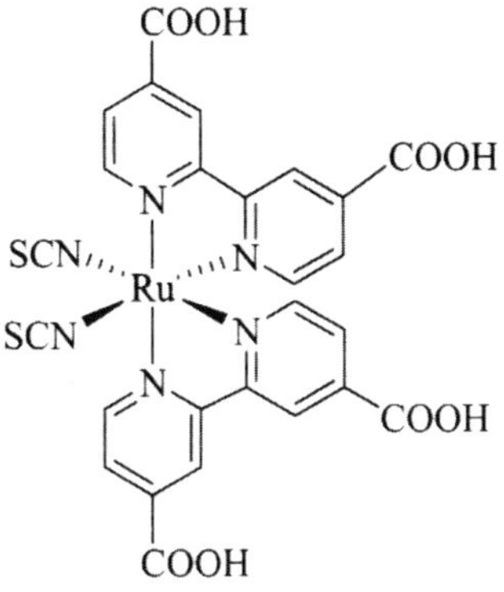

N3 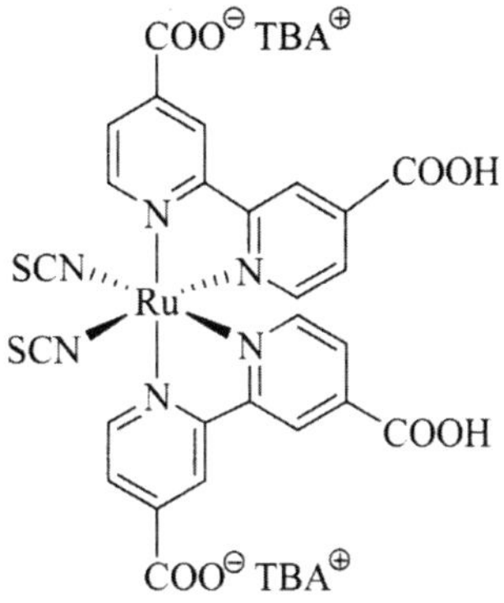　　N719

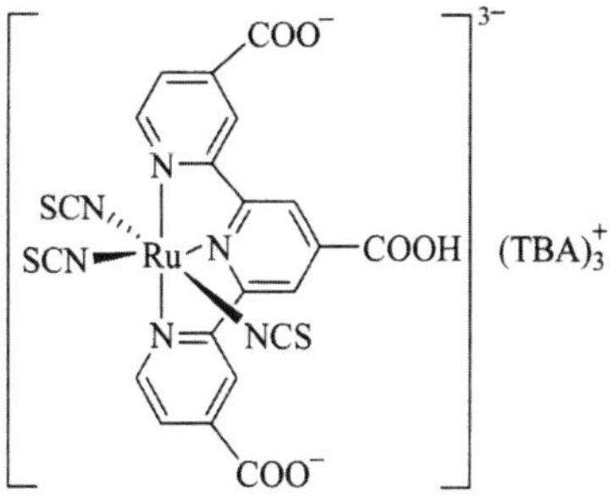

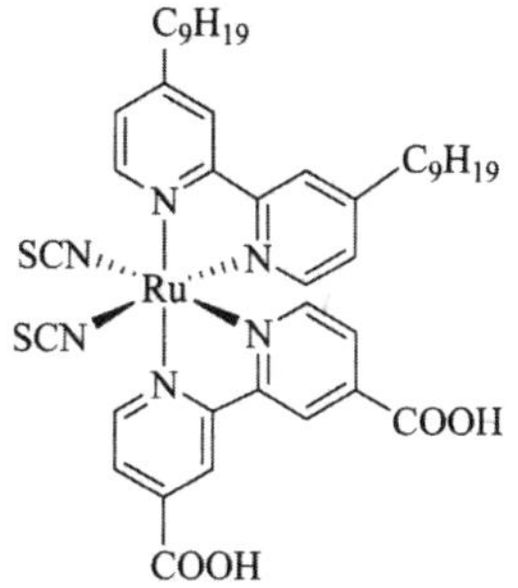

---

① 张燕平. 吡嗪-2,3,5,6-四甲酸配合物的合成、结构及性质研究[D]. 天津:天津大学,2007.

② 向晓燕. 金属荧光传感器的合成与研究[D]. 兰州:兰州大学,2013.

black dye

Z907

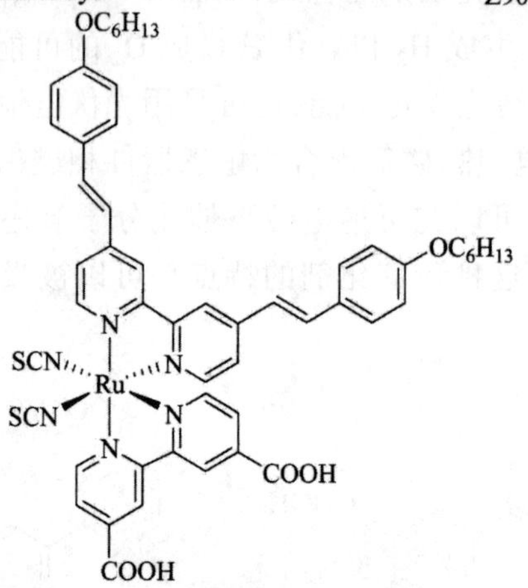

K19

图 1-23　N3、N719、black dye、Z907、K19 结构式

从目前“分子尺寸”的分子电子器件研究情况来看，兼具有无机和有机化合物特性的配位化合物也许正孕育着新的生长点。

1.3.4 结构方法和成键理论的开拓

目前，人们已应用各种方法对诸如 $LnM_aL_bM_bLn$ 型混合价和电荷转移化合物的类型和性质进行了研究。对此通常的晶体结构分析法碰到一些困难，因为有时其中不同金属位置间的差别不超过室温时晶体结构的热椭球大小，晶体中具有一定对称性的分子还可能以无序的形式存在。

新型配合物所表现的花样繁多的价键本性及空间结构，促使了化学键理论的发展。尽管由于计算技术的高度发展，更精确的 MP2 和 MP4 等从头计算法得到应用，但对于复杂体系，简单的 Fenske-Hall、EHMO、INDO 等半经验方法仍在使用，有效势（ECP）方法和密度泛函理论（DFT）在重原子元素化合物中进一步受到重视。

实际上，更易于被广大实验化学家所接受的半定量和半经验规律会进一步得到发展。例如，继各种形式的“多面体骨架电子对理论”（PSEPT）后，1981 年 Nobel 奖获得者 Hoffmann 所提出的“等瓣相似理论”在沟通无机化学和有机化学这两大领域方面取得了重大突破。此外，对于大分子计算的非量子力学方法，如分子力学（MM）、分子动力学（MD）和 Monte Carlo（MC）等方法也已有标准计算程序以供利用（如在 Gauss 98 程序包中）。

1.3.5 从配位化学到超分子化学

1987 年诺贝尔化学奖授予了 Lehn、Pederson 和 Cram，标志着化学的发展进入了一个新的时代。发轫于 Pederson 对冠醚的基础性研究，并分别由 Cram 和 Lehn 发展起来的主客体化学和超分子化学将成为今后配位化学发展的另一个主要研究领域。

通过分子组装所形成的超分子功能体系具有一些根据其个别组件的特征无法预测的新特性。分子识别是分子组装的基础。目前分子组装一般是通过模板效应、自组装、自组织来实现的。

大环配体不仅可以和碱金属、碱土金属、过渡金属和稀土金属离子发生配位作用，而且可以和配合物阳离子、配合物阴离子、中性离子（如在主－客体配合物中）发生配位作用。早在 1956 年 Bailar 所出版的代表性配位化学丛书中只有几个表征得较好的碱金属配合物；现在已经出现了借助阳离子－偶极子作用而配位的阳离子冠醚和穴状配合物。但单纯的冠醚是很难进行组装的，冠醚环上连接其他基团后，通过冠醚的组装可形成一些有意义的组装体。

配合物本身也可作为给予体和接受体，例如，NH_3 作为配体可以和金属离子 Co（Ⅲ）生成配合物 $[Co(NH_3)_6]^{3+}$，此配合物本身又可作为给予体而和接受体拉沙里菌素（Lasalocid）生成新的“超配合物”；进而若将 $[Co(NH_3)_6]\cdot 3Las$ 放置在作为接受体的膜中，则可以发生类似于生物体系中四级结构的配位作用。

1.4 配位化学的展望

近年来，配位化学的发展特别迅猛。除了 20 世纪四五十年代的金属元素分离技术、20 世纪 60 年代的络合催化、20 世纪 70 年代的生物化学的推动外，配位化学得以蓬勃发展的原因还在于：群论、价键理论、配体场理论以及分子轨道理论（特别是后二者）的发展和运用，使配位化合物以及所有无机化合物的性能（如光谱和数学性质等）、反应与结构的关系得到科学的说明，配体场理论和分子轨道理论已成为说明和预见配位化合物的结构与性能的有力工具；近代物理方法应用于无机化学的研究，如X射线衍射、各种光谱、核磁共振和顺磁共振、光电子能谱等方法的应用，使无机化合物尤其是配位化合物的研究由宏观深入微观，从而把元素与它们的化合物的性质和反应同结构联系起来，形成了现代的无机化学。

1.4.1 配合物的热力学和动力学机理研究

在过去的几十年里，溶液中金属与配体的平衡（即配合平衡）及配合物稳定常数测定的研究积累了大量资料，已日趋完善，并编写了多部配合物稳定常数汇编手册供查阅。近年来，这方面的研究进展不大。因此，需要继续测定稳定常数和其他热力学函数的是多核配合物、混配型配合物和各种新型配合物（特别是过渡金属有机配合物，模拟酶的各种配位化合物）。

1.4.2 小分子配体的过渡金属配合物和金属有机配合物的研究

过渡金属有机配合物已成为配位化学中发展最快的领域，其研究的广度和深度没有一个配合物化学的其他领域可以与之相比拟。探索以小分子（如 O_2，H_2，N_2，CO，CO_2，NO，SO_2 烯烃和炔烃分子等）为原料合成各种有机和无机化合物的途径，这是当前配位化学发展最快和最富有成果的领域。现已证实，在一定条件下，小分子通过与过渡金属配合物配位而获得活化，从而引起插入、氢转移、氧化加成、还原消除等基元反应的进行，使某些过渡金属配合物成为聚合、氧化还原、异构化、环化、歧化、羰基化等反应的高活性、高选择性的催化剂。

小分子的配位络合和活化与配合物中心原子的氧化态和电子组态配体的种类、配位数、立体构型等密切相关，但其间的相互关系迄今尚不清楚。可以预期，N_2，H_2，O_2 和 CO_2 的络合和活化的研究也将会更为活跃。总之，小分子配体配合物的研究，目前已处于全盛时期，今后仍将是一个具有强大生命力的研究领域。

此外，夹心型、笼状、穴状配合物特别是原子簇配合物的合成、结构及性能的研究，不论从基础理论的研究或者实际应用等方面看，都是有着广阔前途的新领域。生物配位化学（或称为生物无机化学）是20世纪 70 年代配位化学向生物科学渗透而形成的边缘学科。它的研究也将对医学、生物学的发展产生巨大影响。

1.4.3 配合物作为先进纳米机器的应用前景

将机器的概念扩展到分子水平就是分子水平的机器，作为分子机器的一个重要条件是其组成部分有相对大的运动，而这种运动往往对应着化学反应的发生，因此化学家在这个领域正是大显身手的时候。在迈向先进纳米或分子机器方面，配位化学也有重要的贡献，如基于轮烷和索烃的分子机器、分子开关等。因此讲到配合物作为先进纳米机器的应用就是开发功能性，这是国内外配位化学家一直追求的研究目标，但是对于配合物功能化的开发与拓展应遵循实事求是的原则，也就是要有严谨的科学态度，不宜盲目在配合物研究中追求功能性。

第2章　配合物的立体结构和异构现象

配合物的立体结构以及由此产生的各种异构现象，是研究配合物性质及反应的重要基础，也是现代配位化学理论和应用的主要方面。在配位化学研究的早期阶段，Werner曾对配合物的立体结构和异构现象做了大量经典的研究工作，并作出了重要贡献，奠定了配合物立体化学的基础。随着配位化学的发展和现代结构测定方法的不断完备，立体结构和异构现象已成为现代配位化学理论研究和实际应用的重要方面。

2.1　配位数和配合物立体结构的关系

一般说来，具有一定配位数的配合物，配体均在中心离子的周围按一定的几何构型进行排列，也就是说该配合物具有一定的空间构型。配体只有按这种空间构型在中心离子周围排布时，配合物才处于最稳定的状态。关于配合物的立体化学概念，早在1897年Werner就提出来了，他根据异构体的数目，用化学方法确定了配位数为6的配合物具有八面体结构，配位数为4的配合物有四面体结构和平面正方形结构两种。目前，我们已经有了充分的近现代实验方法如X射线分析、旋光光度法、偶极矩、磁矩、紫外及可见光谱、红外光谱、核磁共振、顺磁共振、穆斯堡尔谱等测定，可以确定配合物的立体结构（或称空间构型）。实验表明，中心离子的配位数与配合物的空间构型及性质密切相关。配位数不同，配离子的空间构型一般不同；即使配位数相同，由于中心离子和配体种类以及相互作用不同，配离子的空间构型也可能不同。下面将按配位数的大小次序对配合物的几何构型予以讨论。

2.1.1 MX_1 型和 MX_2 型配合物的立体结构

配位数为1的配合物一般是在气相中存在的离子对，如 $Ga[C(SiMe_3)_3]$ 是在气相中存在的单配位金属有机化合物；即使在水溶液中可能存在的单配位物种，也会因水分子的配位而使其配位数大于1。目前只见2例有机金属化合物的报道：2,4,6-三苯基苯基铜（Ph_3PhCu）和2,4,6-三苯基苯基银（Ph_3PhAg）。

配位数为2的配合物也不常见，其中心原子大都是 d^0 或 d^{10} 的电子组态。例如，Cu^+、Ag^+、Au^+ 和 Hg^{2+} 等 d^{10} 组态的离子可以形成 $[Cu(NH_3)_2]^+$、$[Ag(NH_3)_2]^+$、$[CuCl_2]^-$、$[AgCl_2]^-$、$[AuCl_2]^-$、$[Au(CN)_2]^-$、$[HgCl_2]$ 和 $[Hg(CN)_2]$ 等配合物。而 U^{6+}、V^{6+}、Mo^{6+} 等 d^0 组态的离子，则可形成 $[UO_2]^{2+}$、$[VO_2]^{2+}$ 和 $[MoO_2]^{2+}$。通常由这些离子所形成的配合物或配离子都是直线形或接近于直线形结构，即配体－金属－配体键角为180°，作为粗略的近似，可以把这种键合描述为配位体的d轨道和金属原子的s、p杂化轨道重叠的结果。不过，在某种程度上过渡金属的d轨道也可能包括在成键中，假定这种键位于金属原子的 z 轴上，则在这时，用于成键的金属的轨道已不是简单的 sp_z 杂化轨道，而是具有 p_z 成分、d_{z^2} 成分和s成分的s、p、d杂化轨道了。

在 d^0 的情况下，金属仅以 d_{z^2} 和s形成ds杂化轨道，配体沿 z 轴与这个杂化轨道形成σ配键，与此同时金属的 d_{xz} 和 d_{yz} 原子轨道分别和配体在 x 轴和 y 轴方向的 p_x、p_y 轨道形成两条p-dπ键。其结果是能量降低，配合物的稳定性增强。

在某些2配位配合物中，由于其中心原子含有孤对电子且排斥力较强，因而也可能形成"V"形的空间结构（C_{2v}），如 $SnCl_2$。有些配合物，从其组成来看，很像是2配位，如 $K[Cu(CN)_2]$（结构如下所示），实际是3配位的多核配合物，其中每个Cu（Ⅰ）原子与2个C原子和1个N原子键合。

2.1.2 MX_3 型配合物的立体结构

配位数为3的配合物数目不多，目前，已确证的有 Cu^+、Ag^+、Hg^{2+} 和Pt等具有 d^{10} 组态的一些配合物，当中心原子没有孤对电子时，其中心

原子以 sp^2、dp^2 或 d^2s 杂化轨道与配体的合适轨道配位成键，形成平面三角形结构的三配位配离子，如 $[HgI_3]^-$、$[AgCl_3]^{2-}$、$[Pt(PPh_3)_3]$、$[Cu_2Cl_2(Ph_3P)_2]$、$[Cu(SPPh_3)_3]ClO_4$、$[CuCl(SPMe_3)]_3$、$[Au(PPh_3)_3]^+$、$[AuCl(PPh_3)_2]$、三（硫化三甲基膦）合铜（Ⅰ）离子 $[Cu(SPMe_3)_3]^+$、$[Fe(N(SiMe_3)_2)_3]$ 及 $[Cu(SC(NH_2)_2)_3]$ 等。若中心原子具有孤电子对，一般形成类似于 NH_3 分子的三角锥形结构（中心原子占据三角锥的顶点），如 $SnCl_3$、SbI_3、AsO_3^{3-}、$[Pb(OH)_3]^-$ 等。在这些配合物中，由于大体积配体如 PPh_3 等的位阻作用，配合物不易达到更高的配位数，除了 Mn^{3+} 外，第一过渡系金属几乎都可以形成该类配合物。例如，$[Cu(SPMe_3)Cl]_3$（结构如下）是 $CuCl\cdot SPMe_3$ 的三聚体形式，每个铜原子为平面三角形配位，与硫原子共同组成椅形的六元环；而在 $[Sn_2F_5]$ 中，2 个 SnF_2 单元通过 1 个 F 桥联，形成相连的 2 个三配位结构（结构如下）。

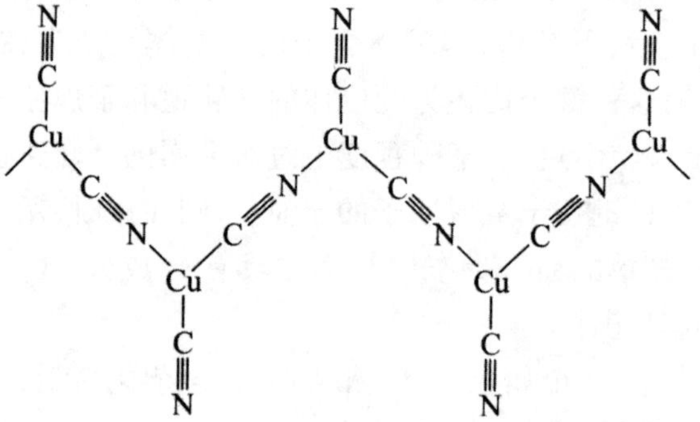

$K[Cu(CN)_2]$ 的结构

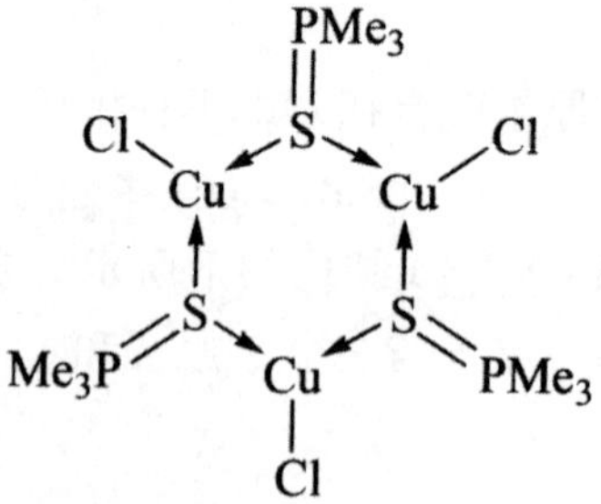

$[Cu(SPMe_3)Cl]_3$ 的结构

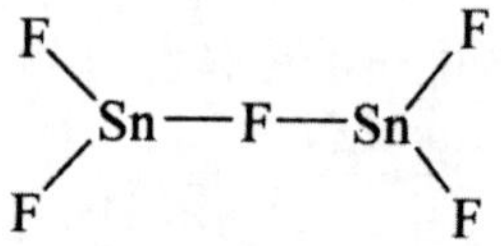

$[Sn_2F_5]$ 的结构

而 $[AgCl_3]^{2-}$ 具有 D_{3h} 对称性，$[AgCl_3]^{2-}$ 与二苯并-18-冠-6-KCl 组装成一个带有 3 个轮子的有趣结构（图 2-1）。

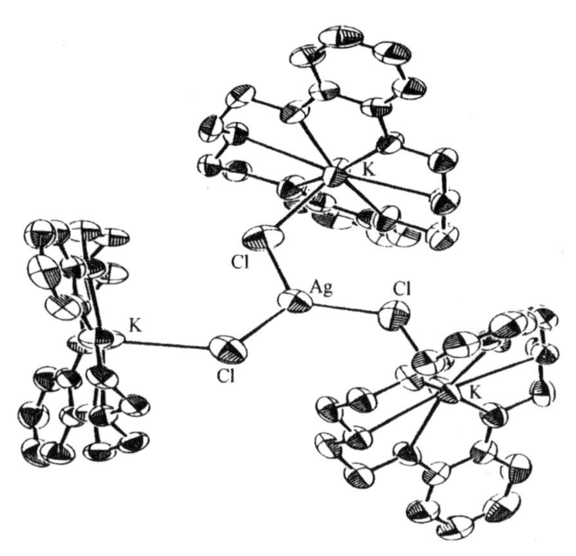

图 2-1　$[AgCl_3]^{2-}$ 与二苯并 -18- 冠 -6-KCl 形成的配合物

必须注意，具有 MX_3 组成的配合物不一定都是 3 配位配合物。例如，$[AuCl_3]$ 中，金原子通过桥联配体 Cl^- 的作用，实际上形成的是配位数为 4 的配合物 $[Au_2Cl_6]$（结构如下）。而在 $Cs[CuCl_3]$ 中，每个铜离子的周围有 4 个氯原子配位，呈链型结构—Cl—$CuCl_2$—Cl—$CuCl_2$—，实际上是链状连接的四配位共顶点的四面体排列（结构如下）。此外，$Cs_2[AgCl_3]$、$FeCl_3$、二氯·（三烷基膦）合铂（0）$[PtCl_2(PR_3)]$ 和 $CrCl_3$ 等均为中心原子配位数高于 3 的配合物。

```
[ Cl       Cl       Cl ]
     \    /  \    /
      Au        Au
     /    \  /    \
[ Cl       Cl       Cl ]
```

$[AuCl_3]$ 的结构

```
[          Cl          Cl          Cl  ]n-
           |           |           |
 ---Cl—Cu—Cl—Cu—Cl—Cu---
           |           |           |
[          Cl          Cl          Cl  ]
```

$[CuCl_3]^{n-}$ 的结构

2.1.3 MX_4 配合物的立体结构

配位数为 4 的配合物较常见。它们主要有两种构型：四面体和平面四方形。当第一过渡系金属［特别是 Fe^{2+}、Co^{2+} 以及具有球对称 d^0、

d^5（高自旋）或 d^{10} 电子构型的金属离子①] 与碱性较弱或体积较大的配体配位时，由于配体之间的排斥作用为影响其几何构型的主要因素，它们易形成四面体构型，符合价层电子对互斥理论（VSEPRT）的预测。实例有 $[Be(OH_2)_4]^-$、$[SnCl_4]$、$[Zn(NH_3)_4]^{2+}$、$[Ni(CO)_4]$ 和 $[FeCl_4]^-$ 等。

具有 d^8 电子组态的 Ni^{2+}（强场）和第二、三过渡系的 Rh^+、Ir^+、Pd^{2+}、Pt^{2+} 以及 Au^{3+} 等金属离子容易形成平面四方形配合物。常见的实例有 $[Ni(CN)_4]^{2-}$、$[AuCl_4]^-$、$[Pt(NH_3)_4]^{2-}$、$[PdCl_4]^{2-}$ 和 $[Rh(PPh_3)_3Cl]$ 等。然而在特定的条件下，例如在支链型四齿胺配体“三脚架”结构的限制下，Pt^{2+} 也能形成四面体构型的配合物，但由于张力或位阻的缘故，这类配合物的稳定性通常较低。

ML_4 的两种主要构型平面四方形和四面体之间经过对角扭转可以互变，当平面四方形配合物的中心金属含有若干 d 电子时，平面四方形构型的能量可低于或相当于四面体的能量，因此这种构型互变有可能发生。例如，如图 2-2 所示的 Ni（Ⅱ）配合物，当配体上的 R 为异丙基时，在溶液中存在反式平面四方和四面体两种构型的平衡。假如该配合物为四面体，应测得其磁矩为 3.3 B.M.，而实际测量的磁矩因取代基 R 的不同，其值在 1.8 ~ 2.3 B.M.，此结果表明，该溶液中两种构型配合物处于平衡中，其中四面体构型约占 30% ~ 50%，而当 R 为叔丁基时，所产生的空间位阻不利于形成平面四方形，测得其磁矩为 3.2 B.M.，这说明溶液中四面体构型的配合物已占约 95%。

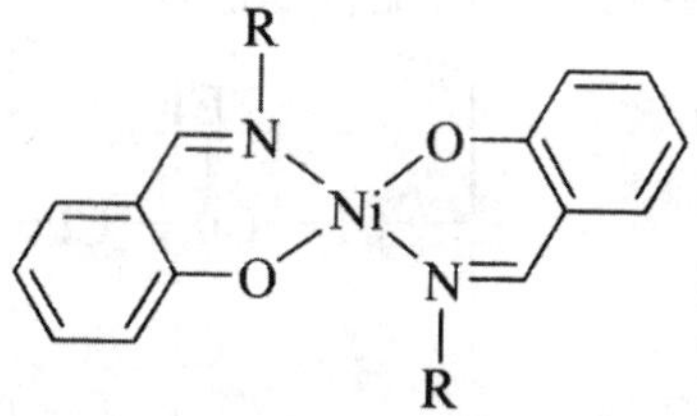

图 2-2　可能发生结构互变的四配位 Ni（Ⅱ）席夫碱配合物的结构

除了上述两种主要构型之外，四配位配合物还有某些中间构型，例如畸变四面体（D_{2d}），其典型实例是 $[CuCl_4]^{2-}$ 和 $[Co(CO)_4]$。

① 赵彦武．镧系，过渡金属功能配合物的构筑及荧光性质、手性传感的研究 [D]. 太原：山西师范大学，2017.

2.1.4 MX_5 型配合物的立体结构

五配位配合物过去较少见,但近年来被确认的配位数为 5 的配合物正急骤增多,使五配位配合物已和四、六配位的配合物一样普遍。目前所有第一过渡系的金属都已发现五配位的配合物,而第二、第三过渡系金属因其体积较大,配体间斥力较小和总成键能较大,易形成比配位数 5 更高的配合物。

配位数为 5 的配合物空间构型主要有 2 种:三角双锥型(D_{3h})和四方锥型(C_{4V}),一般以形成三角双锥型为主。

2.1.4.1 三角双锥型配合物的结构

以 d^8、d^9、d^{10} 和 d^0 的金属离子较为常见,皆以 dsp^3 杂化轨道配位成键,其中 5 个配体处在等同位置的规则三角双锥结构很少,往往产生不同程度的畸变,如 $[CuCl_5]^{3-}$(结构如下)、$[ZnCl_5]^{3-}$、$[CdCl_5]^{3-}$、$[Fe(CO)_5]$、$[CuI(bipy)_2]$(结构如下)等。$[CuCl_5]^{3-}$ 存在于复盐 $[Cr^{III}(NH_3)_6][Cu^{II}Cl_5]$ 的结构中,其轴向配体与金属间的键长和赤道配体与金属间的键长不等,略有差异,但可近似看成规则的三角双锥。与之相类似的配合物 $[Co(NH_3)_6][CdCl_5]$,其中 $[CdCl_5]^{3-}$ 的轴向与径向仅差 1%,故仍属规则的三角双锥。但类似的 $[Co(NH_3)_6][ZnCl_5]$ 却未制得,而得到了 $[Co(NH_3)_6][ZnCl_4]Cl$。

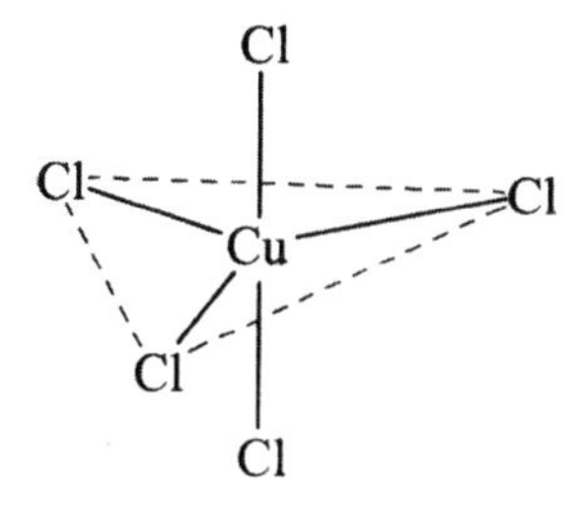

$[Cu(NH_3)_6][CdCl_5]$ 中 $[CdCl_5]^{3-}$ 的结构

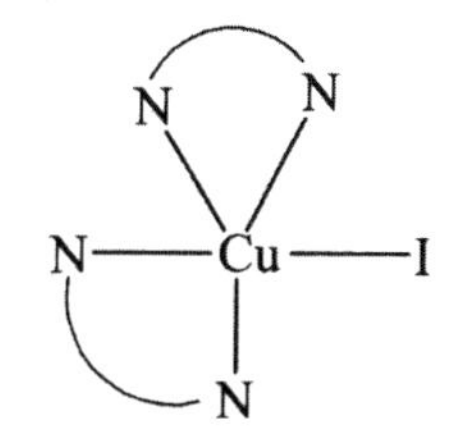

$[CuI(bipy)_2]$ 的结构

2.1.4.2 四方锥型配合物的结构

规则的四方锥结构不多,一般也略有畸变,如 $[VO(acac)_2]$、$[MnCl_5]^{3-}$、$[Cu_2Cl_8]^{4-}$ 等,其中 $[Cu_2Cl_5]^{4-}$ 以 2 个相邻氯离子的桥联作用将

2个 Cu^{2+} 连接起来,形成了联边、上下倒置的双四方锥结构(结构如下)。

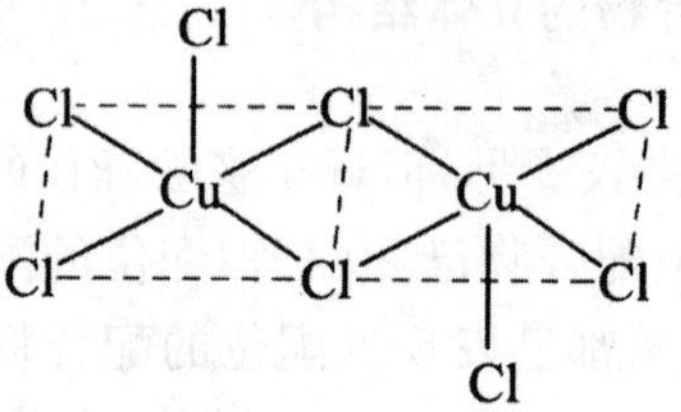

三角双锥和四方锥构型互变的能量差值很小(约 25.2 kJ/mol 或更小),只要2种构型的键角稍加改变,即可实现相互间的转化(图 2-3)。例如,$[Ni(CN)_5]^{3-}$ 的2种构型能量很接近,只要改变阳离子就可引起构型的改变。在 $[Cr(en)_3][Ni(CN)_5]\cdot 1.5H_2O$ 中,就包含2种构型的 $[Ni(CN)_5]^{3-}$,红外光谱和拉曼光谱的研究表明:当该配合物中的结晶水脱去时,三角双锥构型的特征谱带会消失,而只显现四方锥构型的特征谱带。这是由于三角双锥构型已完全转化成稳定的四方锥构型。

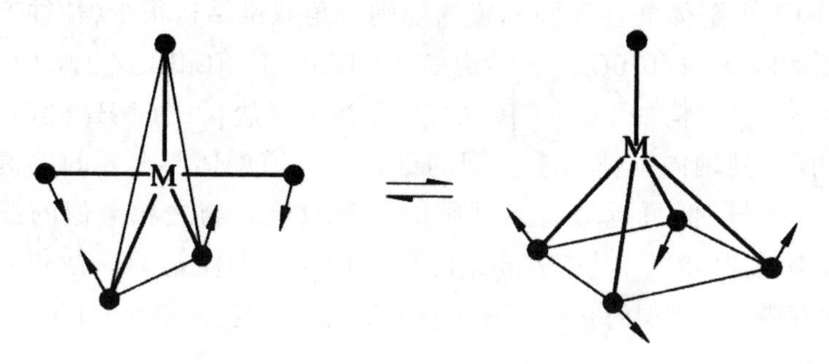

图 2-3　三角双锥和四方锥构型的互变

此外,有的配合物畸变较大,如二氰·三(苯基二乙氧基膦)合镍 $[Ni(CN)_2(phP(OEt)_2)_3]$,它的结构介于三角双锥和四方锥之间。类似的情形还有 $[Sb(C_6H_5)_5]$、$[Pt(GeCl_5)]_3$、$[Co(C_6H_7NO)_5]^{2+}$ 等。

2.1.5 MX_6 型配合物的立体结构

在各类配合物中,六配位配合物是最常见也是最重要的一类。过渡金属系列中 d 电子数较少(一般6以下)的金属离子(如 Cr^{3+}、Fe^{3+}、Co^{3+}、Pt^{4+} 等)大多数以 d^2sp^3 或 sp^3d^2 杂化轨道与配体相适合的轨道配位成键,形成八面体的配合物,6个配位原子位于八面体的6个顶点,而中心原子位于八面体的中央,如 $[Cr(CN)_6]^{3+}$、$[Co(NH_3)_6]^{3+}$、$[FeF_6]^{3-}$、

$[PtCl_6]^{2-}$ 等。

正八面体是一种具有高度对称性的构型。但由于配体、环境力场及金属内部 d 电子效应（如 Jahn-Teller effect）的影响，正八面体构型常会发生畸变（图 2-4）。其中最常见的是沿八面体的四重轴作拉长或压缩的“四方畸变”（$O_h \rightarrow D_{4h}$）。实验证明，$[Cu(NH_3)_6]^{2+}$ 就是被拉长了的八面体构型，而 $[Ti(H_2O)_6]^{3+}$ 则是被压缩了的八面体构型。另一种情况是沿八面体的三重轴拉长或压缩的“三角畸变”（$O_h \rightarrow D_{4d}$），形成三角反棱柱体，并保持三重轴的对称性。三角反棱柱型结构发现于 ThI_2 晶体中，其中一半钍原子为三角反棱柱构型，另一半为三棱柱构型，从而形成了层状结构。

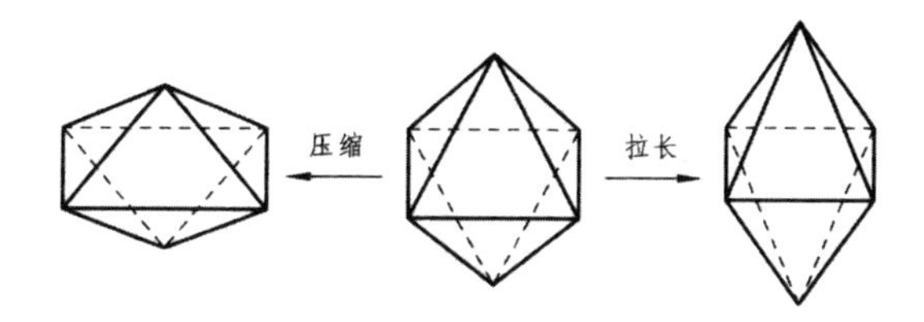

（a）四方畸变

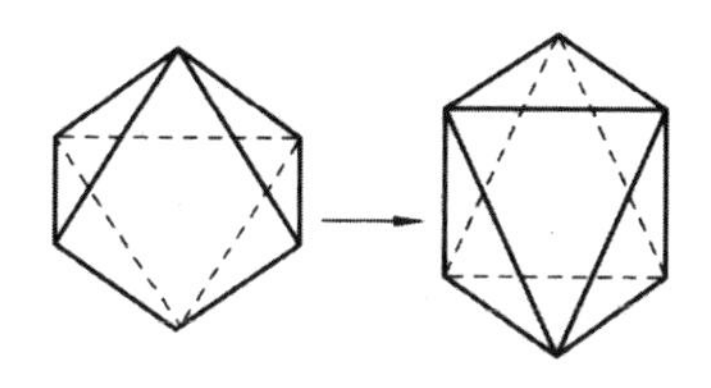

（b）三角畸变

图 2-4　八面体配合物的四方畸变和三角畸变

三角反棱柱构型目前发现很少，而三棱柱构型近年来却有所发现，例如，三（顺 -1，2- 二苯乙烯 -1，2- 二硫醇根）合铼（Ⅶ）$[Re(S_2C_2ph_2)_3]$（结构如下），是 1965 年第一个合成出来的三棱柱型结构。此后，以 $R_2S_2C_2^{2-}$ 为配体的铑、钼、钨、钒、锆及其他金属的配合物陆续被合成出来。在这类化合物的螯合环中，2 个硫原子间的距离约为 305 pm，比二者的范德华半径（S 为 180 pm）约短 60 pm，说明其中可能存在着 S—S 键，且有较大的强度足以维持三棱柱结构。三棱柱结构也不多见，但可通过设计一个适合三棱柱构型且有一定刚性的螯合配体，金属离子嵌入其内而形成三棱柱的配合物。

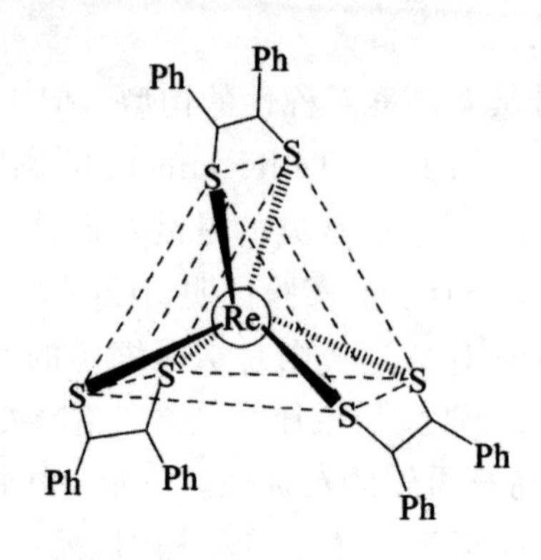

2.1.6 MX_7 型配合物的立体结构

七配位配合物比较少见，主要有 3 种空间构型：五角双锥（D_{5h}），如 $[UF_7]^{3-}$、$[ZrF_7]^{3-}$、$[HfF_7]^{3-}$、$[V(CN)_7]^{2-}$ 等；单帽八面体（C_{3v}），是在八面体的一个平面外再加上一个配体，形同戴帽而得名，如 $[NbOF_6]^{3-}$、$[U(Me_3PO)_6Cl]^{3-}$；单帽三棱柱（C_{2v}），是在三棱柱的矩形面外法线上再加一个配体而得名，如 $[NbF_7]^{2-}$、$[TaF_7]^{2-}$。这三种构型的对称性都比较低，其中五角双锥构型对称性稍高于其他 2 种构型，它的中心原子是以 d^3sp^3 杂化轨道与配体相适合的轨道成键。这 3 种结构之间的能量差很小，相互转变只需要很小的键角弯曲。例如，在 $Na_3[ZrF_7]$ 中，$[ZrF_7]^{3-}$ 是五角双锥结构；但在 $(NH_4)_3[ZrF_7]$ 中，$[ZrF_7]^{3-}$ 属于单帽三棱柱结构，其差别是由于铵盐中存在氢键而造成的。

在理想情况下，五角双锥体中赤道平面上的五边形是等边的，在其 5 个顶点分布着 7 个配体中的 5 个；在单帽八面体中，配体中有 1 个是从八面体的 1 个三角形面的中心伸出到八面之外；在单帽三棱柱中，配体中有 1 个是从三棱柱的 1 个矩形面的中心伸出到棱柱体之外。在实际存在的有关配合物中，由于上述构型之间易于互相转化以及其他原因，大多数七配位配合物的构型往往表现为其中某种构型的变形，或者介于三种构型之间。

过去发现配位数为 7 的配合物，其中心原子几乎都是体积较大的第二或第三系列的过渡元素，第一系列的过渡元素较少。按照习惯的看法，第一系列的过渡元素的配位数为 4、6。但近年来发现，只要选取适当的多齿配体，也可以形成配位数为 7 的第一过渡系元素的配合物，如 2，6- 二乙酰吡啶和三乙基四胺可缩合成含 5 个氮原子的大环。目前已发现，除了一些镧系金属配合物外，大多数过渡金属都能形成七配位配合物，特别是具有 d^0 ~ d^4 组态的过渡金属离子，如 $Cs[Ti(C_2O_4)_2(H_2O)_3]$、$K_3[Cr(O_2)_2(CN)_3]$、$[M(NO_2)_2(py)_3]$（M=Co、Cu、Zn、Cd）、$Li[Mn(H_2O)(EDTA)]\cdot 4H_2O$、$[MoCl_2(CO)_3(PEt_3)_2]$ 等。

研究七配位配合物可以发现：①在中心离子周围的7个配位原子所构成的几何体远比其他配位形式所构成的几何体对称性要差得多。②这些低对称性结构要比其他几何体更易发生畸变，在溶液中极易发生分子内重排。③含7个相同单齿配体的配合物数量极少，含有2个或2个以上不同配位原子所组成的七配位配合物更趋稳定，结果又加剧了配位多面体的畸变。

2.1.7 MX_8 型配合物的立体结构

八配位配合物的中心原子是IVB、VB、VIB族的重金属，如锆、铪、铌、钽、钼、钨及镧系、锕系。八配位配合物的几何构型有5种基本形式：四方反棱柱体、三角十二面体、立方体、双帽三棱柱体及六角双锥。其中四方反棱柱和三角十二面体构型较为常见，二者均可看作立方体构型的变形，但比立方体稳定，因为立方体中配体间的相互排斥作用较强，易转化为上述两种相对稳定的构型。四方反棱柱可看作是立方体的下底保持不变，将上底转45°，然后将上下底的角顶相连而构成，如 $[Zr(acac)_4]$、$[Ln(acac)_4]^-$、$[Mo(CN)_8]^{4-}$、$[TaF_8]^{3-}$、$[ReF_8]^{2-}$ 等。

十二面体一共有8个顶角、12个三角面，如 $[Zr(ox)_4]^{4-}$（$ox=C_2O_4^{2-}$）、$[Mo(CN)_8]^{4-}$ 等就属于十二面体构型。其特点是：2个配位原子间相距较近的双齿配体，易形成十二面体配位构型，如 $[Co(NO_3)_4]^{2-}$（其中 NO_3^- 双齿配体，形成1个四元环），又如 $[Cr(O_2)_4]^{5-}$（过氧根离子 O_2^{2-} 中2个O原子形成三元环）。上述2种构型都可看作是由立方体变形所致。因为立方体中配体间存在较大的相互作用。而三角十二面体与立方体的关系如图2-5所示：立方体的8个角顶可看作四面体A和B的各4个角顶；将四面体A按图中所示的箭头方向拉长，而将四面体B按箭头方向压扁，即得三角十二面体。

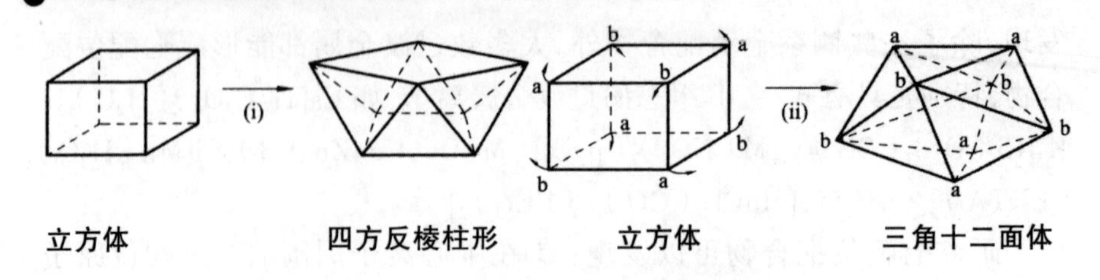

图 2-5　立方体构型的两种扭变途径

六角双锥体构型多为不理想的对称六角双锥体。通常轴向上的 2 个配体是氧原子，被强烈地配位于中心金属，如 $[UO_2(acetate)_3]^-$（三醋酸铀酰阴离子）。比较接近于理想的六角双锥体构型的是某些冠醚配合物，如 $K(18C_6)^+$，6 个 O 原子构成规则的六边形，轴向上的 2 个配体可以是别的配位原子。另外，$[VO_2(C_2O_4)_3]^{4-}$ 也呈六角双锥结构；而 $[UF_8]^{4-}$ 为双帽三棱柱构型；$[PaF_8]^{3-}$、$[UF_8]^{3-}$、$[NpF_8]^{3-}$ 等锕系元素配合物为立方体构型。

2.1.8 MX_9 型配合物的立体结构

九配位配合物并不多见，它成键时要求过渡金属中 s、p、d 9 个价轨道完全被利用。其中，Tc（Ⅶ）、Re（Ⅶ）和某些镧系、锕系金属离子可满足这一要求。其典型的空间构型为三帽三棱柱体（D_{3h}），即在三棱柱体的 3 个矩形面外中心垂线上，分别加入 1 个配体，如 $[ReH_9]^{2-}$ 配阴离子及许多镧系离子的水合物 $[Nd(H_2O)_9]^{3+}$、$[Pr(H_2O)_9]^{3+}$ 等。另一种几何构型为单帽四方反棱柱体（C_{4V}），如 $[Pr(NCS)_3(H_2O)_6]$ 等。

2.1.9 MX_{10} 型配合物和更高配位数配合物的立体结构

配位数为 10 或更高配位数的配合物一般都是镧系或锕系的金属配合物。

配位数为 10 的配合物，其配位多面体较复杂，通常遇到的有双帽四方反棱柱体和双帽十二面体（图 2-6）。例如，$[La(H_2O)_4(Hedta)]\cdot 3H_2O$ 中 La^{3+} 的配位数为 10；而在配位聚合物 $[La(H_2O)_2(pmta)_3]\cdot 3H_2O$（pmta= 嘧啶硫乙酸）中，中心原子 La^{3+} 为十配位的双帽四方反棱柱体构型。

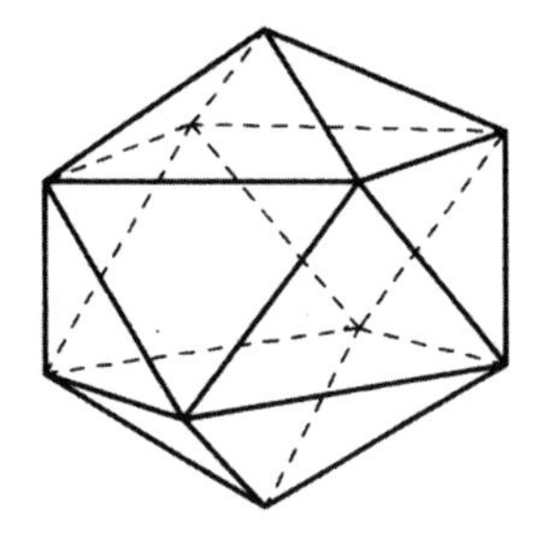

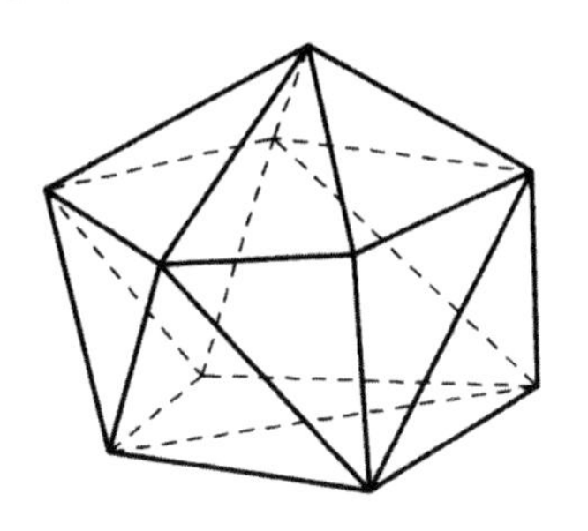

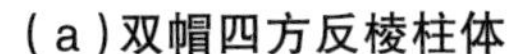

（a）双帽四方反棱柱体　　（b）双帽十二面体

图 2-6　十配位配合物常见的两种配位多面体形式

配位数为 11 的配合物极为罕见，理论计算表明，配位数为 11 的配合物很难具有某种理想的配位多面体，可能为单帽五角棱柱体或单帽五角反棱柱体（图 2-7），常见于大环配位体和体积很小的双齿硝酸根组成的配合物中。现仅发现几例，$[Th(NO_3)_4(H_2O)_3]\cdot 2H_2O$（$NO_3^-$ 为双齿配体）为其中一例。

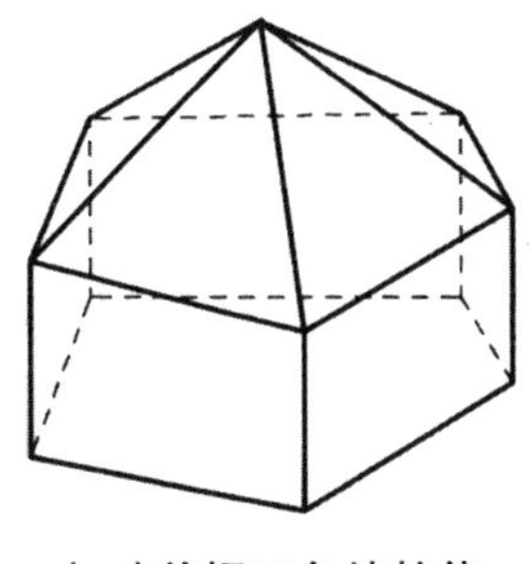

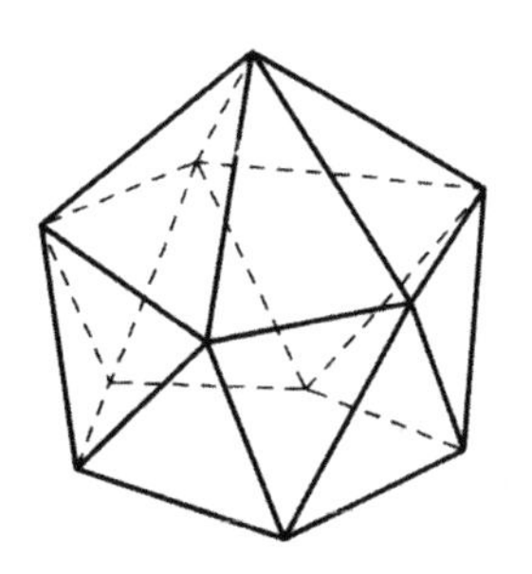

（a）单帽五角棱柱体　　（b）单帽五角反棱柱体

图 2-7　十一配位配合物可能的两种配位多面体形式

十二配位配合物最稳定的几何构型是二十面体（I_h）（图 2-8），如 $(NH_4)_3[Ce(NO_3)_6]\cdot 2H_2O$ 和 $[Mg(H_2O)_6]_3[Ce(NO_3)_6]\cdot 6H_2O$ 中的 $[Ce(NO_3)_6]^{3-}$ 及 $Mg[Th(NO_3)_6]\cdot 6H_2O$ 中的 $[Th(NO_3)_6]^{2-}$ 等。

十四配位配合物可能是目前发现的配位数最高的化合物，其几何结构为双帽六角反棱柱体（图 2-9）。目前发现的配合物多与 U（Ⅳ）有关，如 $U(BH_4)_4$ 中的 U（Ⅳ）为十四配位，其结构为双帽六角反棱柱体。再如 $U(BH_4)_4OMe$ 和 $U(BH_4)_4\cdot 2(C_4H_8O)$ 等。

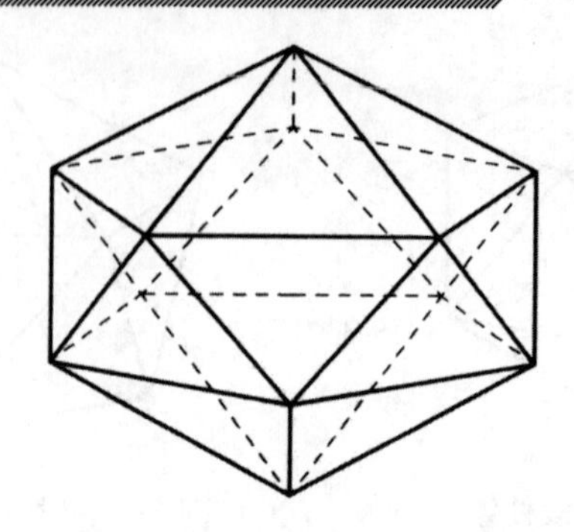

图 2-8　十二配位配合物的二十面体几何构型

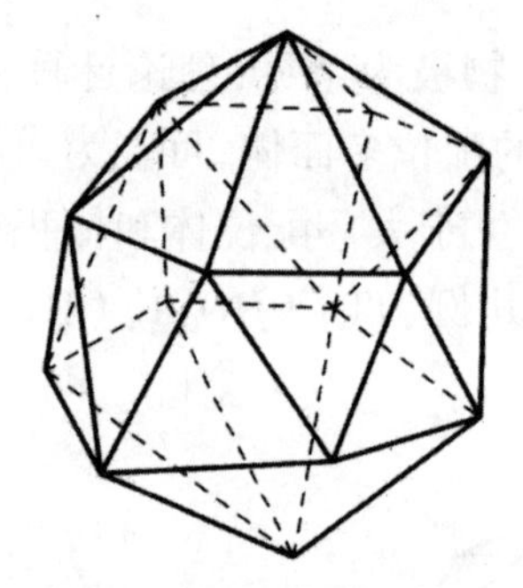

图 2-9　十四配位配合物的双帽六角反棱柱体几何构型

综上所述,配合物有其相对稳定的空间构型。虽然中心原子的配位数对配合物的空间构型起着重要的作用,但是,就其本质而言,金属和配体间的配位特性才是确定配合物空间构型的决定性因素。因此,在考虑配合物的配位数和立体构型时必须同时考察金属和配体两方面的因素。当金属与配体配位时,为了使整个体系能量更低、更稳定,从空间因素看,中心原子与配体大小须彼此匹配才能构成最紧密、最稳定的空间排列,且要求配体以更合理的空间排布以减少彼此间的排斥力,或通过配体甚至抗衡离子之间的非共价相互作用来稳定某种特殊构型;从能量因素看,则要求中心原子具有高配位数以使配合物尽量多成键或在晶体场稳定化能中获得较多的能量增益。所以对于某一具体的配合物,它究竟采取何种空间构型,应综合考虑中心原子的电子构型(是否球对称、含 d 或 f 电子的多寡等)、阴阳离子间的半径比、配体的性质、体积、配位场强弱、空间位阻效应、溶剂化作用以及配体或抗衡离子间的相互作用等诸多因素,从而得出合乎实际的结论。

2.2 配合物的异构现象

立体化学是探讨化合物立体结构的一个化学分支。配位化学的先驱 Werner 提出的配位理论包括了配合物立体化学的基础。已知配合物中存在多种同分异构现象,一般分为化学结构异构和立体异构两大类。前者是由于配合物中金属 - 配体(M—L)的成键方式不同所引起的,包括键合异构、配位异构、电离异构、水合异构等;而后者仅仅是由于配合物中各原子在空间的排列不同所形成的,包括几何异构、光学异构、配体异构和构象异构等。[①] 配合物的常见异构现象归纳在图 2-10 中。

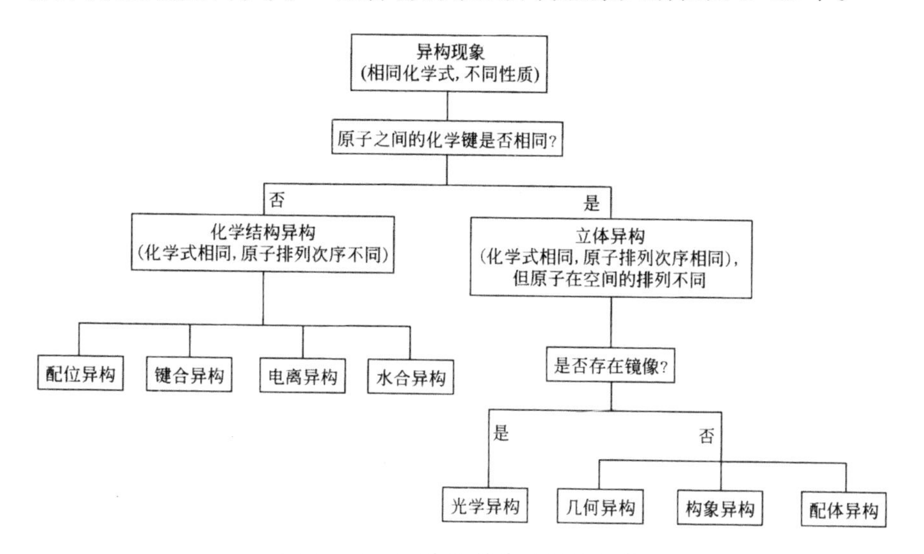

图 2-10 配合物的常见异构现象

2.2.1 化学结构异构

2.2.1.1 配位异构

含有配阴离子和配阳离子的复杂配合物中,其组成可能有不同的组

① 章慧,林丽榕. 配位化学中的镜面对称性破缺(续)——纪念配位化学创始人维尔纳首次拆分八面体 Co(Ⅲ)络合物 100 周年[J]. 大学化学,2012(1).

合。例：

$[Co(NH_3)_6][Cr(C_2O_4)_3]$；$[Pt^{II}(NH_3)_4][Pt^{IV}Cl_6]$；$[Cu(NH_3)_4][PtCl_4]$

$[Cr(NH_3)_6][Co(C_2O_4)_3]$；$[Pt^{IV}Cl_2(NH_3)_4][Pt^{II}Cl_4]$；$[Pt(NH_3)_4][CuCl_4]$

在一个桥联配合物中，配体可能占有不同的位置。

$[(NH_3)_4Co(\mu\text{-}OH)_2Co(NH_3)_2Cl_2]$　　$[Cl(NH_3)_3Co(\mu\text{-}OH)_2Co(NH_3)_3Cl]$

2.2.1.2 键合异构

可以用不同的配位原子和中心金属成键的配体被称为两可（ambidentate）配体，由此所形成的异构体称为键合异构体。常见的两可配体有：CN^-、NON^-、SCN^-、$SeCN^-$、$S_2O_3^{2-}$、$C_2O_2S_2^{2-}$等。

首例键合异构现象是由 Jørgensen 发现的，互为键合异构体的 $[Co(NO_2)(NH_3)_5]Cl_2$ 和 $[Co(ONO)(NH_3)_5]Cl_2$ 如下法制备：

$$[CoCl(NH_3)_5]Cl_2 \xrightarrow{NH_3} \xrightarrow{HCl} \xrightarrow{NaNO_2} \text{溶液 A} \begin{cases} \xrightarrow{\text{放置冷却}} [Co(ONO)(NH_3)_5]Cl_2(\text{红}) \\ \xrightarrow{\text{加热}} \xrightarrow[\text{HCl(浓)}]{\text{冷却}} [Co(NO_2)(NH_3)_5]Cl_2(\text{黄}) \end{cases}$$

Jørgensen 和 Werner 一致认为这两个异构体的不同是由于亚硝酸盐配体提供给 Co（Ⅲ）配位的原子不同，并且根据类似化合物 $[Co(en)_3]^{3+}$ 和 $[Co(NO_3)(NH_3)_5]^{2+}$ 的颜色将黄色异构体指定为 $CoNO_2$ 配位方式，将红色异构体指定为 Co–ONO 配位方式，这是在未发明电子吸收光谱之前，基于配合物的颜色，巧妙地利用相似内界的原理，对键合异构体的结构和成键做出的正确指认。

许多已知的配位聚合物具有类似“普鲁士蓝”配合物的结构，它们都含有两可配体 CN^-，一般在加热情况下可互变异构。例如 $KFe[Fe(CN)_6]$ 以 CN^- 为桥，连接不同价态的铁离子，在室温下配位键连接方式为 –Fe（Ⅲ）–NC–Fe（Ⅱ）–，在真空下加热到 400 ℃时，则桥基 CN^- 对调键合对象成为 –Fe（Ⅱ）–NC–Fe（Ⅱ）– 的连接方式。

将二价铁盐加入 $K_3[Cr(CN)_6]$ 中，产生砖红色沉淀，经加热该沉淀转化为暗绿色，如下式所示：

$$K^+ + Fe^{2+} + [Cr(CN)_6]^{3-} \longrightarrow KFe[Cr(CN)_6]\text{（砖红）} \xrightarrow{100℃} KCr[Fe(CN)_6]\text{（暗绿）}$$

$$\underset{\text{砖红}}{—Fe—NC—Cr—CN—Fe—CN—Cr—} \xrightarrow{100℃} \underset{\text{暗绿}}{—Fe—CN—Cr—NC—Fe—CN—Cr—}$$

2.2.1.3 电离异构与水合异构(或溶剂合异构)

在溶液中电离时由于配合物的内界和外界配体发生交换,生成不同的配离子。例如:

$[CoBr(NH_3)_5]SO_4$（紫）; $[CoSO_4(NH_3)_5]Br$（红）

当内界和外界发生水分子(或其他溶剂分子)交换,形成的异构体称为水合异构体(或溶剂合异构体)。这是电离异构的特例。例如:

$[Cr(H_2O)_6]Cl_3$（紫）; $[CrCl(H_2O)_5]Cl_2 \cdot H_2O$（淡绿）; $[CrCl_2(H_2O)_4]Cl \cdot 2H_2O$（深绿）

$$[CrCl_2(H_2O)_4]Cl \cdot 2H_2O \xrightarrow[\text{放置数天}]{H_2O} [Cr(H_2O)_6]Cl_3$$

2.2.2 立体异构

立体异构的研究曾在配位化学的发展中起过决定性的作用。Werner曾出色地完成了四、六配位的配合物立体异构的合成与分离,从而为确立配位理论提供了最令人信服的证据。配合物立体异构的数目和种类取决于空间构型、配体种类、配位齿数、多齿配体中配位原子的种类及环境等。配合物的立体异构分为非对映异构(或几何异构)和对映异构(或旋光异构)两大类。

2.2.2.1 非对映异构(几何异构)

凡是一个分子与其镜像不能重合时,这2个分子互称为对映异构体(或旋光异构);其余不属于对映异构体的立体异构体则统称为非对映异构体(或几何异构)。

在配合物中,空间构型确定后,凡因配体围绕中心原子在空间排列的相对位置不同而引起的异构现象,叫几何异构,包括多形异构和顺反异构。

(1)多形异构体。

多形异构体是指分子式相同,而立体构型不同的异构体,也就是说具有相同配位数的配合物可能存在几种不同的几何构型或配位多面体。例如,$[NiCl_2(P)_2]$(P为二苯基苄基膦)存在红色抗磁性的反式平面正方形异构体和蓝绿色顺磁性的四面体异构体(结构如下)。

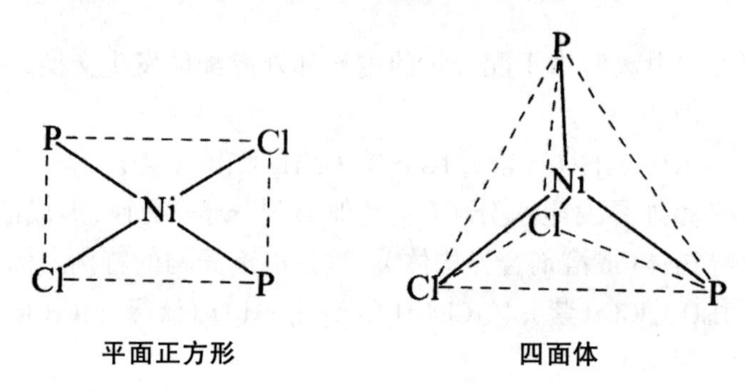

(2)顺反异构体。

在配合物中,配体可以占据中心原子周围的不同位置。所研究的配体如果处于相邻的位置,我们称为顺式结构(*cis*);如果配体处于相对的位置,我们称为反式结构(*trans*)。由于配体所处顺、反位置不同而造成的异构现象称为顺反异构。顺反异构体的合成曾是Werner确立配位理论的重要实验根据之一。很显然,配位数为2的配合物,配体只有相对的位置,没有顺式结构;配位数为3的平面三角形和配位数为4的四面体,所有的配位位置都是相邻的,因而不存在反式异构体;然而在平面正方形和八面体配合物中,顺反异构是很常见的。

①平面正方形配合物。

四配位平面正方形配合物的几何异构现象,研究得最多的是Pt(Ⅱ)和Pd(Ⅱ)的配合物,现以Pt(Ⅱ)平面正方形配合物为例进行讨论,并由此推至一般的平面正方形配合物。

若Pt(Ⅱ)与单齿配体(以a、b、c、d表示)形成平面正方形配合物,则存在5种可能的类型(表2-1)。

表2-1 平面正方形单齿配体配合物的几何异构体数目

配合物类型	实例	几何异构数
$[Ma_4]$	$[Pt(NH_3)_4]Cl_2$、$K_2[PtCl_4]$	1
$[Ma_3b]$	$[Pt(NH_3)_3Cl]Cl$、$K_2[Pt(NH_3)Cl_3]$	1

续表

配合物类型	实例	几何异构数
$[Ma_2b_2]$	$[Pt(NH_3)_4]Cl_2$	2
$[Ma_2cd]$	$[Pt(NH_3)_2(Cl)(NO_2)]$	2
$[Mabcd]$	$[Pt(NH_3)(NH_2OH)(py)(NO_2)]^+$	3

组成为 $[Ma_4]$ 和 $[Ma_3b]$ 的平面正方形配合物，由于配体在中心离子周围只有一种排列方式，所以不存在几何异构体；而 $[Ma_2b_2]$、$[Ma_2cd]$ 和 $[Mabcd]$ 等 3 种类型则存在不止一种空间排布方式，故存在几何异构体。

$[Ma_2b_2]$ 和 $[Ma_2cd]$ 型平面正方形配合物有顺式和反式两种异构体。最典型的是 $[Pt(NH_3)_2Cl_2]$（结构如下），其中顺式结构的溶解度较大，为 0.25 g/100 g 水，偶极矩较大，为橙黄色晶体，化学性质较活泼，能与乙二胺反应生成 $[Pt(NH_3)_2(en)]Cl_2$，有抗癌作用，可干扰 DNA 的复制，是著名的第一代抗癌药物（商品名“顺铂”）；反式结构难溶，为 0.036 6 g/100 g 水，亮黄色，偶极矩为 0，性质稳定，不与 en 反应，无抗癌活性。$[Ma_2cd]$ 型的 $[Pt(NH_3)_2(Cl)(NO_2)]$（结构如下）。

$[Pt(NH_3)_2Cl_2]$ 的顺反异构体　　　$[Pt(NH_3)_2(Cl)(NO_2)]$ 的顺反异构体

$[Mabcd]$ 型的平面正方形配合物存在 3 种几何异构体，这是因为 b、c、d 都可以是 a 的反位基团，分别记作 [M<ab><cd>]、[M<ac><bd>] 和 [M<ad><bc>]，其中的角括弧表示相互成反位（结构如下）。

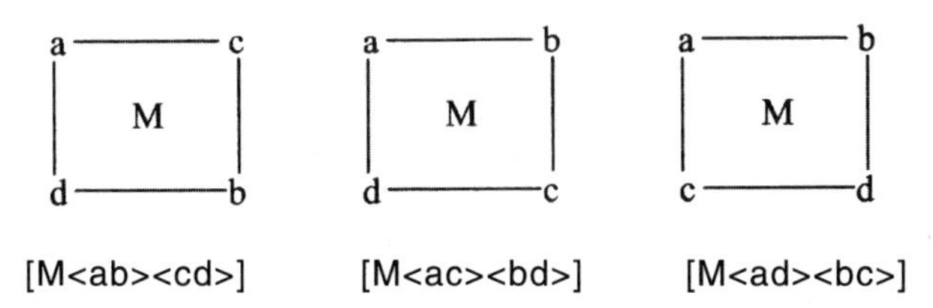

[M<ab><cd>]　　[M<ac><bd>]　　[M<ad><bc>]

例如，$[Pt(NH_3)(NH_2OH)(py)(NO_2)]^+$ 的 3 种几何异构体如下所示。

某些平面正方形配合物的顺反异构体也可通过化学的方法加以区别。例如，*cis*-[$PtCl_2(NH_3)_2$] 与 $H_2C_2O_4$ 反应（化学反应方程式如下），双齿的 $C_2O_4^{2-}$ 可占据平面正方形的相邻位置，生成 [$Pt(NH_3)_2(C_2O_4)$]；而 *trans*-[$PtCl_2(NH_3)_2$] 与 $H_2C_2O_4$ 反应，$C_2O_4^{2-}$ 只能作为单齿配体占据平面正方形中的相反位置，生成 [$Pt(NH_3)2(C_2O_4)_2$]$^{2-}$。

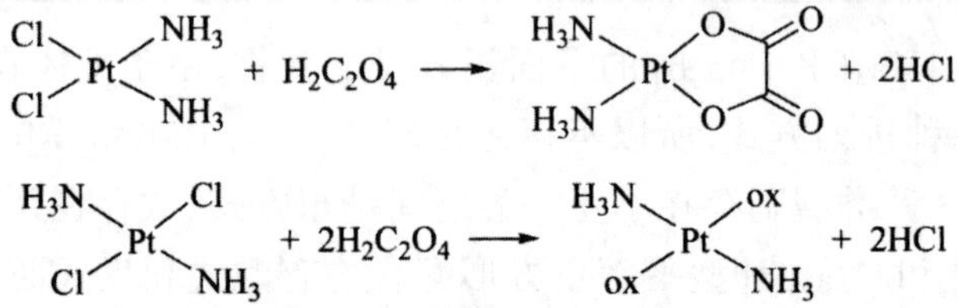

$$cis\text{-}[PtCl_2(NH_3)_2] + H_2C_2O_4 \longrightarrow [Pt(NH_3)_2(C_2O_4)] + 2HCl$$

$$trans\text{-}[PtCl_2(NH_3)_2] + 2H_2C_2O_4 \longrightarrow trans\text{-}[Pt(NH_3)_2(ox)_2] + 2HCl$$

含有不对称二齿配体的平面正方形配合物 [$M(AB)_2$]，也存在顺式和反式几何异构体（结构如下）。例如，$NH_2CH_2COO^-$（Gly）（氨基乙酸根）就是这样一类配体，它与 Pt（Ⅱ）形成的配合物 [$Pt(H_2NCH_2COO)_2$] 具有 2 种几何异构体（结构如下）。

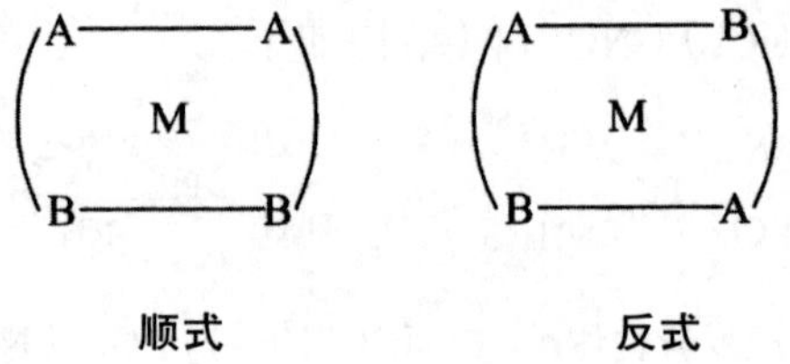

顺式　　　　反式

[$M(AB)_2$] 型平面正方形配合物的顺反异构体

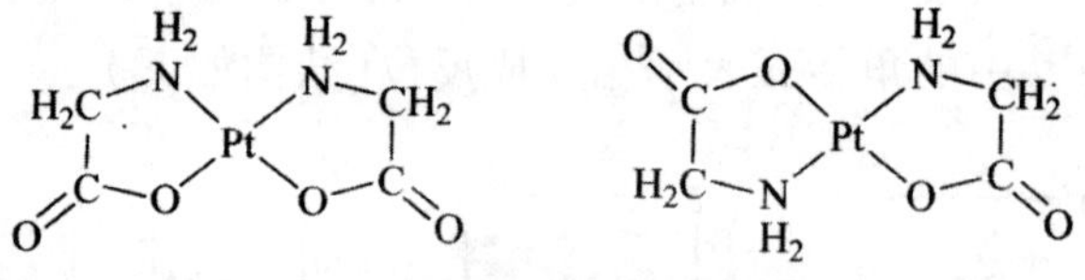

[$Pt(Gly)_2$] 的顺反异构体

[$M(AB)_2$] 类平面正方形配合物中螯环的两个半边不相同也有顺反异构，如 [$Pt(NH_2CH_2C(CH_3)_2NH_2)_2$]（结构如下）。在二齿配体中，作为顺反异构体的条件并不要求与中心离子直接连接的 2 个配位原子必须不同，实际上只要螯环的两个半边是不相同的，就可能会有顺反异构体存在。

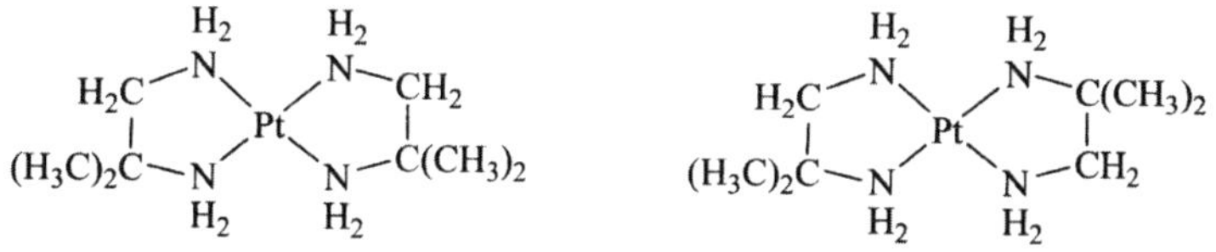

cis- *trans-*

在有成桥基团的双核平面正方形配合物中，也可能有顺反异构体，如 $[Pt_2(PEt_3)_2Cl_4]$（结构如下）和 $[Pt_2(PPr_3)_2(SEt)_2Cl_2]$（结构如下）的顺反异构体分别为：

cis- *trans-*

$[Pt_2(PEt_3)_2Cl_4]$ 的顺反异构体

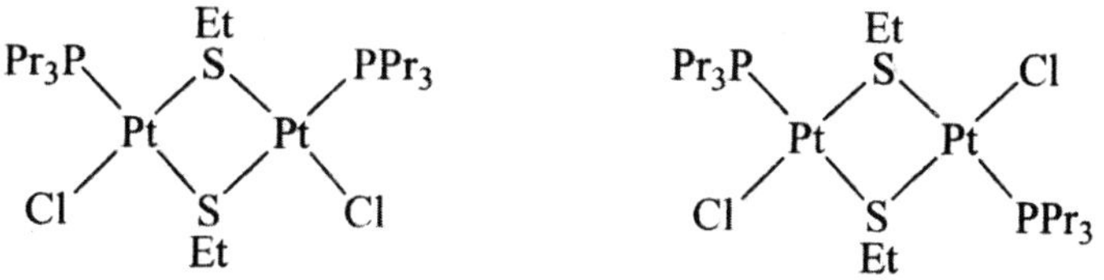

cis- *trans-*

$[Pt_2(PPr_3)_2(SEt)_2Cl_2]$ 的顺反异构体

②八面体配合物。

八面体配合物的存在最普遍。以 a、b、c、d、e 及 f 分别表示不同的单齿配体，与中心金属 M 形成八面体配合物时，则存在 $[Ma_6]$、$[Ma_5b]$、$[Ma_4b_2]$、$[Ma_3b_3]$、$[Ma_4bc]$、$[Ma_3bcd]$、$[Ma_2bcde]$、$[Ma_2b_2c_2]$、$[Ma_2b_2cd]$、$[Ma_3b_2c]$、$[Mabcdef]$ 等可能的类型，其中除 $[Ma_6]$ 和 $[Ma_5b]$ 类型不存在几何异构外，其余各类均有几何异构体存在，而以 $[Mabcdef]$ 的几何异构体最多，达 15 个。

在以 6 个单齿配体 a 形成的六配位八面体配合物 $[Ma_6]$ 中，若以另一种单齿配体 b（●）依次逐步取代 [Ma6] 中的配体 a（○），则会得到如下所示的 $[Ma_{6-x}b_x]$ 一系列配合物及其几何异构体。由此可知：$[Ma_4b_2]$、$[Ma_2b_4]$ 及 $[Ma_3b_3]$ 各有 2 种几何异构体，而 $[Ma_4b_2]$ 和 $[Ma_2b_4]$ 实际上是等同的，都只有顺反异构体。在 $[Ma_3b_3]$ 的 2 种异构体中，当 3 个配体 a 和 3 个配体 b 各占据八面体的同一个三角面的顶点时，则称为面式（*facial* 或 *fac*）或者顺顺式异构体；当 3 个配体 a 和 3 个配体 b 各位于八面体外接球的子午线上时，则称为经式（*meridional* 或 *met*）或者顺反式异构体。

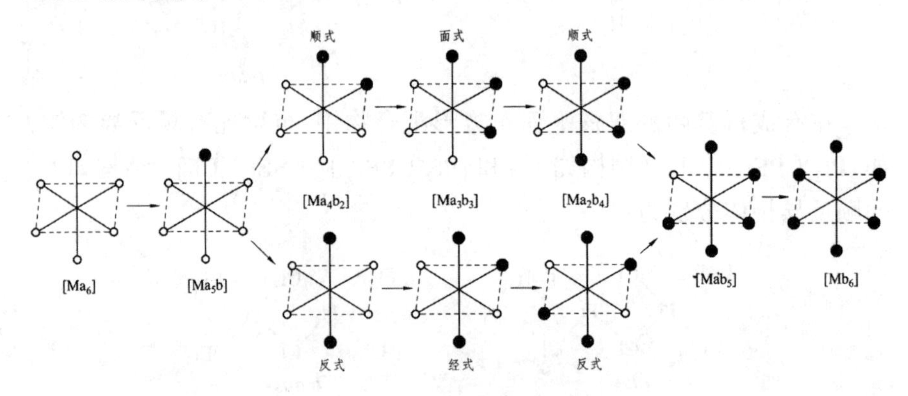

[$Ma_{6-x}b_x$] 系列的异构体

上述 $[Ma_4b_2]$ 型配合物，如 $[Cr(NH_3)_4Cl_2]^+$ 存在顺式和反式两种几何异构体（结构如下）。

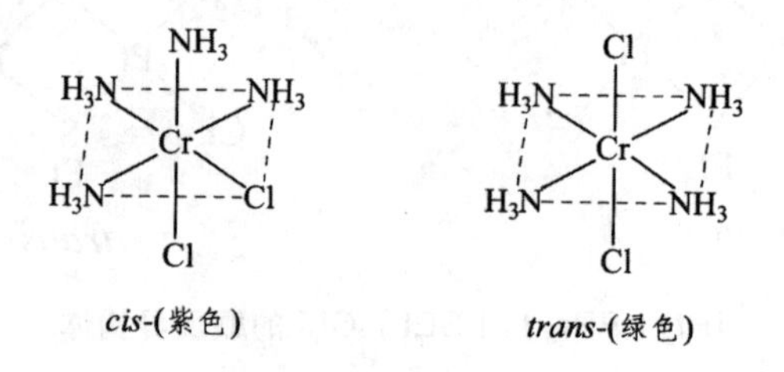

$[Cr(NH_3)_4Cl_2]^+$ 的顺反异构体

其他类型的八面体配合物，如 $[Ma_4bc]$ 型的 $[CoCl(NO_2)(NH_3)_4]$、$[M(AA)_2b_2]$ 型的 $[Co(NO_2)_2(en)_2]^+$ 和 $[M(AA)_2bc]$ 型的 $[CoCl(CN)(en)_2]^{3+}$ 等都只有一对顺反异构体，其中（AA）代表双齿配体。这些类型的数百种配合物及其异构体都已被合成和鉴定，其中 M 为 Co^{3+}、Cr^{3+}、Rh^{3+}、Ir^{3+}、Pt^4+、Ru^{2+} 和 Os^{2+} 等，如 $[Co(en)_2Cl_2]^+$（结构如下）。

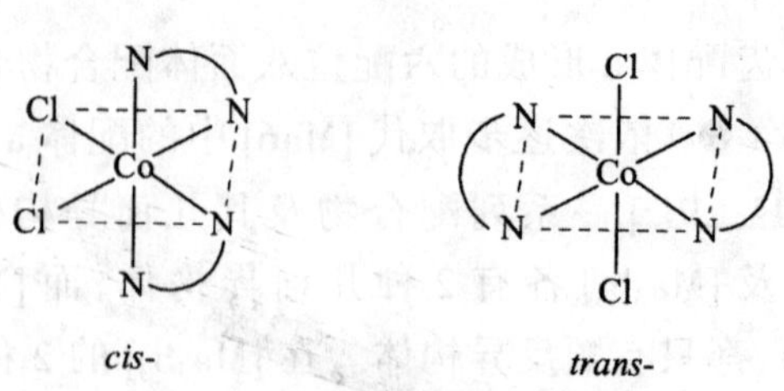

$[Co(en)_2Cl_2]^+$ 的顺反异构体

$[Ma_3b_3]$ 型的 $[Rh(py)_3Cl_3]$、$[Ru(H_2O)_3Cl_3]$ 和 $[Pt(NH_3)_3Br_3]^+$ 等配合物存在面式和经式两种几何异构体(结构如下)。

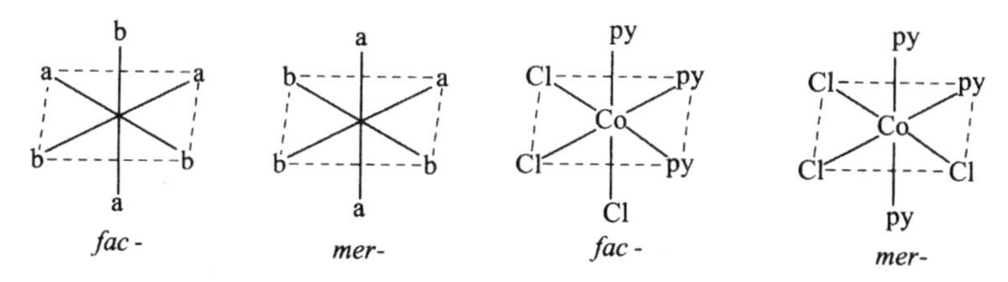

6 个配位体都不相同的 [Mabcdef] 型配合物,应该具有最多数目的几何异构体(15 种)。已制得的这一类型的配合物有 $[Pt(NH_3)(py)ClBr(NO_2)(NO_3)]$、$[Pt(NH_3)(NH_2CH_3)(py)ClBr(NO_2)]X$ 和 $[Pt(NH_3)(py)ClBrI(NO_2)]$ 等。但是至今还未能把 15 种不同的异构体全部制备、分离出来,如已制备分离出 $[Pt(py)(NH_3)(NO_2)ClBrI]$ 的全部 15 种几何异构体中的 7 种。此外,已经制得了 $[Pt(Cl)_2(NO_2)_2(NH_3)_2]$ 的全部 5 种几何异构体和 $[Pt(Cl)(Br)(NO_2)(NH_3)(en)]$ 的 6 种几何异构体中的 5 种。

$[Ma_2b_2c_2]$ 型配合物具有 5 种几何异构体(结构如下)。

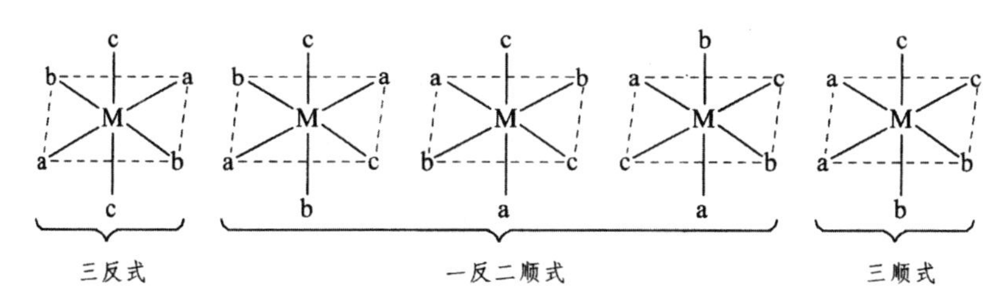

$[Ma_2b_2c_2]$ 型配合物的几何异构体

含有不对称双齿配体的 $[M(AB)_3]$ 型八面体配合物也有面式和经式 2 种异构体(结构如下),如三(甘氨酸根)合钴 $[Co(Gly)_3]$。

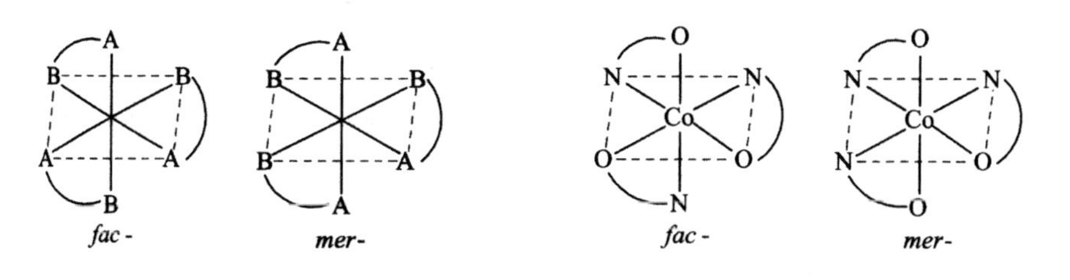

$[M(AB)_3]$ 型八面体配合物的几何异构体　　$[Co(Gly)_3]$ 的几何异构体

三齿配体（AAA）或（ABA）形成的 [M（AAA）$_2$]、[M（ABA）$_2$] 型八面体配合物，均有 3 种几何异构体（结构如下），除经式外，面式还可以形成对称（symmetrical）和不对称（unsymmetrical）两种，如二乙烯三胺（dien）或亚氨基二乙酸 [NH（CH_2COOH）$_2$] 形成的钴配合物（结构如下）。

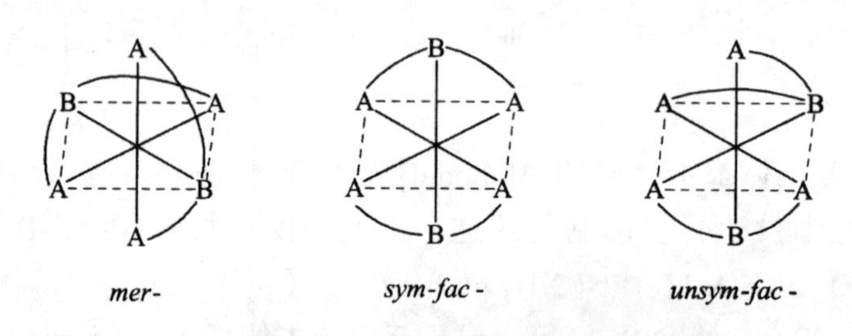

[M（ABA）$_2$] 型八面体配合物的几何异构体

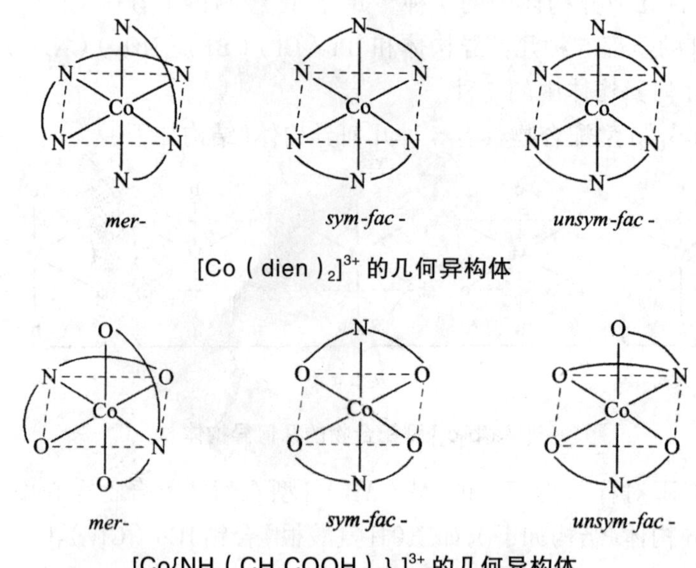

[Co（dien）$_2$]$^{3+}$ 的几何异构体

[Co{NH（CH_2COOH）$_2$}$_2$]$^{3+}$ 的几何异构体

[Ma_3（BB）c]（其中 BB 为对称二齿配体）和 [Ma_3（BC）d]（其中 BC 为不对称二齿配体）型八面体配合物也有面式和经式的区别。在面式的情况下 3 个 a 处于 1 个三角面的 3 个顶点，在经式中，3 个 a 在 1 个四方平面的 3 个顶点之上。[Co（NH_3）$_3$（C_2O_4）（NO_2）] 就是一例。

具有面式、经式异构体的配合物数目不多，已知的例子有 [Co（NH_3）$_3$（CN）$_3$]、[Co（NH_3）$_3$（NO_2）$_3$]、[Ru（H_2O）$_3Cl_3$]、[$RhCl_3$（CH_3CN）$_3$]、[Ir（H_2O）$_3Cl_3$] 和 [Cr（Gly）$_3$]、[Co（Gly）$_3$] 等。

其他不同类型的八面体配合物的几何异构体还有很多。总的来说，随着配合物中配体、配位原子种类的增多，其几何异构体也相应增多。

2.2.2.2 对映异构（旋光异构）

若一个分子与其镜像不能重合，则该分子与其镜像互为对映异构体，它们的关系如同左右手一样，故称两者具有相反的手性，这个分子即为手性分子。当然，任何分子都有镜像，但多数分子和它的镜像都能重合。如果分子和它的镜像能重合，它们就是同一物质，是非手性分子，无对映异构体。一对对映异构体结构差别很小，因此它们具有相同的熔点、沸点、溶解度等物理性质，化学性质也基本相同，很难用一般的物理或化学方法区分。但它们对平面偏振光的作用不同：一个可使平面偏振光向逆时针方向旋转，称为左旋体；另一个可使平面偏振光向顺时针方向旋转，称为右旋体，二者旋转角度相同，分别在冠名前加 L（或“-”）和 D（或“+”）表示。因此对映异构也叫作旋光异构或光学异构。许多旋光活性配合物常表现出旋光不稳定性，它们在溶液中进行转化，左旋异构体转化为右旋异构体，右旋异构体转化为左旋异构体。当左旋和右旋异构体达到等量时，即得一无旋光活性的外消旋体，这种现象称为外消旋作用。

（1）分子中常见的几种对称因素。

物质具有手性就有旋光性和对映异构现象，那么，物质具有怎样的分子结构才与其镜像不能重合，具有手性呢？要判断某一物质分子是否具有手性，必须研究分子的对称性质，下面介绍分子中常见的几种对称因素：对称面（σ）、对称中心（i）、对称轴（C_n）、旋转一反映轴（S_n）。

①对称面（σ）。

假如有一个平面可以把分子分割成两部分，而一部分正好是另一部分的镜像，那么这个平面就是分子的对称面，用 σ 表示。分子中有对称面，它和它的镜像就能够重合，分子就没有手性，是非手性分子（achiral molecule），因而它没有对映异构体和旋光性。

②对称中心（i）。

若分子中有一点，通过该点画任何直线，如果在离此点等距离的两端有相同的原子，则该点称为分子的对称中心，用 i 表示。具有对称中心的化合物和它的镜像是能重合的，因此它不具有手性。图 2-11 所示的结构均具有对称中心。

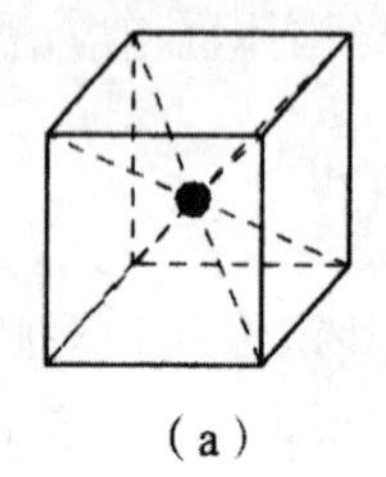
(a)

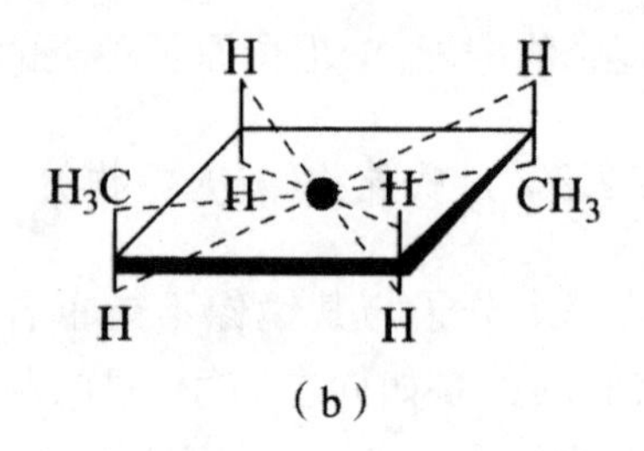

(b)

图 2-11　对称中心示意图

③对称轴(C_n)。

以设想直线为轴旋转 360°/n,得到与原分子相同的分子,该直线称为 n 重对称轴(又称 n 阶对称轴),用 C_n 表示。因此,有无对称轴不能作为判断分子有无手性的标准。例如,反 -1,2- 二氯环丙烷具有二重对称轴(图 2-12),但没有对称面和对称中心,故为手性分子,它与镜像不能重合,具有旋光性。

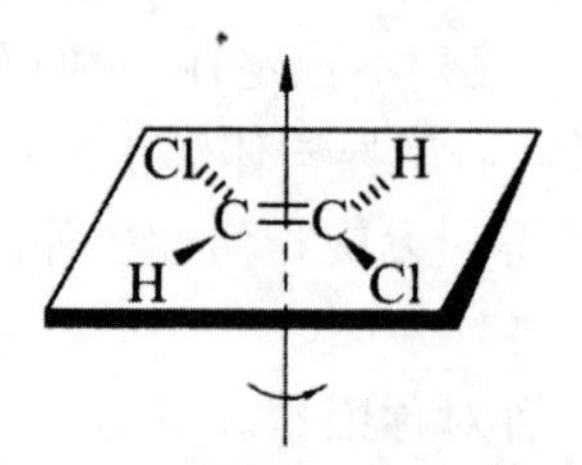

图 2-12　反 -1,2- 二环丙烷的 C_2 对称轴

④旋转 - 反映轴(或称交替对称轴)(S_n)。

设想分子中有一条直线,当分子以此直线为轴旋转 360°/n 后,再用一个与此直线垂直的平面进行反映(即作出镜像),如果得到的镜像与原来的分子完全相同,这条直线就是旋转 - 反映轴,用 S_n 表示。如果旋转的角度为 90°(360°/4),就称为四重更替对称轴(S_4)。具有四重更替对称轴的化合物和其镜像能够重合,因此不具旋光性(图 2-13)。

一般认为,形成手性分子的条件是该分子不含对称中心和对称平面,但这一判据不是很严格,因为已经发现椅式 1,3,5,7- 四甲基环辛四烯分子虽无对称中心和对称面,却有 S_4,即与其镜像可以重合,因而并不是手性分子,也无光学活性。所以,严格地讲,产生手性分子的充要条件是它的构型中没有旋转 - 反映轴 S_n,也就是说,不具有任意次旋转 - 反映轴 S_n 的分子才具有旋光性。

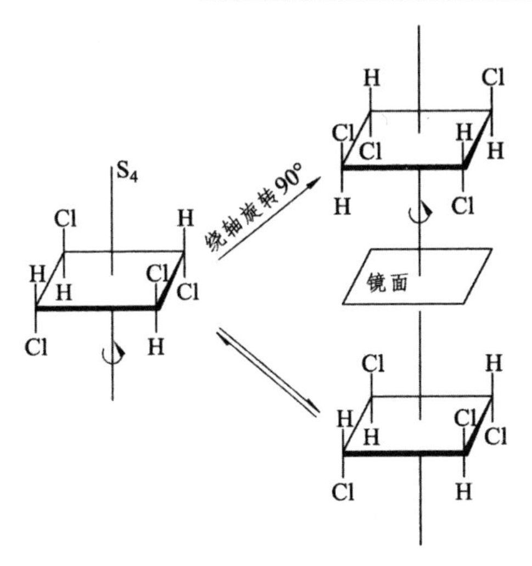

图 2-13　四重更替对称轴（S_4）

许多事实表明：某些旋光活性有机物的对映体对生物体有着不同的生理效应。由于不少有机药物都是含 N、O、S、Cl 等配位原子的配体，因此开展对旋光活性配合物结构的研究，在理论上对确定配合物立体结构和配位键本性；在实践上为揭示它们对生物体作用的内在机理都有着重要的意义。

（2）各类对映异构体的实例。

①四面体构型配合物的对映异构体。

四面体构型配合物像有机分子中的四面体碳原子结构一样，应当有旋光活性，特别是 4 个配体都不同的 [Mabcd] 型配合物更应如此，但是实际上配体由于并不十分安定，常常很快消旋，难以拆分。实验表明，在具有螯合配体和不对称配体的四面体配合物中才发现有对映异构现象。含 2 个不对称二齿配体的四面体配合物曾被拆分过，例如，双苯基乙酰丙酮合铍（Ⅱ）$[Be(C_6H_5COCHCOCH_3)_2]$ 已被拆分为光学活性物质（结构如下），另外 Be^{2+}、Zn^{2+} 等离子与二齿配体也能形成具有旋光活性的四面体配合物。

由此可见：这类对映体的产生并不要求围绕中心原子的是 4 个不

同的基团，唯一应具备的条件是该分子应与它的镜像不能重合。至于 $[Ma_2b_2]$ 和对称的 $[M(AA)_2]$、$[M(AA)(BB)]$ 型四面体配合物除配体本身引入手性结构外皆无对映异构体。

②平面正方形配合物的对映异构体。

平面正方形的配合物其分子平面就是对称平面，似乎不应有对映异构。但是，当配体本身就具有光学活性，或配合物形成过程中某配位原子能充当手性中心时，对映体还是能够存在的。例如，$(CH_3)(C_2H_5)NCH_2COOH$ 的叔 N 原子，在与 Pt（Ⅱ）配位时，形成了手性（N^*），因此有对映体（结构如下）。

$(CH_3)(C_2H_5)NCH_2COOH$ 及其铂配合物

③八面体配合物的对映异构体。

与四配位的配合物不同，六配位的旋光异构现象是普遍存在的，大致可分为以下几种情况：

a. 单齿配体形成手性分子。

$[Ma_2b_2c_2]$、$[Ma_2b_2cd]$、$[Ma_2bcde]$、$[Ma_3bcd]$、$[Mabcdef]$ 等单齿配体配合物均有对映异构体。其中，$[Ma_2b_2c_2]$ 型配合物 $[Pt(NH_3)_2(NO_2)_2Cl_2]$ 有 6 个立体异构体，除了 5 个几何异构体之外，三顺式还有 1 个对映异构体，结构如下所示。

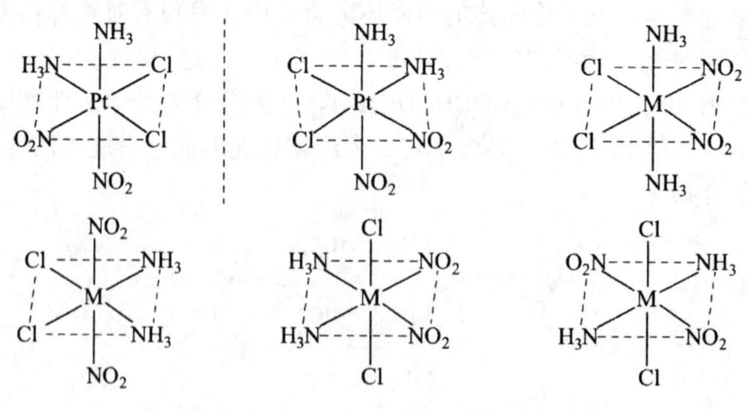

$[Pt(NH_3)_2(NO_2)_2Cl_2]$ 的 6 个立体异构体

b. 不对称双齿配体形成手性分子。

含不对称双齿配体的 [M（AB）$_3$] 型八面体配合物，其面式和经式都存在旋光异构体。例如，[Cr（Gly）$_3$] 的旋光异构体如下所示。

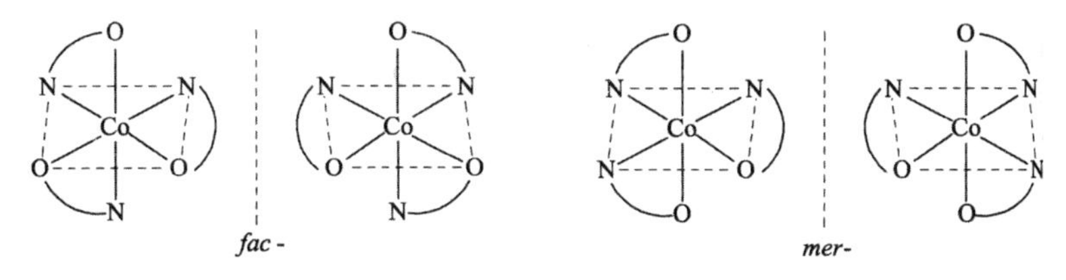

[Cr（Gly）$_3$] 的旋光异构体

再如，[M（AB）$_2$c$_2$] 型八面体配合物 [Cu（H_2NCH_2COO）$_2$（H_2O）$_2$] 中的配体之一甘氨酸根（$H_2NCH_2COO^-$）即为非对称双齿配体，其 8 种立体异构体如下所示。

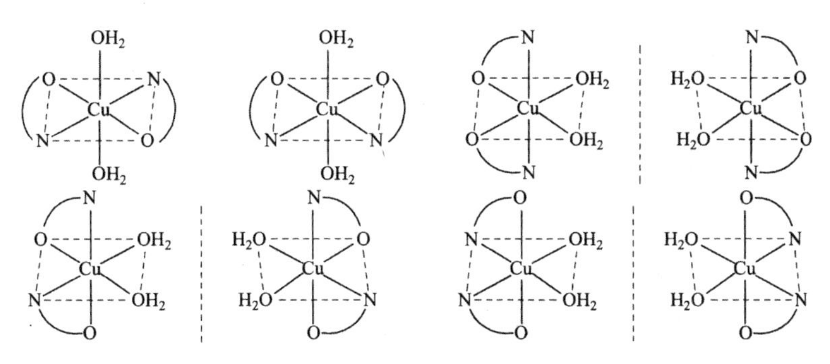

（$H_2NCH_2COO^-$）的 8 种立体异构体

c. 对称双齿配体形成手性分子。

含对称双齿配体的八面体配合物，如 [M（AA）b$_2$c$_2$]、[M（AA）$_2$bc]、[M（AA）$_2$b$_2$]、[M（AA）$_3$] 及 [M（AA）（BB）c$_2$] 等类型的螯合物，它们的顺式异构体都可分离出一对旋光活性异构体，而反式异构体（含手性配体除外）则往往没有旋光活性。其中，[M（AA）b$_2$c$_2$] 型八面体配合物有 4 种立体异构体，2 种有旋光活性，互为对映体，2 种没有旋光活性。例如，[CoCl$_2$（NH$_3$）$_2$（en）]$^+$ 的立体异构体如下所示。

[M（AA）$_2$b$_2$] 型和 [M（AA）$_2$bc] 型八面体配合物都有 3 种立体异构体，如 [CoCl$_2$（en）$_2$]$^+$（结构如下）和 [CoCl（NH$_3$）（en）$_2$]$^+$（结构如下）。

Cl
H_3N　N
Co
H_3N　N
Cl

NH_3
Cl　N
Co
Cl　N
NH_3

Cl
Cl　NH_3
Co
N　NH_3
N

Cl
H_3N　Cl
Co
H_3N　N
N

$[CoCl_2(NH_3)_2(en)]^+$ 的立体异构体

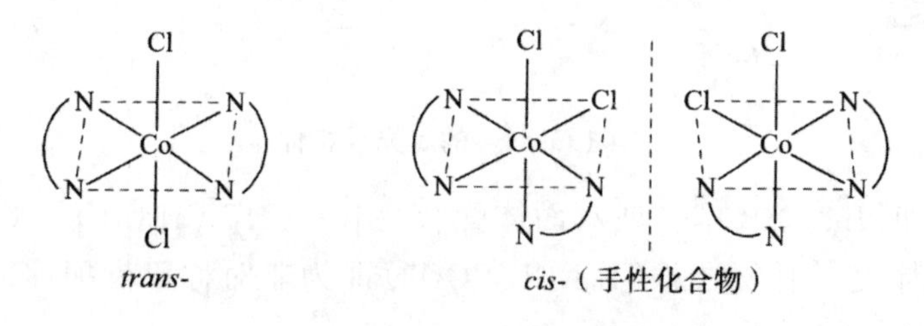

trans-　　　　cis-（手性化合物）

$[CoCl(en)_2]^+$ 的立体异构体

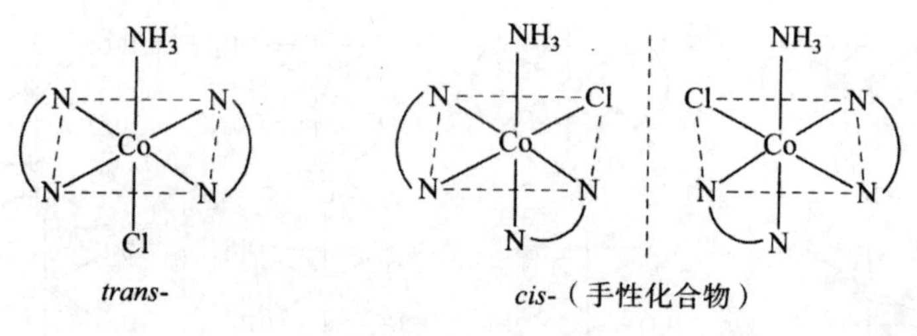

trans-　　　　cis-（手性化合物）

$[CoCl(NH_3)(en)_2]^+$ 的立体异构体

$[M(AA)_3]$ 型的六配位螯合物其不对称中心是金属本身，故也具有旋光性。早在 1913 年 Werner 已证实 $[Co(en)_3]Cl_3$ 是具有 2 个对映异构体的手性螯合物，其中每个 en 分子分别占据相邻的两个位置（结构如下）。

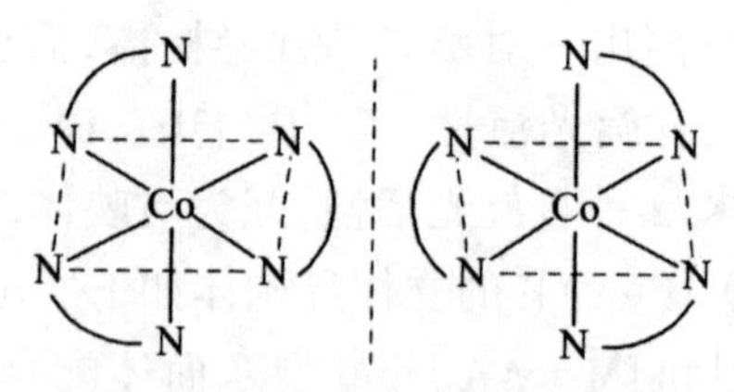

$[Co(en)_3]Cl_3$ 的 2 个对映异构体

d. 手性配体使配合物具有手性。

例如，氨基丙酸有 R 和 S 两种构型（结构如下），因 S 氨基丙酸有光学活性，与 Co（Ⅲ）配位进入配合物 $[Co(S\text{-}alan)(NH_3)_5]^{2+}$ 时，其手性结构并未被破坏从而使整个配合物仍具有旋光性。

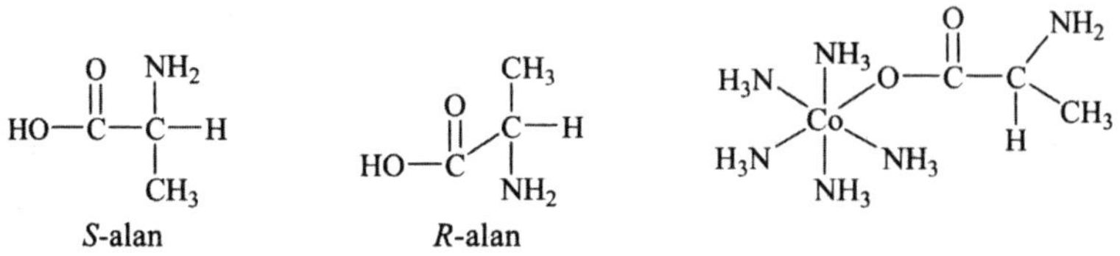

氨基丙酸(alan)的 R 和 S 构型及其钴配合物 $[Co(S\text{-}alan)(NH_3)_5]^{2+}$

e. 螯环不同构象引起的对映异构。

在螯合物中，因为螯合剂本身不同构象的引入，引起螯合物也具有不同构象而产生了对映异构，较典型的实例是 $[Co(en)_3]^{3+}$。由于乙二胺分子中有 C—C 单键的旋转，使连接于 2 个碳上的其他原子产生了不同的空间排布，即产生了不同的构象，除有重叠，还有交叉。乙二胺的两种偏斜式(δ 和 λ，δ 为右手螺旋，λ 为左手螺旋)如下所示。

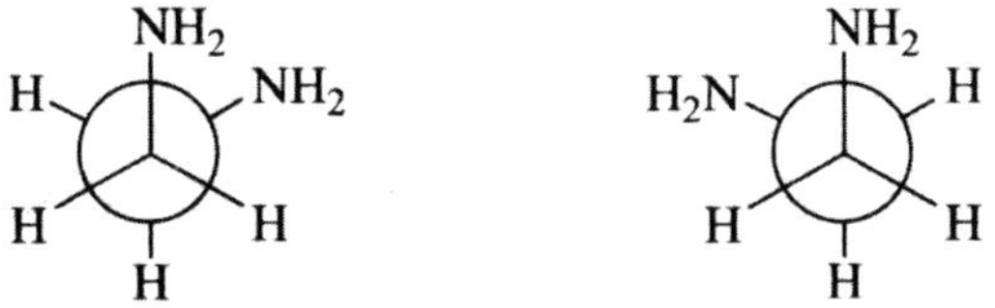

若从能量与立体结构相结合的角度考虑，不难确定具有偏斜式构象的乙二胺分子只适于与 Co(Ⅲ)螯合成环。但是，当乙二胺的交叉式以上述 2 种方式键合到中心原子，它们形成的五元螯环并不共面而是发生了扭曲，使配合物也产生了不同的构象。如以金属与 C—C 键中点的连线为二重轴，则产生如下所示的 2 种交叉式的配合物。

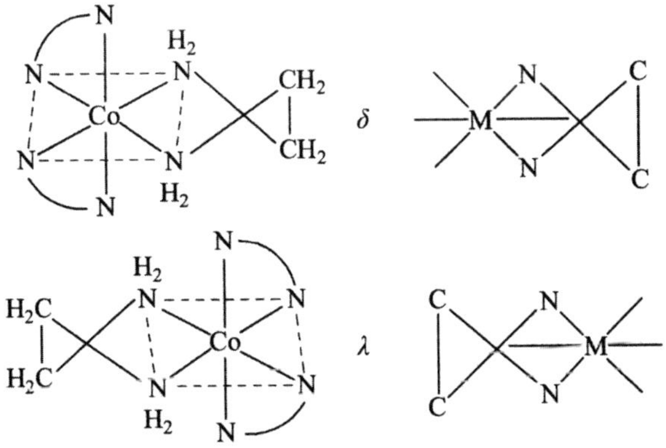

$[Co(en)_3]^{3+}$ 的 2 种交叉式配合物

从理论上推测，这两种对映体是应该能分离出来的，但异构体之间位垒非常低，能相互转换，故单环的配合物虽有不同构象，但不能分离出来。如果配合物中有 2 个或 2 个以上的环存在，环与环之间可以稳定某一种构象。

2.3 配合物几何异构体的鉴别方法

（1）偶极矩法。

偶极矩的大小与配合物中原子排列的对称性有关。偶极矩测定可以区别 Ma_2b_2（平面正方形）、Ma_2b_4（八面体）型配合物的顺反异构体。应用这一方法的必需条件是配合物在非极性溶剂中要有一定的溶解度，同时在溶液中不发生异构化。

（2）X 射线衍射法。

现代 X 射线衍射方法是获得明确结构数据的绝对可靠的方法，已用于种类繁多的配合物几何异构体的测定，但其局限是待测物一定要培养成单晶。

（3）紫外 - 可见吸收光谱法。

应用紫外 - 可见吸收光谱可区分 $[MX_2(AA)_2]$ 型八面体配合物的顺、反异构体。由于反式配合物有对称中心而顺式无对称中心，故反式的吸收带强度较顺式的要弱。如果被比较的两种几何异构体都没有对称中心，例如 Ma_4bc、$Mbc(AA)_2$ 和 Ma_3b_3 型配合物的几何异构体，则两者的吸收带强度是相近的，如图 2-14 所示。

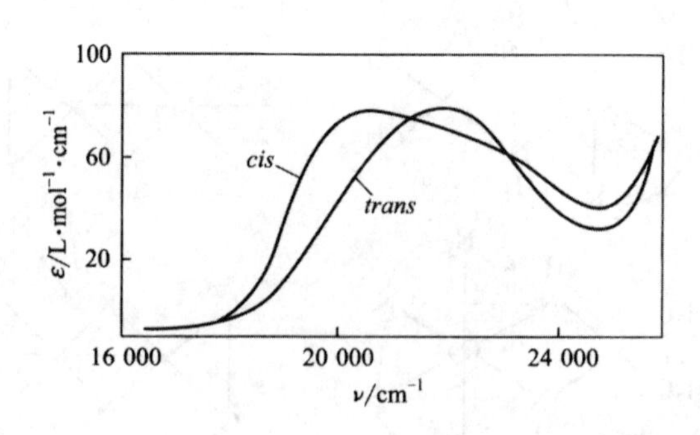

图 2-14 *cis*- 和 *trans*-$[CoCl(NO_2)(en)_2]^+$ 的可见光谱

（4）化学方法。

用化学方法来鉴别顺、反异构体是有一定问题的，如果在反应中产生立体化学变化，则此法无效。只有对某些 Pt（Ⅱ）配合物，在取代反应中能保持原来构型，这一方法才是可靠的。例如：

$$cis\text{-}[PtCl_2(NH_3)_2] \xrightarrow[HCl]{H_2C_2O_4} cis\text{-}[Pt(NH_3)_2(ox)]$$

$$trans\text{-}[PtCl_2(NH_3)_2] \xrightarrow[HCl]{2H_2C_2O_4} trans\text{-}[Pt(NH_3)_2(Hox)_2]$$

$$cis\text{-}[PtCl_2(NH_3)_2] \xrightarrow[HCl]{4tu} cis\text{-}[Pt(tu)_4]Cl_2$$

$$trans\text{-}[PtCl_2(NH_3)_2] \xrightarrow[HCl]{2tu} trans\text{-}[Pt(NH_3)_2(tu)_2]Cl_2$$

在上述第 1、2 个反应中利用了草酸根作为双齿配体只能占据平面四方形 Pt（Ⅱ）配合物相邻配位点的性质；在第 3、4 个反应中则是利用了反位效应顺序：tu（硫脲）>Cl>NH_3。随着现代分析技术的发展，化学分析方法已不常用。

（5）拆分法。

cis-[MX_2（AA）$_2$] 或 *cis*-[MXY（AA）$_2$] 型配合物具有手性（没有对称中心和对称面），可被拆分，而 *trans*-[MX_2（AA）$_2$] 或 *trans*-[MXY（AA）$_2$] 型配合物却不具备手性，不能被拆分。由此证明该配合物是顺式结构或至少是含有顺式结构。这一方法最早被 Werner 应用于他的经典研究中，后来被 Bailar 等用来证明他们首次制得的配合物 [$PtCl_2$（en）$_2$]（NO_3）$_2$ 是顺式结构。又例如，在 [Co（ida）$_2$]$^-$ 的三种几何异构体中，只有 *u-fac*-[Co（ida）$_2$]$^-$ 具有光学异构体，可被拆分。

（6）红外光谱法。

①用红外光谱法鉴别顺反异构。

一般而言，顺式异构体比反式异构体对称性低，因此顺式异构体的红外吸收峰比反式异构体的吸收峰多，如 [$PtCl_2$（NH_3）$_2$] 的红外光谱伸缩振动频率所示（表 2-2）。

表 2-2　顺式和反式 [$PtCl_2$（NH_3）$_2$] 的 Pd—L 伸缩振动频率

异构体		Pd—N 伸缩振动频率	Pd—Cl 伸缩振动频率
反式	H_3N、Cl / Pd / Cl、NH_3	490 cm^{-1}	320 cm^{-1}
顺式	Cl、NH_3 / Pd / Cl、NH_3	分裂为二	分裂为二

并不是所有简正振动的频率都能在红外光谱中观察到。实验结果和量子力学理论都证明只有瞬间偶极矩有改变(红外活性)的那些简正振动才能在红外光谱中观察到。可根据这种判别方法来定性分析 $[PtCl_2(NH_3)_2]$ 的红外光谱。如果忽略氢原子,则 *trans*-$[PtCl_2(NH_3)_2]$ 和 *cis*-$[PtCl_2(NH_3)_2]$ 的配位键骨架对称性分别为 D_{2h} 和 C_{2y}。不采用群论方法,也能直观地看出,反式异构体的 Pd—N 伸缩振动频率只有一个,因为只有当两个 Pd—N 键同时作不对称伸缩时才会改变分子的偶极矩,从而产生瞬间偶极矩,而 Pd—N 和 Pd—Cl 同时作对称伸缩均不能改变分子的偶极矩;同理,反式异构体的 Pd—Cl 振动频率也只有一个。而顺式异构体的 Pd—N 和 Pd—Cl 的伸缩振动频率各有两个(即各有两个红外活性的振动吸收),因为同时作对称伸缩也会改变分子的偶极矩。

图 2-15 为 $[Os(NH_3)_4(N_2)_2]^{2+}$ 的红外光谱。根据在 20 000 cm^{-1} 区观测到两个 N≡N 伸缩振动频率(对称和不对称的)事实,可以判断它是顺式异构体,因为反式异构体只显示出一个红外活性模式,其对称伸缩振动是非红外活性的。

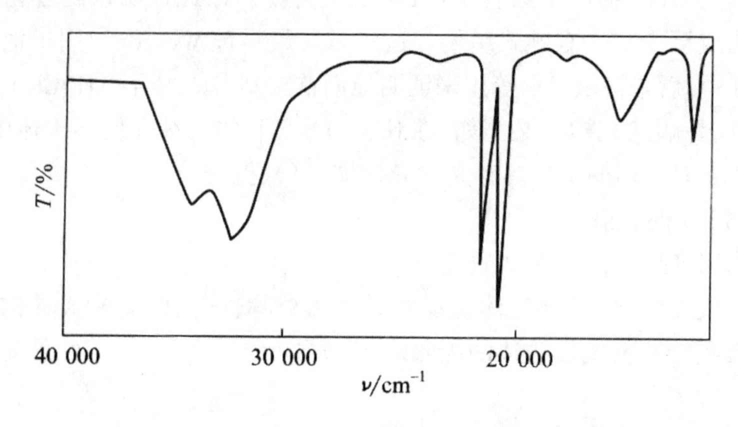

图 2-15 $[Os(NH_3)_4(N_2)_2]^{2+}$ 的红外光谱

在 $[(CoX_2(en)_2]^{2+}$ (X^- 表示卤素离子)中,也发现了类似的现象。*trans*-$[(CoX_2(en)_2]^{2+}$ 和 *cis*-$[(CoX_2(en)_2]^{2+}$ 的配位键骨架对称性分别为 D_{2h} 和 C_2,因此可以预测,反式异构体的振动吸收带少于顺式异构体。

②用红外光谱识别键合异构体。

键合异构是指一个配体可以用不同的配位原子和中心金属键合的

异构现象，例如 NO_2^- 作为单齿配体可能以 N- 端（硝基）或 O- 端（亚硝酸根）与中心金属配位，如图 2-16 所示。

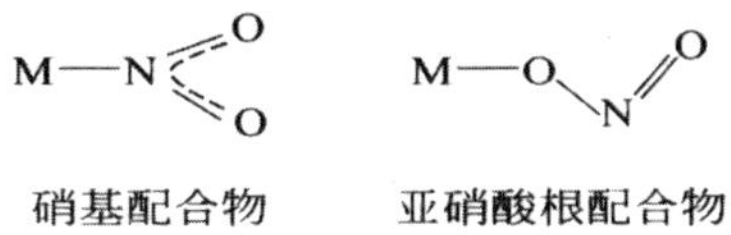

硝基配合物　　亚硝酸根配合物

图 2-16　NO_2^- 的两种可能配位方式

红外光谱法通常可作为区别配合物键合异构体的一种表征手段。已知硝基配合物中的 M-NO_2 基团分别在 1 470 ~ 1 340 cm^{-1} 和 1 340 ~ 1 320 cm^{-1} 区出现 $v_a(NO_2)$ 和 $v_s(NO_2)$ 伸缩振动带，而游离的 NO_2^- 则分别在 1 250 cm^{-1} 和 1 335 cm^{-1} 处出现这类振动模式，所以经配位后 $v_a(NO_2)$ 向高频方向明显化移而 $v_s(NO_2)$ 却几乎没有变化。

亚硝酸根配合物的 $v(N=O)$ 和 $v(NO)$ 分别位于 1 485 ~ 1 370 cm^{-1} 和 1 320 ~ 1 050 cm^{-1} 区，这说明两个 NO 键的键级有很大差别。亚硝酸根配合物在低波数约 620 ~ 420 cm^{-1} 处不出现面外摇摆振动 ρ_w，而所有的硝基配合物几乎都存在这种振动。通过对它们的指认，可以区别是硝基或是亚硝酸根配位。研究发现在 $K[Ni(NO_2)_6]\cdot H_2O$ 中六个硝基都是通过 N 原子配位的，而它的无水盐的红外光谱却既有亚硝酸根配位，又有硝基配位的谱带特征。

SCN^- 作为单齿配体可能以 S- 端（硫氰酸根）或 N- 端（异硫氰酸根）配位成为键合异构体。通常第一过渡系金属（如 Cr、Mn、Fe、Co、Ni、Cu 和 Zn）形成 M—N 键，而第二、三过渡系后半部分的金属（如 Rh、Pd、Ag、Cd、Pt、Au 和 Hg）形成 M—S 键，但是其他因素，如中心金属的氧化态、配合物中其他配体的性质和空间效应等，也会影响 SCN^- 基团与金属配位的方式。为了确定 SCN^- 基团在配合物中的 M—L 成键方式，有两条特征谱带是值得注意的，即位于 2 050 cm^{-1} 附近的 C≡N 伸缩振动带与 750 cm^{-1} 处的 C—S 伸缩振动带。一般而言，在硫氰酸根配合物中，C≡N 键比自由 SCN^- 中的 C≡N 键有所增强，而 C—S 键的强度则有一定减弱；在异硫氰酸根配合物中，则 C≡N 键强度变化较小，而 C—S 键强度增大；因此硫氰酸根配合物中的 v（CN）通常大于 2 100 cm^{-1}，且谱峰较尖锐，而异硫氰酸根配合物中的 v（CN）通常小于 2 100 cm^{-1}，谱峰较宽。

（7）核磁共振波谱法。

在配位化学中，核磁共振（NMR）波谱的测定大部分是以判定配合物的结构为目的。配合物的电子构型或磁性对于其NMR谱有较大影响。就反磁性配合物而言，中心金属无未成对电子，其NMR不受金属的影响，因此较为简单，可以根据有机化合物分子（配体）的波谱特点，再结合配体之间在所形成配合物立体构型中的相互关系进行解析，从NMR信号的位置和强度以及信号的分裂形式可以很容易地确定其归属。对于顺磁性金属配合物而言，受中心金属未成对电子的影响，可以观察到接触位移（contact shift，CS）、假（赝）触位移（pseudo-contact shift，PS）或超精细相互作用等现象，由此可以得到非常有用的结构信息。由PS诱导的较大化学位移作用使一些顺磁性镧系金属配合物成为性能优异的化学位移试剂。

（8）其他方法。

一般而言，顺反式异构体的极性不同，可根据配合物的性质采用合适的色谱方法对顺反异构体进行分离。例如，曾经用阴离子交换色谱柱成功地分离了 *u-fac*-$K[Co(ida)_2]$ 和 *s-fac*-$K[Co(ida)_2]$。

Ni（Ⅱ）配合物通常可能存在平面四方、四面体或八面体构型，区别前者与后二者的一种有效实验方法是测定Ni（Ⅱ）配合物的磁化率。

第3章　配合物的合成与表征

配合物的合成是配位化学的重要组成部分,也是配位化学研究的基础。随着配位化学研究范围的不断扩大,制备方法和合成途径更加丰富。一些特殊的实验方法如水热法、原位合成法等也不断应用到配合物的合成中,使得结构新颖、性能独特的配合物不断涌现。面对种类繁多的配合物,要对其合成方法进行一个完整的总结是很难的。到目前为止,还没有一个较完善的理论体系用来指导配合物的合成,这需要配位化学工作者的经验和不断努力来不断完善。

3.1　经典配合物的合成方法

化合物的合成是化学研究的一个非常重要的组成部分,配位化学的奠基人 Werner 所提出的配位化学概念和理论,就是建立在当时钴氨(胺)配合物的合成和拆分的基础上。20 世纪 50 年代二茂铁和二苯铬的合成,以及随后对其结构进行研究所取得的巨大成就,带来了金属有机化学的飞速发展。此后 20 多年里,与金属有机化学有关的化学家共 8 人次获得了诺贝尔化学奖,而他们的成就主要基于新颖化合物(特别是金属有机化合物)的合成和他们对这些化合物的结构研究和应用。

随着配位化学研究领域的延伸与发展,配合物的数量和种类在不断增长。目前已知的配合物数目庞大,种类繁多,合成方法亦多种多样,而且由于各种结构新颖、性能独特的新配合物不断涌现,一些新的特殊的合成方法也不断被开发和报道出来。因此,对于不同的配合物要采用不同的合成方法。在迄今为止已经出版的各种教材和专著中,对配合物的合成方法有不同的分类。例如,根据反应物的存在形态分,有液相、固相和气相合成法;根据合成条件分,有高压和低压、高温、中温和低温合成法；根据反应类型分，有取代反应、异构化反应、氧化还原反应；根据实验方法分，有直接法、组分交换法、模板法等。在本章中，我们将简要介绍经典溶液合成法、扩展经典溶液合成法、低热固相反应法和水（溶剂）热合成法。

3.1.1 经典溶液合成法

溶液法就是将反应物用一种或多种溶剂溶解，然后混合，通过反应析出固体产物，其本质是配合物在过饱和溶液中析出。

采用溶液法合成配合物的第一步就是要选择溶剂。选择溶剂既要考虑反应物的性质，又要考虑生成物的性质，还要考虑溶剂本身的性质。具体来说，所选择溶剂要满足以下几个条件：

（1）能使反应物充分溶解。

（2）不与产物作用。

（3）使副反应尽量少。

（4）与产物易于分离。

水是一种价廉易得的最常用的溶剂，很多配合物是在水溶液中合成的。在水溶液中进行的所谓直接取代反应是合成金属配合物最常用的方法。这一方法利用金属盐和配体在水溶液中进行反应，其实质是用适当的配体去取代水配合离子中的水分子。例如，经典配合物 $[Cu(NH_3)_4]SO_4$ 可用 $CuSO_4$ 水溶液与过量的浓氨水制得。

$$\underset{(浅蓝)}{\left[Cu(H_2O)_4\right]SO_4} + 4NH_3 \rightarrow \underset{(深蓝)}{\left[Cu(NH_3)_4\right]SO_4} + 4H_2O \tag{3-1}$$

在室温下，$[Cu(H_2O)_4]^{2+}$ 中的配位 H_2O 分子很快被 NH_3 分子所取代，这可通过溶液的颜色由浅蓝变为深蓝看出来。向溶液中加入足量的乙醇以降低配合物的溶解度，便可以使深蓝色的 $[Cu(NH_3)_4]SO_4$ 结晶析出。

此法也适用于 Ni（Ⅱ）、Cd（Ⅱ）、Zn（Ⅱ）等配合物的合成，但不适用于 Fe（Ⅲ）、Cr（Ⅲ）、Al（Ⅲ）、Ti（Ⅳ）等硬金属离子氨配合物的合成，这是因为在水溶液中存在以下平衡

$$NH_3 + H_2O \rightleftharpoons NH_4^+ + OH^- \tag{3-2}$$

因此，必然发生 NH_3 与硬碱 OH^- 对金属离子的竞争反应，虽加入了

过量氨水,但硬酸金属离子主要结合硬碱 OH^- 形成氢氧化物沉淀。所以合成这类配合物须采用其他方法。

在水溶液中还可进行其他类型的取代反应。例如,下面的取代反应是一种间接取代反应,常被称为组分交换反应。

$$[NiCl_4]^{2-} + 4CN^- \rightarrow [Ni(CN)_4]^{2-} + 4Cl^- \quad (3\text{-}3)$$

$$[Co(NH_3)_5Cl]Cl_2 + 3en \rightarrow [Co(en)_3]Cl_3 + 5NH_3 \quad (3\text{-}4)$$

发生配体取代反应的驱动力主要有浓度差和配体配位能力的差别等。浓度差就是加入过量的新配体或者直接使用新配体作为溶剂来进行取代反应,使取代反应平衡朝着生成目标配合物的方向移动,反应得以顺利完成。前述 $[Cu(NH_3)_4]SO_4$ 的合成中使用过量氨水就是这种情况。实际应用中更多的是利用配体配位能力的差别来进行取代反应,一般用配位能力强的配体取代配位能力弱的配体,或者用螯合配体取代单齿配体,从而生成更稳定的配合物。式(3-3)和式(3-4)所表示的反应就属于这种情况。这一类反应不需加入过量的配体,通常按反应的化学计量比加入即可。对于有些反应,加入的新配体的量不同,会生成组成不同的产物。

某些金属配合物的取代反应在室温下进行相当慢,常须采用加热等方法才能得到预期的产物。如

$$\underset{(酒红色)}{K_3[RhCl_6]} + 3K_2C_2O_4 \xrightarrow{H_2O,100\ ^\circ C,2\ h} \underset{(黄色)}{K_3[Rh(C_2O_4)_3]} + 6KCl \quad (3\text{-}5)$$

选用合适的催化剂,能提高慢取代反应的速率。如

$$trans\text{-}[PtCl_2(NH_3)_4]^{2+} + 2SCN^- \xrightarrow{[Pt(NH_3)_4]^{2+}} trans\text{-}[Pt(SCN)_2(NH_3)_4]^{2+} + 2Cl^- \quad (3\text{-}6)$$

当无催化剂时,$trans\text{-}[Pt(SCN)_2(NH_3)_4]^{2+}$ 未能制得,而加入催化剂 $[Pt(NH_3)_4]^{2+}$ 后,反应即可顺利完成。

溶液的酸度对反应产率和产物分离至关重要,某些配合物的合成只有当溶液的 pH 控制在一定的范围内才有可能。例如,由三氯化铬与乙酰丙酮水溶液合成 $[Cr(C_5H_7O_2)_3]$ 时,由于反应物和产物都溶于水,使反应无法进行到底,如果在反应液中加入尿素,由尿素水解生成氨控制溶

液的 pH,就可以使产物很快地结晶出来。

$$CO(NH_2)_2 + H_2O \rightarrow 2NH_3 + CO_2 \tag{3-7}$$

$$CrCl_3 + 3C_5H_8O_2 + 3NH_3 \rightarrow [Cr(C_5H_7O_2)_3] + 3NH_4Cl \tag{3-8}$$

在水溶液中,还可以通过氧化还原反应,将不同氧化态的金属化合物,在配体存在下,使其氧化或还原,以制得期望的该金属的配合物。最常见的例子是由二价钴化合物氧化制备三价钴配合物。

$$2CoCl_2 + 2NH_4Cl + 8NH_3 + H_2O_2 \rightarrow 2[Co(NH_3)_6Cl]Cl_2 + 2H_2O \tag{3-9}$$

制备时,将 NH_4Cl 溶解在浓氨水中,加入 $CoCl_2 \cdot 6H_2O$,在搅拌下慢慢加入 30% 的 H_2O_2,待溶液中无气泡生成后,加入浓盐酸即得到红紫色晶体。

加入活性炭作为催化剂,上述反应可得到产物 $[Co(NH_3)_6]Cl_3$。

$$2CoCl_2 + 2NH_4Cl + 10NH_3 + H_2O_2 \rightarrow 2[Co(NH_3)_6]Cl_3 + 2H_2O \tag{3-10}$$

常用的氧化剂有 H_2O_2、空气、卤素、$KMnO_4$、PbO_2 等。例如,氯气可以把 Pt(Ⅱ)的配合物直接氧化成 Pt(Ⅳ)配合物。

$$cis\text{-}[Pt(NH_3)_2Cl_2] + Cl_2 \rightarrow cis\text{-}[Pt(NH_3)_2Cl_4] \tag{3-11}$$

现在有越来越多的配合物是在非水溶剂中合成的。之所以要用非水溶剂,主要有以下原因:

(1)防止某些金属离子(如前面提到的 Fe^{3+}、Cr^{3+}、Al^{3+}、Ti^{4+} 等)水解。

(2)使配体溶解。

(3)配体的配位能力弱,竞争不过水。

(4)溶剂本身就是配体,比如 NH_3。

例如,用 $CrCl_3 \cdot 6H_2O$ 为原料,在水溶液中加乙二胺不能制得 $[Cr(en)_3]Cl_3$,而生成的是氢氧化铬沉淀。

$$\underset{(紫色)}{[Cr(H_2O)_6]^{3+}} + 3en \xrightarrow{aq} \underset{(灰蓝)}{Cr(OH)_3} \downarrow + 3enH^+ + 3H_2O \tag{3-12}$$

若以无水 $CrCl_3$ 为原料,利用非水溶剂乙醚,在过量乙二胺作用下,可以制得 $[Cr(en)_3]Cl_3$。

$$\underset{(蓝紫色)}{CrCl_3} + 3en \xrightarrow{乙醚} \underset{(黄色)}{[Cr(en)_3]Cl_3}$$

用 DMF 为溶剂,能够以高产率通过下面的取代反应制得 cis-$[Cr(en)_2Cl_2]Cl$。

$$[Cr(DMF)_3Cl_3] + 2en \xrightarrow{DMF} cis-[Cr(en)_2Cl_2]Cl + 3DMF$$

利用无水乙醇为溶剂可以制备发光的稀土配合物如 $Eu(OHAP)_3 \cdot 2H_2O$、$Eu(OHAP)_3Phen$、$Eu_2(DAR)_3 \cdot 4H_2O$ 和 $Eu_2(DAR)_3 \cdot Phen_2$（HOHAP= 邻羟基苯乙酮，H_2DAR=4，6- 二乙酰基间苯二酚，Phen= 邻菲啰啉）。合成 $Eu_2(DAR)_3 \cdot 4H_2O$ 时，按照 H_2DAR：$EuCl_3$ 的摩尔比为 3 ：2 的比例将 $EuCl_3$ 溶于无水乙醇中，在搅拌下滴加含有 H_2DAR 的无水乙醇溶液，得到淡黄色的澄清溶液。在搅拌下用三乙胺或者氢氧化钠的乙醇溶液调 pH 到 6 ~ 7，产生大量黄色沉淀。放置过夜后抽滤并用无水乙醇洗涤，最终得到黄色固体粉末。该配合物在紫外灯下能发出强的红光，其结构示意如图 3-1 所示。

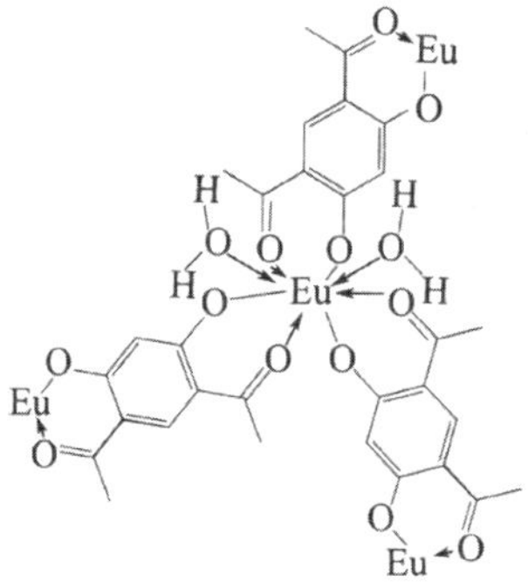

图 3-1　$Eu_2(DAR)_3 \cdot 4H_2O$ 的结构示意图

在溶液合成法中，常会发生有趣的现象，如在 Cu^{2+}/1,4 – bdc/phen 体系中利用溶液合成法可以获得两种不同的化合物，这两种化合物分别为 $\{[Cu(1,4-bdc)(phen)(H_2O)] \cdot (H_2O)(DMF)\}_n$，这种化合物的分子结构是一维链；$[Cu(1,4-bdc)(phen)(H_2O)]$，这种化合物的分子结构是单核。

上述合成过程的具体方法是将 0.5 mmol $CuCl_2 \cdot 2H_2O$ 加入到含有 0.5 mmol 的 1，4- 对苯二甲酸和 0.5 mmol phen 的 20 mL DMF 溶液中，搅拌溶液半小时，有一些沉淀生成，过滤，将滤液在室温下放置约一个月，就可以获得一种蓝色晶体，这种晶体就是 $\{[Cu(1,4-bdc)(phen)(H_2O) \cdot (H_2O)(DMF)]\}_n$；再放置两个月，晶体 $\{[Cu(1,4-bdc)(phen)(H_2O) \cdot (H_2O)(DMF)]\}_n$ 就会转变为另外一种蓝色晶体 $[Cu(1,4-bdc)(phen)(H_2O)$，这两种晶体的结构分别如图 3-1 和图 3-2 所示。两者在放置过程中出现了晶体到晶体的转换，这种转换应该是动力学稳定的产物转化为热力学稳定的产物。

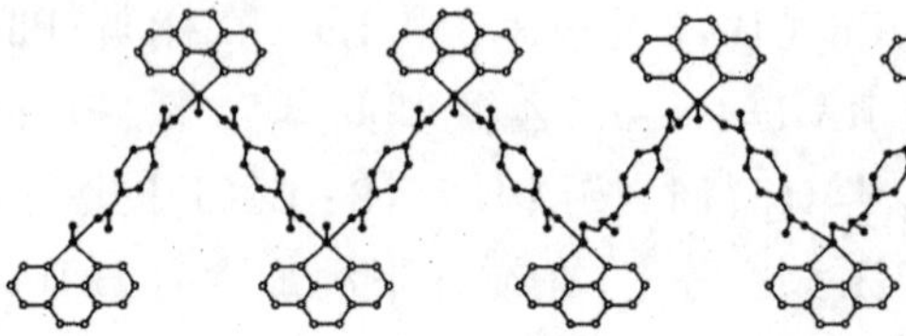

图 3-2 配合物 $\{[Cu(1,4-bdc)(phen)(H_2O)]\cdot(H_2O)(DMF)\}_n$ 的结构

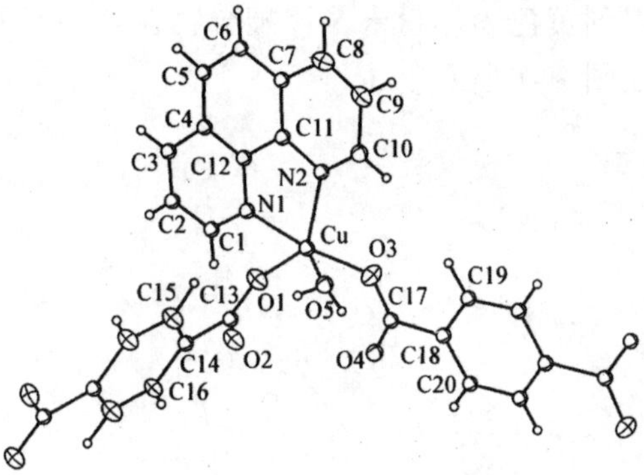

图 3-3 配合物 $[Cu(1,4-bdc)(phen)(H_2O)]$ 的结构

3.1.2 扩展经典溶液合成法

扩展经典溶液合成法的实质是溶液分层，利用溶剂的密度差异，对包含不同原料的起始溶液进行分层，在重力作用下不同层的溶液进行扩散，扩散过程就是溶液逐渐混合的过程，将有可能产生反应物之间的反应，产生新的配合物。由于扩散较为缓慢，有良好晶体析出的可能。

例如，在 Cu^{2+}/H_2sal（水杨酸）/4, 4′ – bipy 体系中，通过溶液分层扩散总共合成了六个配合物；这六个配合物如下：

①零维配合物一个，称为配合物(1)，配合物(1)的分子式为 $[Cu_2(Hsal)_4(4,4'\text{-bipy})(H_2O)_2(DMF)_2]$。

②一维配合物 3 个，分别称为配合物(2)、配合物(3)和配合物(4)(以下依次类推)，这三种的配合物分别是：配合物(2)为 $\{trans\text{-}[Cu(Hsal)_2$

$(4,4'\text{-bipy})](DMF)\}_n$，配合物（3）为$\{cis\text{-}[Cu(Hsal)_2(4,4'\text{-bipy})](2H_2O)\}_n$，配合物（4）为$[Cu_2(Hsal)_4(4,4'\text{-bipy})]_n$。

③二维配合物1个，配合物（5）为$\{[Cu(Hsal)_2(4,4'\text{-bipy})](H_2O)(H_2sal)\}_n$。

④三维配合物1个，配合物（6）为$[Cu(sal)(4,4'\text{-bipy})]_n$。

合成使用0.8 cm直径的管子，这些配合物的合成如下：

配合物（1）的合成，用三层溶液，底层为4 mL水包含0.05 mol/L的$Cu(CH_3COO)_2 \cdot H_2O$，中间层为4 mL DMF溶液包含0.05 mol/L吡嗪和0.2 mol/L水杨酸，上层为4 mL甲醇包含0.05 mol/L 4，4′－联吡啶，几天以后得到天蓝色晶体。其结构如图3-4所示。

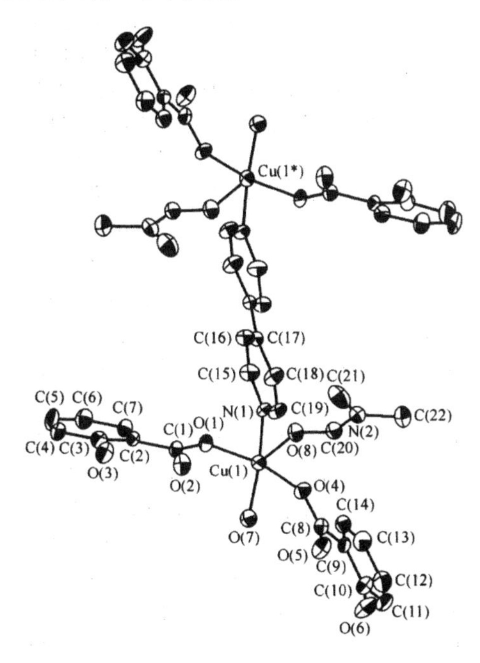

图3-4 配合物$[Cu_2(Hsal)_4(4,4'\text{-bipy})(H_2O)_2(DMF)_2]$的结构

配合物（2）~配合物（6）的合成与配合物（1）的合成过程类似，在此不再阐述。

配合物（2）的结构如图3-5所示。

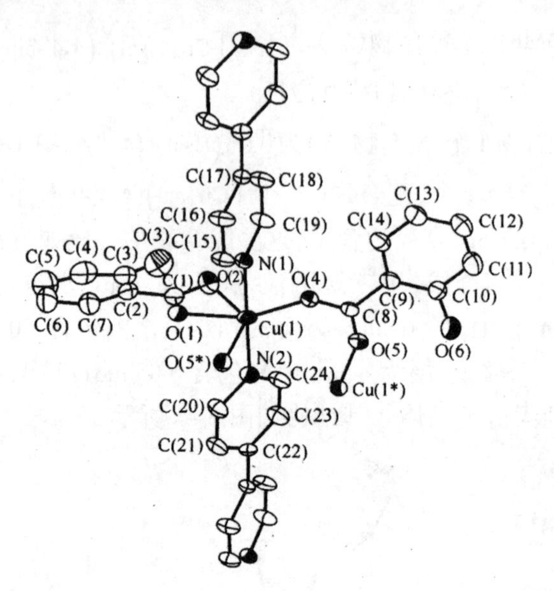

图 3-5　配合物 $\left\{trans\text{-}\left[Cu\left(Hsal\right)_2\left(4,4'\text{-}bipy\right)\right]\left(DMF\right)\right\}_n$ 的结构

配合物(3)的结构如图 3-6 所示。

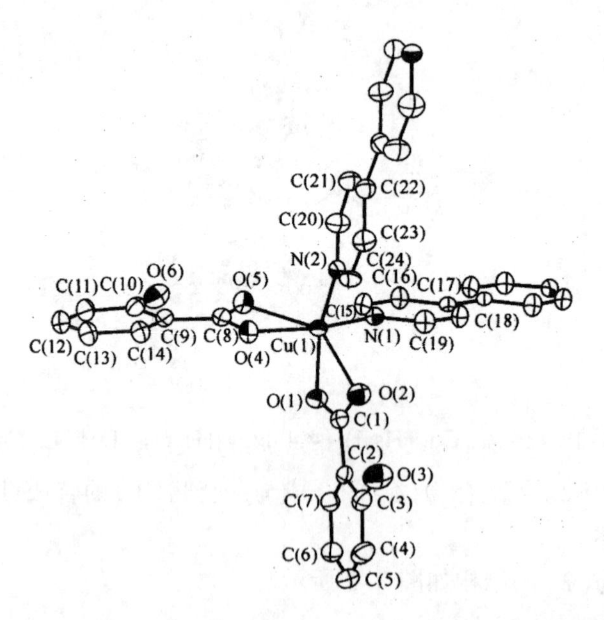

图 3-6　配合物 $\left\{cis\text{-}\left[Cu\left(Hsal\right)_2\left(4,4'\text{-}bipy\right)\right]\left(2H_2O\right)\right\}_n$ 的结构

配合物(4)的结构如图 3-7 所示。

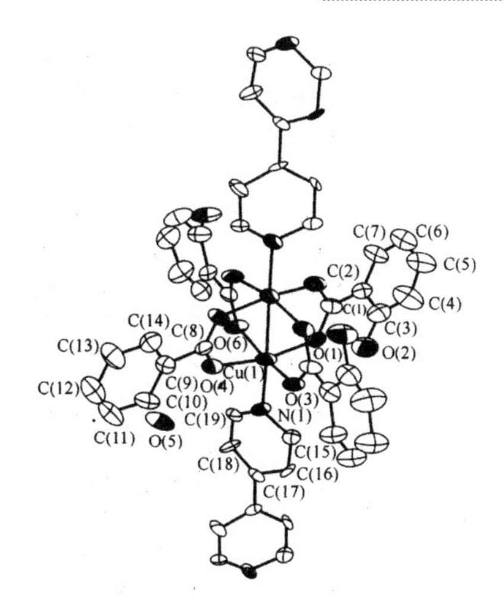

图 3-7 配合物 $\left[Cu_2\left(Hsa1\right)_4\left(4,4'\text{-bipy}\right)\right]_n$ **的结构**

配合物(5)的结构如图 3-8 所示。

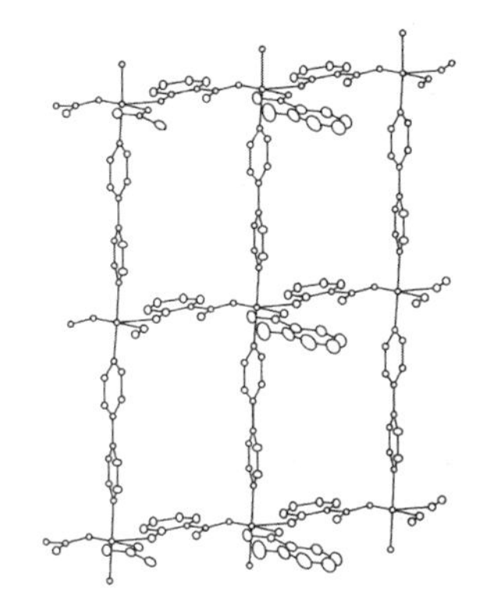

图 3-8 配合物 $\left\{\left[Cu\left(Hsal\right)_2\left(4,4'\text{-bipy}\right)\right]\left(H_2O\right)\left(H_2sal\right)\right\}_n$ **的网络结构**

配合物(6)的结构如图 3-9 所示。

这六个配合物均通过溶液分层方法获得,合成过程中考虑合成条件充分变化对配合物合成的影响,仔细控制合成条件并做大量观察实验,最终合成出六个配合物,这六个配合物的空间维数从零维到三维均覆盖到了,而且发现有动力学与热力学稳定的产物,水杨酸的脱氢形式也有完全脱氢、脱一个氢以及以中性配体存在三种情况。[①]

① 高竹青.功能配位化合物及其应用探析[M].北京:中国水利水电出版社,2015.

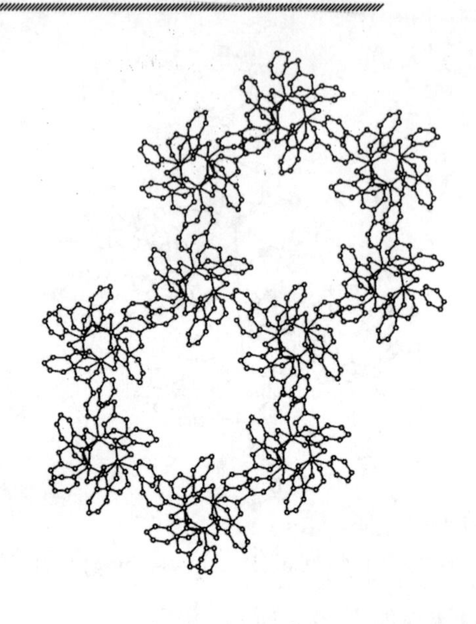

图 3-9 配合物 $[Cu(sal)(4,4'\text{-}bipy)]_n$ 的三维结构

3.1.3 低热固相反应法

固相化学反应是指有固体物质直接参与的反应，既包括经典的固－固反应，也包括固－气反应和固－液反应。因此，所有固相化学反应都是非均相反应。

固相反应不用溶剂，一般产率较高，制备方便简单，同时还具有高选择性。根据固相反应发生的温度，可以将固相反应分为三类，即反应温度低于 100 ℃的低热固相反应、反应温度介于 100 ~ 600 ℃的中热固相反应以及反应温度高于 600 ℃的高热固相反应。

研究固体和材料的科技工作者往往注重高温固相反应，而配合物合成主要利用的是低热固相反应，因为在高温下配体容易分解和挥发。在利用低热固相反应法合成配合物方面，南京大学忻新泉及其研究组从 1988 年起，进行了系统的研究，取得了一系列令人瞩目的成果，包括合成了各类配合物，如单核和多核配合物 $[C_5H_4N(C_{16}H_{33})]_4[Cu_4Br_8]$、$[Cu_{0.84}Au_{0.16}(SC(Ph)NHPh)(Ph_3P)_2Cl]$、$[Cu_2(PPh_3)_4(NSC)_2]$、$[Cu(SC(Ph)NHPh)(PPh_3)_2X]$（X=Cl, Br, I）等，并测定了晶体结构。

有些固相配位反应在室温，甚至在 0 ℃时就可以发生。例如，4- 甲基苯胺（4-MB）与 $CoCl_2 \cdot 6H_2O$ 两种固体混合，即可观测到颜色变化，稍加研磨即可反应完全，生成配合物 $[Co(4\text{-}MB)_2Cl_2]$。又如，2-氨基嘧啶（AP）与 $CuCl_2 \cdot 2H_2O$ 两种固体混合，室温下很快发生以下反应并伴有明显的颜色变化

$$\underset{(\text{蓝色})}{CuCl_2 \cdot 2H_2O} + 2AP \rightarrow \underset{(\text{绿色})}{Cu(AP)_2Cl_2} + 2H_2O \tag{3-13}$$

固相合成反应在合成一些新颖的配合物方面有重要应用。如，系列配合物 $RE(L)_3 \cdot 4H_2O$（RE= 镧系元素，L= 苯羟乙酸根）可以利用固相反应来合成，将定量 $RECl_3 \cdot xH_2O$ 和苯羟乙酸（HL）混合并充分研磨，研磨初期就有带明显刺激性气味的气体放出，出现潮湿现象，并逐渐明显直到发黏呈糊状，将所得到的混合物用无水乙醇和无水乙醚各洗涤三次干燥后得配合物 $RE(L)_3 \cdot 4H_2O$。

低热固相配位化学反应中生成的有些配合物只能稳定地存在于固相中，遇到溶剂后不能稳定存在而转变为其他产物，无法得到它们的晶体，这一类配合物被称为固配化合物。例如，$CuCl_2 \cdot 2H_2O$ 与 α-氨基嘧啶（AP）在溶液中反应只能得到摩尔比为 1∶1 的产物 $Cu(AP)Cl_2$。利用固相反应可以得到 1∶2 的反应产物 $Cu(AP)_2Cl_2$。分析测试表明，$Cu(AP)_2Cl_2$ 不是 $Cu(AP)Cl_2$ 与 AP 的简单混合物，而是一种稳定的新固相配合物，它对于溶剂的洗涤均是不稳定的。类似地，$CuCl_2 \cdot 2H_2O$ 与 8-羟基喹啉（HQ）在溶液中反应只能得到 1∶2 的产物 $Cu(HQ)_2Cl_2$，而固相反应则还可以得到液相反应中无法得到的新配合物 $Cu(HQ)Cl_2$。

溶液中配位化合物存在逐级平衡，各种配位比的化合物平衡共存，如金属离子 M 与配体 L 有系列平衡（略去可能有的电荷）。

$$M + L \rightleftharpoons ML \xrightleftharpoons{L} ML_2 \xrightleftharpoons{L} ML_3 \xrightleftharpoons{L} ML_4 \xrightleftharpoons{L} \cdots\cdots \tag{3-14}$$

各种配合物的浓度与配体浓度、溶液 pH 值等有关。但是，固相化学反应一般不存在化学平衡，因此可以通过精确控制反应物的配比等条件，实现分步反应，得到所需的目标配合物。如前述 $CuCl_2 \cdot 2H_2O$ 与 8-羟基喹啉的反应，通过控制反应物的摩尔比，既可得到在液相中以任意摩尔比反应所得的稳定产物 $Cu(HQ)_2Cl_2$，又可得到在液相中得不到的稳定的中间产物 $Cu(HQ)Cl_2$；又如，$AgNO_3$ 与 2,2-联吡啶（bipy）以 1∶1 摩尔比于 60 ℃固相反应可以得到浅棕色的中间态配合物 $Ag(bipy)NO_3$，它可以与 bipy 进一步固相反应生成黄色产物 Ag（bipy）

${}_2NO_3$。

利用低热固相配位反应中所得到的中间产物作为前体，使之在第二或第三配体存在的环境下继续发生固相反应，从而合成所需的混配化合物，实现分子装配，这是化学家梦寐以求的目标，也是低热固相反应的魅力所在。例如，将 $Co(bipy)Cl_2$ 和 $Phen \cdot H_2O$ 以 1∶1 或 1∶2 摩尔比混合研磨后分别获得了 $Co(bipy)(Phen)Cl_2$ 和 $Co(bipy)(Phen)_2Cl_2$；将 $Co(Phen)Cl_2$ 和 bipy 按 1∶2 摩尔比反应得到 $Co(bipy)_2(Phen)Cl_2$。

Pichon 等利用研磨与加热结合的方法获得晶体产物，合成路径见图 3-10。

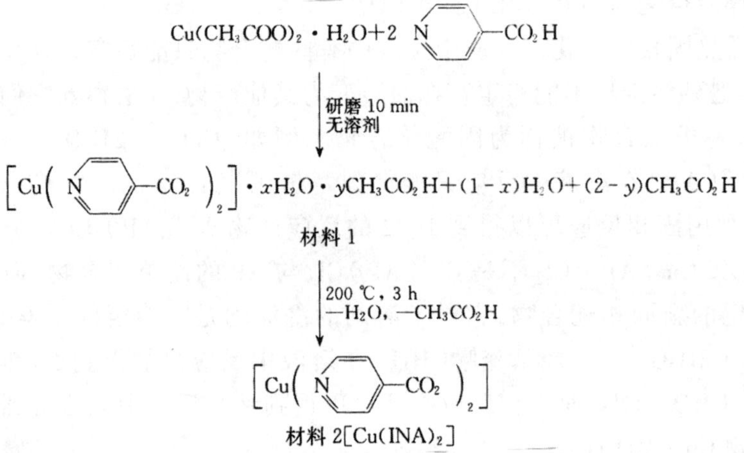

$Cu(CH_3COO)_2 \cdot H_2O + 2$ N⟨吡啶环⟩—CO_2H

↓ 研磨 10 min 无溶剂

$[Cu(N⟨吡啶环⟩—CO_2)_2] \cdot xH_2O \cdot yCH_3CO_2H + (1-x)H_2O + (2-y)CH_3CO_2H$

材料 1

↓ 200 ℃，3 h　$-H_2O$，$-CH_3CO_2H$

$[Cu(N⟨吡啶环⟩—CO_2)_2]$

材料 2[$Cu(INA)_2$]

图 3-10　Pichon 等固相合成配合物图示

化合物 1 为 $Cu(INA)_2 \cdot 0.5H_2O$，是如此合成的：在一个 20 mL 钢质容器中加入 $Cu(CH_3COO)_2 \cdot H_2O$（0.203 g，1.0 mmol），异烟酸（HINA，0.252 g，2.0 mmol）以及一个钢球，振摇研磨 10 min。化合物 2 是通过对化合物 1 在 200 ℃下加热 3 h 获得的。

3.1.4 水（溶剂）热合成法

水热或溶剂热合成是在一定的温度和压力下并在溶剂存在下密闭容器中发生反应生成新化合物的过程。水热和溶剂热合成反应可以分为亚临界和超临界合成反应，配合物合成比较多地使用亚临界合成反应,一般反应温度在 100 ~ 200 ℃。水热合成事实上有一个重要应用往往被人忽略,就是在合成过程中如果得到清亮溶液或仅有少量固体析出,这时候不要将实验废弃,而可以考虑将反应物过滤,室温放置挥发溶剂,往往有意想不到的配合物生成,[①] 水热合成方法是目前配合物材料合成中应用最为广泛的合成法。在水热合成中通过对合成条件的调控可以控制合成化合物的结构,如在 Cu(Ⅱ)/ 苯甲酸 /4,4'-bipy 体系中,利用 pH 的调节来控制多种配合物的合成,总计合成了 5 个配合物:

$\left[Cu(H_2O)(benzoate)_2(4,4'-bipy)_2\right](benzoic\ acid)_2(4,4'-bipy)(1)$,

$\left[Cu_2(H_2O)_2(benzoate)_4(4,4'-bipy)_3\right](H_2O)_9(2)$,

$\left[Cu_2(benzoate)_4(4,4'-bipy)_3\right](3)$,

$\left\{\left[Cu_3(H_2O)_4(benzoate)_6(4,4'-bipy)_{4.5}\right](4,4'-bipy)(H_2O)_5\right\}_n(4)$和

$\left[Cu_3(OH)_2(H_2O)_2(benzoate)_4(4,4'-bipy)_2\right]_n(5)$。

配合物$\left[Cu(H_2O)(benzoate)_2(4,4'-bipy)_2\right](benzoic\ acid)_2(4,4'-bipy)$(1)的合成:10 mL 甲醇 - 水混合溶液(体积比 1∶1)中在搅拌下加入 1.0 mmol 苯甲酸、0.5 mmol 4,4'-bipy 和 5 mmol 醋酸铜。用氨水(浓度约 12%)调节溶液 pH 约 5.5,将混合物转入 25 mL 的反应釜中,加热到 60 ℃并保持 50 h,然而以 2 ℃ /h 的速率冷到室温,即得到蓝色柱状晶体。

配合物$\left[Cu_2(H_2O)_2(benzoate)_4(4,4'-bipy)_3\right](H_2O)_9$(2)和配合物$\left[Cu_2(benzoate)_4(4,4'-bipy)_3\right]$(3)的合成:这两个配合物的合成与配合物(1)类似,但 pH 调节到 6.0,配合物晶体为蓝色长柱状。在配合物(2)的制备过程中,伴随有蓝紫色生状晶体(3)出现。

配合物$\left\{\left[Cu_3(H_2O)_4(benzoate)_6(4,4'-bipy)_{4.5}\right](4,4'-bipy)(H_2O)_5\right\}_n$(4)的合成:配合物(4)的合成类似于配合物(1),但反应溶液的 pH 调节到 7.5,获得的是蓝色块状晶体。

配合物$\left[Cu_3(OH)_2(H_2O)_2(benzoate)_4(4,4'-bipy)_2\right]_n$(5)的合成:配合物(5)的合成与配合物(1)的合成类似,但反应溶液的 pH 调节到 8.0,获得的是蓝色柱状晶体。

---

① 吴静.磺基苯甲酸钛配合物的合成、结构及催化性质研究[D].杭州:浙江大学,2015.

从上述合成看出，这个体系对于 pH 比较敏感，仔细控制才能发现这样的细微差别。这些配合物的结构见图 3-11 ~图 3-15。

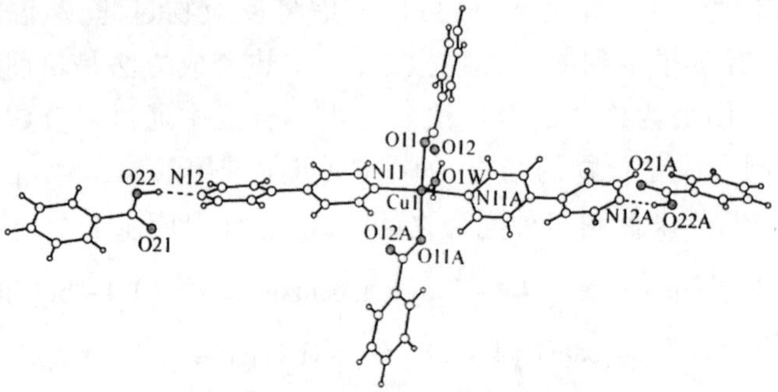

图 3-11 配合物$[Cu(H_2O)(benzoate)_2(4,4'-bipy)_2](benzoic\ acid)_2(4,4'-bipy)$的结构

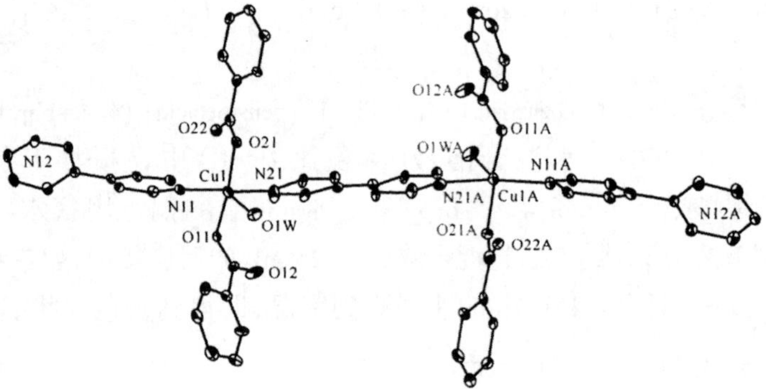

图 3-12 配合物$[Cu_2(H_2O)_2(benzoate)_4(4,4'-bipy)_3](H_2O)_9$的结构

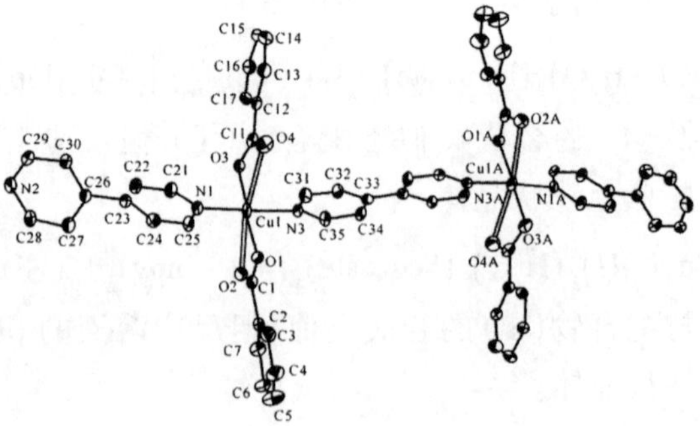

图 3-13 配合物$[Cu_2(benzoate)_4(4,4'-bipy)_3]$的结构

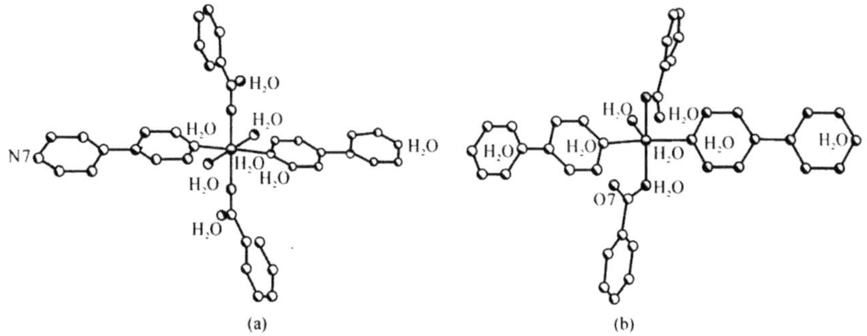

(a) (b)

图 3-14 配合物 $\{[Cu_3(H_2O)_4(benzoate)_6(4,4'-bipy)_{4.5}](4,4'-bipy)(H_2O)_5\}_n$ 的结构

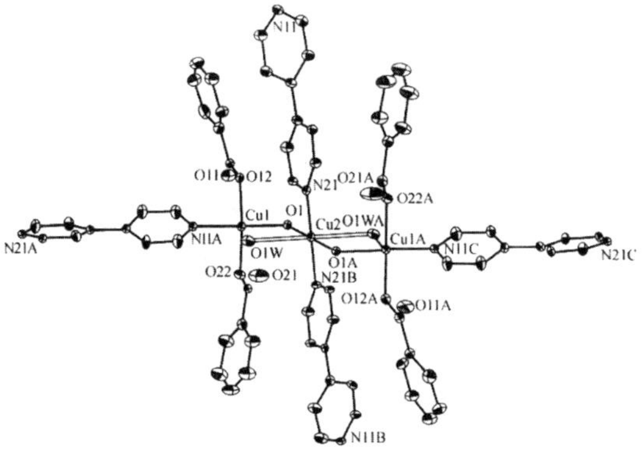

图 3-15 配合物 $[Cu_3(OH)_2(H_2O)_2(benzoate)_4(4,4'-bipy)_2]_n$ 的结构

水热合成反应架起了有机和无机化学的桥梁，in situ ligand synthesis（原位配体合成）是一种新颖的有机反应合成方法。通过这种合成方法已经能够进行十多种有机反应，如有 C—C 键的形成、羟化、四唑和三唑化合物的形成、取代、烷基化、醚键形成、水解、氧化水解、酰化、脱羧和硝化等反应。总结现有 in situ ligand synthesis 合成文献可以得出：这种方法能够产生新的有机物；能够产生新的有机反应；能够产生新的有机反应机理。

（1）C—C 键的形成。

配合物形成反应主要是配位中心与配体之间的反应，应该不可能出现 C—C 键形成反立，但在金属离子的存在下，配体本身可以发生反应。C—C 键形成的配体原位合成在配合物中出现最早是由 Schröder 等在 1997 年实现的，但他们的反应并不属于水热合成。

在甲醇氧化变成草酸的过程中形成了 C—C 键(见图 3-16),利用 $Zn(NO_3)_2 \cdot 6H_2O$ 和吡啶在甲醇中溶剂热合成得到配合物 $\{[\text{methylpyridinium}]_2[Zn_2(ox)_3]\}_n$(ox=oxalate),配合物中的草酸根组分就是由甲醇通过 C—C 键的原位合成形成的,配合物二维结构见图 3-17。

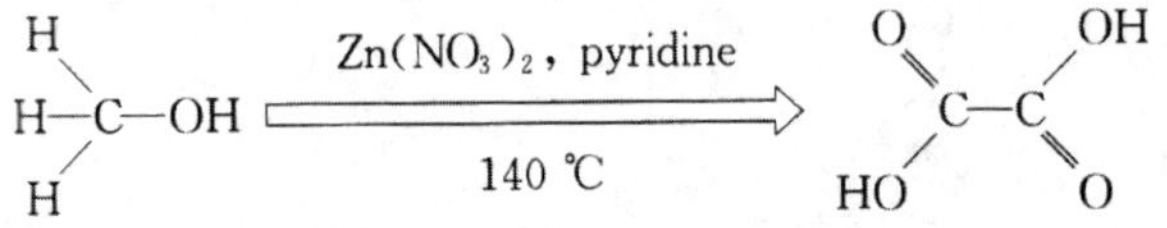

$$\text{H}_3\text{C—OH} \xrightarrow[140\ ^\circ\text{C}]{\text{Zn(NO}_3)_2\text{, pyridine}} \text{HO(O)C—C(O)OH}$$

图 3-16 甲醇在水热原位合成下转变成草酸

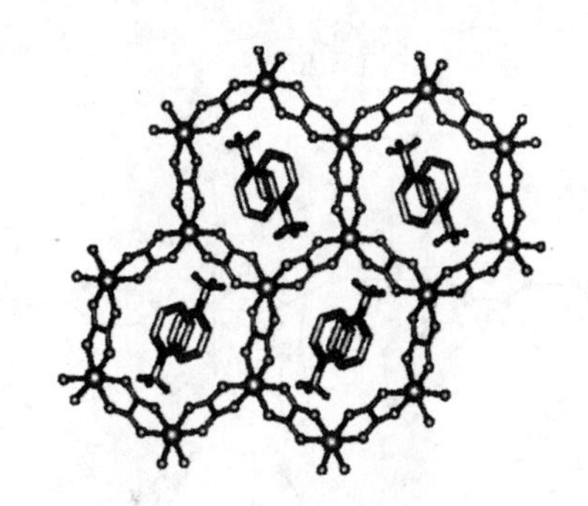

图 3-17 配合物 $\{[\text{methylpyridinium}]_2[Zn_2(ox)_3]\}_n$ 的结构

(2)硝化反应。

一般硝化反应是在 HNO_3/H_2SO_4 存在下发生的,也有报道在金属离子存在以及 HNO_3/H_2SO_4 存在下的硝化反应能更温和地发生。但在水热条件下发现利用硝酸铅不加 HNO_3/H_2SO_4 能实现硝化反应。将 $Pb(NO_3)_2$,1,10- 邻菲罗啉,5- 羟基 -1,3- 苯二甲酸在水热条件反应(见图 3-18),得到含有硝化产物的配合物 $[Pb_3(dnob)_2(phen)_3(H_2O)]_n$,见图 3-19。

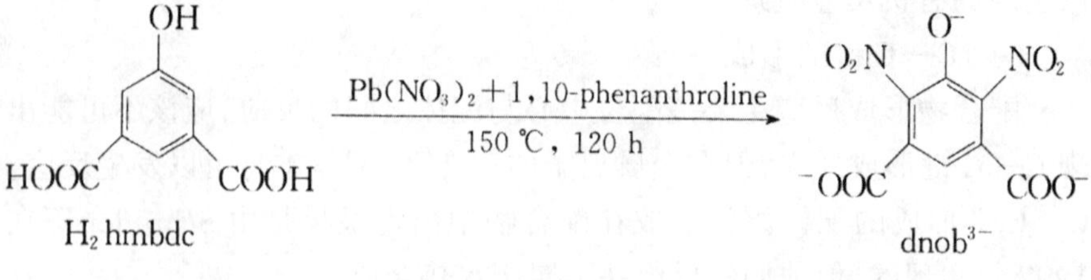

$$\underset{H_2\text{hmbdc}}{\text{5-OH-C}_6\text{H}_3\text{-1,3-(COOH)}_2} \xrightarrow[150\ ^\circ\text{C, 120 h}]{\text{Pb(NO}_3)_2 + \text{1,10-phenanthroline}} \underset{\text{dnob}^{3-}}{\text{5-O}^-\text{-4,6-(O}_2\text{N)}_2\text{-C}_6\text{H-1,3-(COO}^-)_2}$$

图 3-18 5- 羟基 -1,3- 苯二甲酸在水热原位合成下转变为新的硝化配体

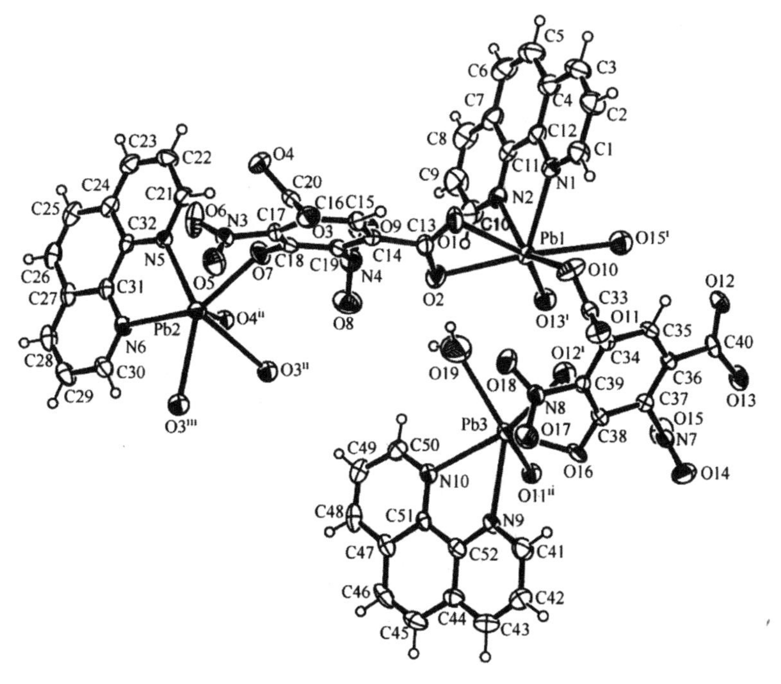

图 3-19　配合物 $[Pb_3(dnob)_2(phen)_3(H_2O)]_n$ 的结构

在硝化反应过程中，发现金属铅以及中性配体对于硝化产物的形成起到协同的作用，单一因素影响并不能获得硝化产物。

（3）羟基化。

有机合成中羟基化是很容易实现的反应，在配合物水热合成过程中人们也发现了一些反应存在羟基化现象。间苯二甲酸，4,4'-bipy，$Cu(NO_3)_2$ 水热合成得到混合价的铜配合物 $[Cu_2(Oip)(4,4'\text{-bipy})]_n$（ipOH=2- 羟基间苯二甲酸），反应中形成的新配体 Oip 见图 3-20，配合物的结构见图 3-21。

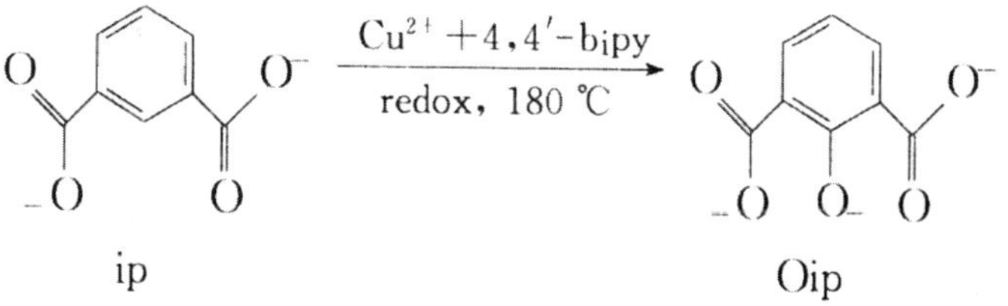

Cu^{2+} +4,4′-bipy

redox，180 ℃

ip　　　　Oip

图 3-20　间苯二甲酸在水热条件下转变为 2- 羟基间苯二甲酸根

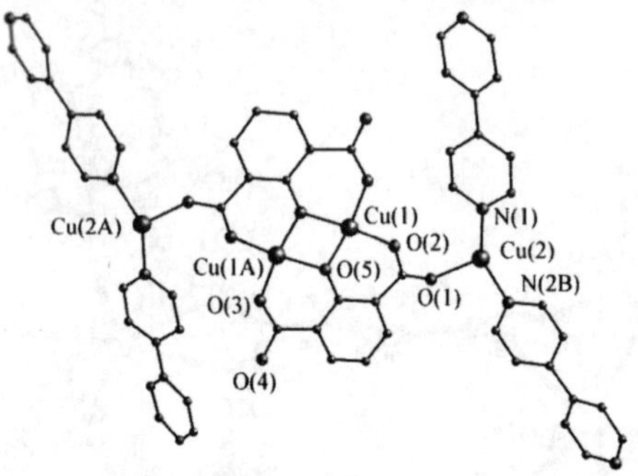

图 3-21　配合物 $[Cu_2(Oip)(4,4'\text{-bipy})]_n$ 的结构

（4）脱羧反应。

含有羧基的化合物在高温下是能够脱羧的，人们发现在金属离子存在下有时脱羧的条件要温和一些，目前在水热合成中脱羧反应是较为常见的反应，因为配合物合成中经常使用羧酸配体。第一个水热合成中出现的脱羧反应是混合价配合物 $[Cu_4(obipy)_4(1,4\text{-bdc})]_n$ 制备中出现的：将醋酸铜，1，2，4- 苯三甲酸，2，2'-bipy · 2HCl，氨水和水放置在反应釜中 170 ℃反应 6 d 得到配合物 $[Cu_4(2,2'obipy)_4(1,4\text{-bdc})]_n$（图 3-22），产率 23%。从配合物的结构很清楚看出，配体 1，2，4- 苯三甲酸在配合物中已变成了对苯二甲酸，即苯三甲酸脱去了一个羧基。

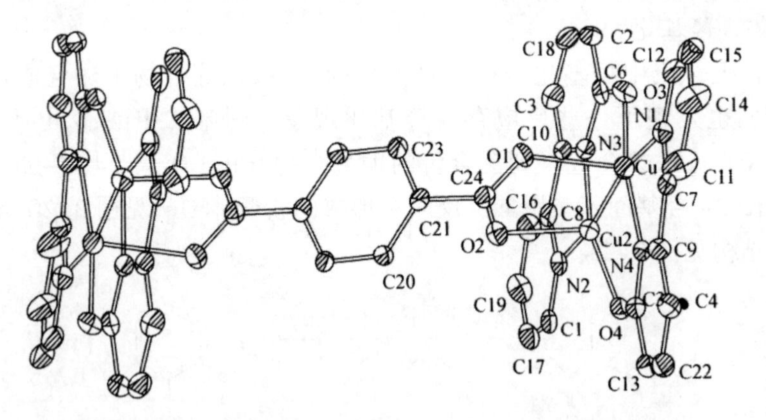

图 3-22　配合物 $[Cu_4(2,2'obipy)_4(1,4\text{-bdc})]_n$ 的结构

3.2 非经典配合物的制备

非经典配合物是指金属和一个或多个碳原子直接键合而形成的一类化合物。常见的配体有一氧化碳(CO)、苯、烯烃等,也称为金属有机化合物。这些化合物的合成比较复杂,这一节主要以金属羰基化合物和烯烃金属化合物为例简单进行介绍。

3.2.1 二元金属羰基化合物的制备

金属羰基化合物是指以一氧化碳作为配体(称羰基)与金属键合生成的化合物。几乎所有过渡金属都能形成金属羰基化合物。根据金属羰基化合物中金属原子数目而分为单核和多核金属羰基化合物。由于羰基既是σ电子对给予体,又是π电子对接受体,金属羰基化合物及其衍生物是一大类化合物,其化学键、分子结构以及催化性能受到人们高度重视。另外,金属羰基化合物是合成其他低价金属配合物和金属原子簇化合物的原料,对金属有机化学的发展起了重大作用。金属羰基化合物的制备通常有三种途径:①直接合成;②还原-羰基化反应;③由另外一种金属羰基化合物制备。

3.2.1.1 直接合成

直接合成是指利用金属粉末与过量的CO在适当的温度和压力下发生反应,这种方法常用于Ni和Fe的羰基化合物的制备。不同金属的羰基化合物制备时所需要的反应条件也有所不同,下面是几个具体的反应实例。

$$Ni + 4CO \xrightarrow[1\ atm]{30\ ^\circ C} Ni(CO)_4$$

$$Fe + 5CO \xrightarrow[200\ atm]{200\ ^\circ C, 15\ h} Fe(CO)_5$$

$$2Co + 8CO \xrightarrow[30\sim40\ atm]{150\ ^\circ C} 2Co_2(CO)_8$$

$$Mo + 6CO \xrightarrow[250\ atm]{200\ ^\circ C} Mo(CO)_6$$

$$Ru + 5CO \xrightarrow[400\ atm]{300\ ^\circ C} Ru(CO)_5$$

可以看出，$Ni(CO)_4$是唯一能在接近常温常压的条件下直接合成得到的金属羰基化合物。它是最早发现的羰基化合物，利用此合成方法可以从含镍的金属混合物中提取镍。$Ni(CO)_4$为无色液体，其沸点只有 43 ℃。提取镍后$Ni(CO)_4$以气体形式分离后经热分解反应生成镍金属和 CO 气体，后者可以返回体系再使用。$Fe(CO)_5$为黄色液体，沸点 103 ℃，为剧毒物。

3.2.1.2 还原－羰基化反应

直接法制备金属羰基化合物往往需要高温高压的反应条件，有时很难实现，因此常常使用间接的方法。还原－羰基化反应就是其中一种常见的方法，如高氧化态的过渡金属在过量的 CO 存在下可以被还原为金属羰基化合物。反应过程中常用一些还原剂，如活泼金属（如 Mg，Zn，Al）、金属烷基化合物（如 AlR_3）或一些电子转移试剂等。另外，H_2 和 CO 本身也可以作为还原剂。由于金属羰基化合物的合成反应条件比较苛刻，所以大多金属羰基化合物比较昂贵。

$$CrCl_3 + Al + CO \xrightarrow[C_6H_6]{AlCl_3催化} Cr(CO)_6 + AlCl_3$$

$$WCl_6 + Et_3Al + CO \xrightarrow[C_6H_6]{50\ ^{\circ}C,高压} W(CO)_6$$

$$CoCO_3 + H_2 + CO \xrightarrow{147\ ^{\circ}C,高压} Co_2(CO)_8 + CO_2 + H_2O$$

$$OsO_4 + CO \xrightarrow{高压} Os(CO)_5 + CO_2$$

$$Mn(OAc)_2 + (i-Bu)3Al + CO \xrightarrow{140\ ^{\circ}C,高压} Mn_2(CO)_{10}$$

$$Re_2O_7 + CO \xrightarrow{250\ ^{\circ}C,高压} Re_2(CO)_{10} + CO_2$$

3.2.1.3 由其他金属羰基化合物制备

金属羰基化合物也可以由其他金属羰基化合物制备，这种转化往往经由中性的金属羰基化合物的光解、热解或金属羰基阴离子的氧化作用来实现。以下是几个具体的实例。

$$Fe(CO)_5 \xrightarrow{h\upsilon} Fe_2(CO)_9$$

$$Fe_2(CO)_9 \xrightarrow[甲苯]{95\ ^{\circ}C} Fe_3(CO)_{12}$$

$$Os_3(CO)_{12} \xrightarrow[12\ h]{195\sim200\ ^{\circ}C} Os_4(CO)_{13} + Os_5(CO)_{16} + Os_6(CO)_{18} + 其他产物$$

$$Rh_4(CO)_{12} \xrightarrow{60\sim80\ ^\circ C} Rh_6(CO)_{16} + CO$$

$$Na[V(CO)_6] \xrightarrow{HX} V(CO)_6 + NaX + H_2$$

3.2.2 取代的金属羰基化合物的制备

$L_aM(CO)_b$ 是一类常见的取代型金属羰基化合物，其中配体 L 可以是一些含 C、N、P、As、Sb、O、S、Te 等给予电子的配体，如异腈、胺、有机磷、硫醚、醇等。这些取代型的金属羰基化合物往往是通过配体取代方法得到，金属羰基化合物中的 CO 或辅助配体 L 均可被外来配体 L' 取代。

$$M(CO)_x\mathbf{L}_y + \mathbf{L}' \rightarrow M(CO)_{x-1}\mathbf{L}_y\mathbf{L}' + CO$$

$$M(CO)_x\mathbf{L}_y + \mathbf{L}' \rightarrow M(CO)_x\mathbf{L}_{y-1}\mathbf{L}' + \mathbf{L}$$

其中 L' 一般也是两电子给予体，这样可以取代一个 CO 或一个 L 配体。不过 L' 也可以为多齿配体，能够取代原配合物中的多个配体。以下是几个具体配体取代反应的实例。

$$Cr(CO)_6 + \underset{\text{哌啶}}{C_5H_{10}NH} \xrightarrow[THF]{h\upsilon} Cr(CO)_5(C_5H_{10}NH) + CO$$

$$M(CO)_6 + en \rightarrow cis\text{-}M(CO)_4(en) + CO$$

$$(M = Cr, Mo, W)$$

$$Mo(CO)_6 + dien \rightarrow fac\text{-}M(CO)_3(dien) + CO$$

二乙基三胺

3.2.3 茂金属配合物的制备

除 CO 外，最常见的非经典配合物就是金属环戊二烯基（C_5H_5）配合物。其中的环戈二烯配体既可以看作是芳香阴离子，又可以看作是中性自由基。二元金属环戊二烯配合物包括茂金属和非茂金属两大类。本小节中我们主要对经典茂金属的合成作简单的介绍。茂金属分子式为 $M(C_5H_5)_2$，其中两个环戊二烯基均为五齿配体。

二茂铁由铁粉与环戊二烯在 300 ℃的氮气氛中加热，或以无水氯化亚铁与环戊二烯合钠在四氢呋喃中作用而制得。

$$Fe + 2C_5H_6 \rightarrow (C_5H_5)_2Fe + H_2$$
$$C_5H_6 + NaOH \rightarrow C_5H_5Na + H_2O$$
$$2C_5H_5Na + FeCl_2 \rightarrow (C_5H_5)_2Fe + 2NaCl$$

其他茂金属的制备方法也可以通过无水金属盐(通常是卤化物)与C_5H_5Na在有机溶剂(THF或$MeOCH_2CH_2OMe$)中制备得到。配合物如$[M(NH_3)_6]Cl_2$(M=Co或Ni)也是有效的金属来源试剂,因为它们比无水卤化物更容易溶解。

$$nC_5H_5Na + MX_n \rightarrow (C_5H_5)_2M + nNaX + (n-2)C_5H_5$$

3.2.4 环戊二烯基金属羰基配合物的制备

环戊二烯基金属羰基配合物通用的分子式为$(C_5H_5)_xM_y(CO)_z$,此类配合物通常有以下几种制备方法:(1)茂金属和CO或二元金属羰基化合物反应;(2)环戊二烯或二聚环戊二烯和二元金属羰基化合物反应;(3)还原配位反应;(4)其他环戊二烯金属羰基配合物的光解或热解反应。

$$(C_5H_5)_2Cr + CO \rightarrow [(C_5H_5)_2Cr(CO)_3]_2$$
$$Co_2(CO)_8 + 2C_5H_6 \rightarrow 2(C_5H_5)Co(CO)_2 + 4CO + H_2$$
$$[(C_5H_5)_2M(CO)_3]_2 \rightarrow [(C_5H_5)_2M(CO)_2]_2 + 2CO(M = Cr或Mo)$$

3.3 手性金属配合物的制备

设计具有催化活性的手性配合物是不对称合成中最具有挑战性的工作。为此,首先要设计合成出手性配合物并将其应用于不对称反应,然后从中筛选具有特定催化性能的物种。设计合成手性配合物的方法主要有以下四种方法。

3.3.1 利用单一手性配体与金属离子组装手性配合物

由单一手性(光学纯)的有机配体作为构筑单元组装的手性配合物

(图3-23),全部晶体都是单一手性的,这就具备了它们在不对称催化反应、手性拆分中的手性选择性。[①] 这是合成手性配合物最直接有效的方法,但单一手性有机配体的来源是制约这一方法的瓶颈。目前发现的具有催化活性的手性配合物大都具有MOFs(metal-organic frameworks)结构,因此在选择手性有机配体时,还应考虑其是否具有特定的刚性基团(rigid spacer),以便形成MOFs结构。

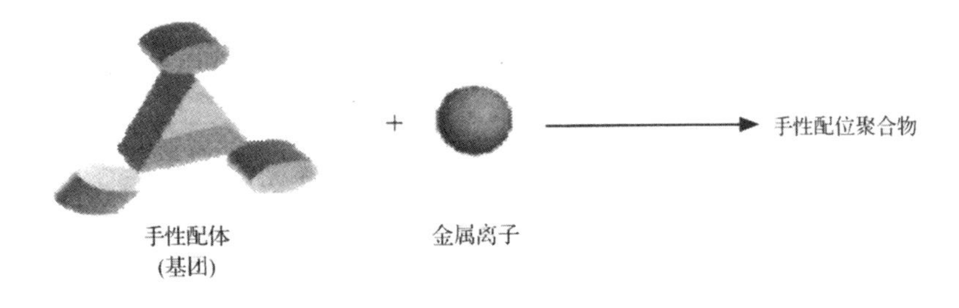

图3-23　手性有机配体组装手性配合物

3.3.2 利用单一手性辅助配体、刚性桥联配体及金属离子组装手性配合物

这一组装思路是基于:(1)手性辅助配体提供手性因素;(2)刚性桥联配体赋予MOFs结构。因此,这一方法大大拓展了MOFs结构手性配合物的合成途径(图3-28)。目前,利用这一设计思路,已合成出一些手性配合物。

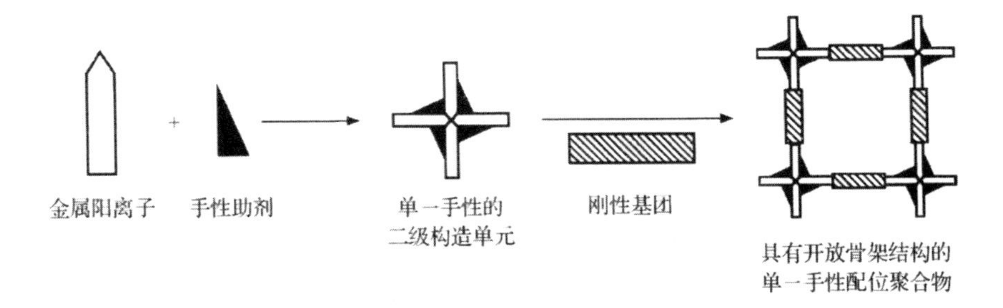

图3-24　单一手性辅助配体、刚性桥联配体组装手性配合物

① 王锡森,宋玉梅,叶琼,等.手性及非中心对称配位聚合物的组装[J].科学通报,2005,50(21):2317-2340.

3.3.3 后合成修饰组装单一手性配合物

后合成修饰(postsynthetic modification)组装思路是基于:(1)首先,利用组装一般配合物的方法,获得具有配位不饱和金属中心(或存在于金属中心弱配位的小分子)的稳定非手性配合物;(2)在特定条件下,含配位基团的手性分子与上述非手性配合物反应,使其与不饱和金属中心配位或取代弱配位的小分子,从而获得手性配合物。

3.3.4 利用非手性配体与金属离子组装单一手性配合物

利用低对称或弯曲的有机配体与金属离子组装,有时可能会获得非中心对称的配合物(配合物具有手性空间群)。必须强调指出的是,在以这些低对称、不具有光学活性的有机配体作为构筑单元合成的晶体中,单个晶体可能具有光学活性,然而就全部晶体来说绝大多数是没有光学活性的外消旋体(racemic)。[①] 因此,利用非手性配体与金属离子组装获得单一手性配合物的例子极为罕见。

3.4 配合物的表征

配合物的表征就是应用各种物理方法去分析其组成和结构,以了解配合物中的基本微粒如何相互作用(键型)以及它们在空间的几何排列和配置方式(构型)。

3.4.1 紫外 - 可见吸收光谱

过渡金属配合物的紫外 - 可见吸收光谱主要是由于配体与金属离子间的结合而引起的电子跃迁,因此也称为电子光谱。紫外 - 可见吸收光谱的波长分布是由产生谱带的跃迁能级间的能量差所决定的,反映了物质内部的能级分布状况,是物质定性的依据。

① 王锡森,宋玉梅,叶琼,等.手性及非中心对称配位聚合物的组装[J].科学通报,2005,50(21):2317-2340.

根据吸收带来源不同将配合物的紫外-可见吸收光谱划分为：配位场吸收带、电荷迁移吸收带和配体内的电子跃迁吸收带。配位场吸收带包括 d → d 跃迁和 f → f 跃迁，根据其位置变化和裂分可跟踪考察配合物的反应和形成，波长范围大多在可见光区。电荷迁移吸收带包括配体到金属的电荷跃迁（LMCT）和金属到配体的电荷跃迁（MLCT）。配体内的电子跃迁吸收带有 $\pi \rightarrow \pi^*$、$n \rightarrow \pi^*$ 等，研究配体间的作用方式和关系，波长范围位于近紫外及可见光区。在配合物中生色团和助色团对配合物性质影响显著，生色团通常指能吸收紫外、可见光的原子团或结构体系，如羰基、羧基等。助色团指带有非键电子对的基团，如—OH、—OR、—NHR、—Cl 等，它们本身不能吸收波长大于 200 nm 的光，但当与生色团相连时，会使生色团的吸收峰向长波方向移动，并使生色团的吸光度增加。

3.4.2 振动光谱

配合物中金属离子配位几何构型不同，其对称性也不同，由于振动光谱对这种对称性的差别很敏感，因此可以通过测定配合物的振动光谱定性地推测配合物的配位几何构型，常用的是红外光谱（infrared，IR）和 Raman 光谱。①

产生红外吸收的条件：一是辐射光子的能量应与振动跃迁所需能量相等；二是辐射与物质之间必须有耦合作用，使偶极矩发生变化。分子对称性高，振动偶极矩小，产生的谱带就弱；反之则强。例如 C=C 键，C—C 单键因对称性高，其振动峰强度小；而 C—X 因对称性低，其振动峰强度就大。

通过红外光谱对配合物官能团特征频率的研究，可以深入了解配体的配位方式和配合物的结构。例如，利用红外光谱可以区分键合异构，如 SCN^- 在与金属离子配位时，可能存在 3 种配位形式：SCN—M、M—SCN、M—SCN—M，自由的 SCN^- 中 V_{S-C}=~750 cm^{-1}，V_{C-N}=~2 050 cm^{-1}，当形成 M—SCN 型配合物时，其 S—C 键比在 SCN^- 中的要弱，而其 C=N 键比 SCN^- 中的强；但当形成 M—NCS 时则 S—C 键增强而 C=N 键则没有什么变化，如表 3-1 所示。

① 常鸽．基于二氨基马来腈的不对称席夫碱配合物的合成和表征[D]．北京：北京理工大学，2016.

表 3-1　SCN^- 的红外光谱数据

配合物	δ (NCS)/cm^{-1}	V_C=S/cm^{-1}	$V_{C=N}$=/cm^{-1}
KSCH	—	749	2 049
M—SCN	490 ~ 450	860 ~ 780	低于 2 100（宽）
M—NCS	440 ~ 400	~ 700	2 100（锐）

3.4.3 X 射线光电子能谱

X 射线光电子能谱（X-ray photoelectron spectroscopy，XPS）是利用 X 射线源作为激发源，将样品原子内壳层电子激发电离，通过分析样品发射出来的具有特征能量的电子，实现分析样品化学成分目的的一种表面分析技术。对所有元素，每一个原子都有与内部原子轨道相关的特征键合能。即每一元素在光电子能谱中都将产生一组特征峰。这些特征峰由光子能量与相应键合能所决定。

3.4.3.1 X 射线光电子能谱的基本原理

由 X 射线等激发源照射样品，高能量的光子与物质的电子相互作用，使得电子受激发而发射出来，其能量分布通过能量分析仪测量后，所测得的结合能（Bonding Energy，B.E.）为横坐标，电子计数率为纵坐标，得到电子能谱图。这张电子能谱图实际上是一张发射电子的动能谱图，记录了样品中一个特定内层能级（s，p，d）上电子的结合能。在特定能量处峰的存在表明所研究样品中含有某一特定元素，因此，峰的强度与样品的浓度成正比例。这样，通过这项技术，可对表面组成进行定量分析。

3.4.3.2 XPS 谱在配位化学中的应用

（1）利用结合能标示元素及其价态。

元素内层电子的结合能可随着其化学环境的变化有所位移，利用其位移的大小和方向可对其电荷分布或者价态进行判别。例如，$[Co(en)_2(NO_2)_2]NO_3$ 分子中存在 3 种不同类型的 N 原子，其 XPS 谱图上 N（1s）有 3 个分离的能级峰，峰面积之比接近 4∶2∶1，与分子中不同类型的 N 原子个数一致。

（2）利用伴峰信息研究元素化学状态。

过渡金属原子中多具有未充满的 d 轨道，镧系元素的原子中则具有未充满的 f 轨道，容易发生多重分裂或携上效应，出现伴峰。因此可通过伴峰的情况来分析物质的顺反磁性，配合物的高自旋或者低自旋构型等。

Co（Ⅱ），Ni（Ⅱ）和 Cu（Ⅱ）等金属离子中 d 轨道上有单电子，可在 X 射线激发下产生主伴峰，而 Zn（Ⅱ）和 Cu（Ⅰ）由于 3d 轨道上电子排布为 $3d^{10}$，没有未成对电子，故在 XPS 谱图中不出现伴峰。

（3）利用化学位移研究分子结构。

电子的精确键合能不仅与光发射的能级有关，而且与原子的表观氧化态和原子所处的物理、化学环境有关。上述条件的改变将会使谱图中峰的位置发生小的位移，这种位移称为化学位移。

这样的位移在 XPS 很容易被观察到，也可得到解释。因为该技术具有内在的高分辨率（原子内层的能级是分立的并通常具有确定的能量）并且是一个电子过程。

由于光发射电子与离子壳之间有很大的库仑作用力，元素的氧化态越高，键合能也就越高。这种鉴别不同氧化态及化学环境的能力正是 XPS 技术的主要优点之一。

例如，$\left[Ln(phen)_5\right]_2\left[B_{12}H_{12}\right]_3 \cdot nH_2O$ 中，配体 phen 上 N（1s）的结合能相对于自由 phen 上 N（1s）的结合能提高 0.6~1.5 eV，证实配体 phen 上 N 原子将孤对电子给予金属离子。

在过渡金属有机化合物中有反馈 π 键的形成，可以通过 XPS 测试证实。在 $Rh(CO)_4Cl_2$ 中，Rh（$3d_{5/2}$）的结合能比 $RhCl_3$ 中相应的结合能高 1 eV，说明 $RhCl_3$ 在形成羰基化合物时，Rh 将部分电荷转移到配体羰基上，氧化态有所增加，证实反馈 π 键的存在。

3.4.3.3 Eu^{3+} 配合物的 XPS 光谱分析

X.Y.Chen 等报道了将含 Eu^{3+} 金属离子的配合物作为单体通过电聚合制备出 poly-1（图 3-25）。后者为一类聚合物发光二极管。该聚合物的表征就是通过 XPS 测试手段确定了其组成成分及 Eu^{3+} 的配位环境。Eu($3d_{3/2}$)与 Eu($3d_{5/2}$)结合能分别位于 1 165.2 eV 和 1 135.2 eV 处。该值与 Eu（Ⅲ）-O 中 Eu（Ⅲ）结合能相当吻合，从而证实 Eu^{3+} 与 O 结合。而测得 S（$2p_{3/2}$）能级峰在 164.3 eV 处。定量分析表明，Eu ∶ S 的比例为 1 ∶ 1.85，而这点与单体中 Eu ∶ S 摩尔比（1 ∶ 2.03，XPS 所测得）相一致。

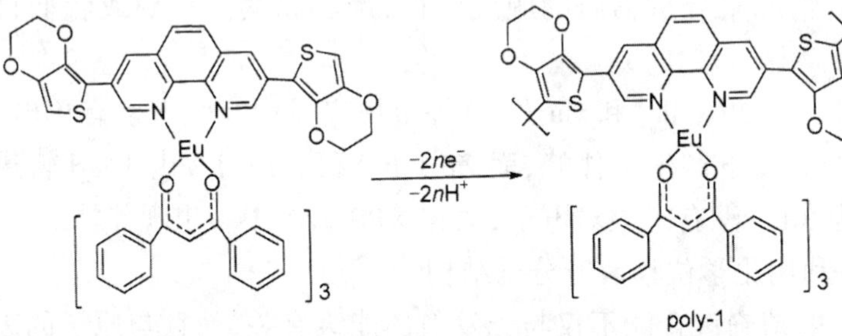

图 3-25 含 Eu^{3+} 发光二极管聚合物的合成

3.4.4 X 射线衍射

X 射线是波长为 1Å（10^{-10} m）的电磁波，其波长与原子直径的大小相近。它位于电磁波谱中 γ 射线和紫外线之间。1895 年，X 射线的发现使得在原子水平上探测晶体结构成为可能。X 射线衍射已在两个主要领域中得到应用，测定结晶材料的精细特征和影响结构的因素。每个晶体都有其特征的 X 射线粉末衍射谱图，这个谱图就像指纹一样可以对它进行鉴定。当材料被识别后，X 射线晶体学可用于确定其结构，即在晶态下原子是如何堆积的，原子间的距离和键角是多少等。在固体化学和材料学中，X 射线衍射是一种非常重要的检测手段，用 X 射线衍射可以很容易地测得任意化合物的晶胞大小和形状。

在化学相关的科学研究与工业生产中，从简单化合物分子到复杂的生物大分子，X 射线为我们提供了很多结构信息。此外，与其他测量方法相比而言，X 射线衍射法表征物质具有无污染、不损伤样品、测量精度高、快捷并可以得到有关晶体完整性和结构中原子排列的大量信息等优点。

3.4.4.1 X 射线单晶衍射法

单晶衍射法依据数学法则和精确的峰强得到结构。X 射线单晶衍射（X 射线晶体学）是一种应用分析技术，X 射线用于确定样品晶体中原子的真实排列。X 射线单晶衍射法表征配合物结构一般包含六个步骤：单晶培养；晶体的选择与安装；使用衍射仪收集衍射数据；用衍射数据来解析并继而精修配合物的结构；晶体结构数据分析与总结；画晶体结构以便描述晶体结构。[①] 为了与所产生的晶体学参数对应，X 射线单晶衍射法结构测定也可分为七个步骤，如图 3-26 所示。

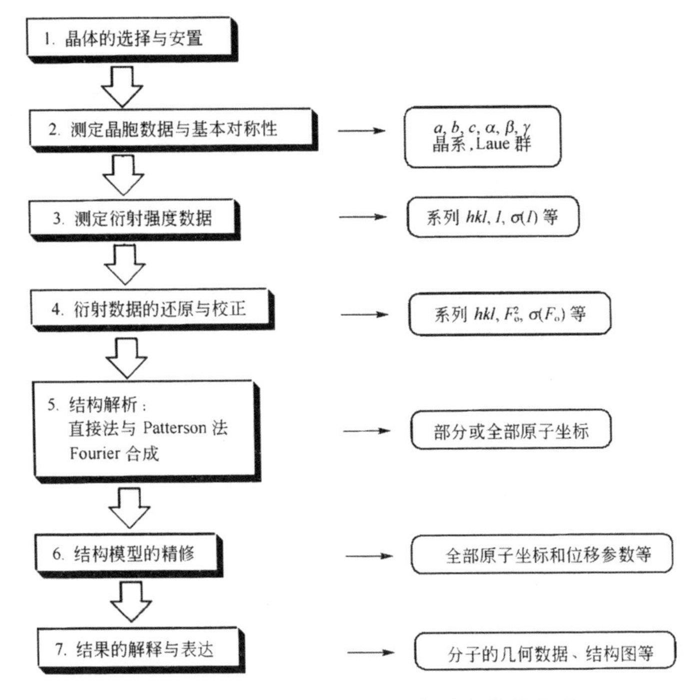

图 3-26　X 射线单晶衍射法结构测定的基本流程图

（1）单晶体样品的培养。

为了获得可供衍射的单晶，需要得到质量好、尺寸合适的单晶样品。在配合物研究领域中，最常用的方法是重结晶和原位构筑结晶法。后者是指在配合物合成过程中，在合适的条件下产物以晶体形式生成并结晶出来。在获得初步的晶体生长条件后，往往需要对晶体生长条件进行优化。

（2）晶体的选择与安置。

晶体的大小对 X 射线单晶衍射法解析结构的成败有较大影响，在衍射实验中往往需要尽可能地选取理想尺寸的晶体。晶体的衍射能力

① 张亚军．含氮杂环配体配合物的合成、表征及其量子化学计算[D]．成都：西南交通大学，2014.

和吸收效率取决于晶体所含化学元素种类和原子之间的堆积密度。X射线的强度和探测器的灵敏度均取决于衍射仪的配置。随着所研究体系的逐渐复杂化,获得良好的衍射数据日趋困难。但是,随着衍射仪技术的不断升级和衍射线强度的逐渐增加,这类晶体样品的结构测定所遇到的部分问题也逐渐易于解决。

一般地,使用不对X射线产生衍射且对X射线吸收能力较弱的黏合剂将合适的晶体安装在一个同样不衍射X射线的玻璃毛细管或者其他细长而坚硬的支持物的顶端。应确保X射线透过晶体时尽量不被黏合剂和支持物所挡住。然后将此支持物安装在仪器的载晶器上。

(3)使用衍射仪收集衍射数据。

在获得单晶之后,就需要进行衍射实验,即用X射线照射到晶体上,产生衍射,并记录衍射数据。目前实际使用的衍射仪基本上是传统四圆衍射仪和面探衍射仪两大类。这两类衍射仪的结构基本一致,如图3-27所示,主要包括光源系统、测角器系统、探测器系统和计算机四大部分。

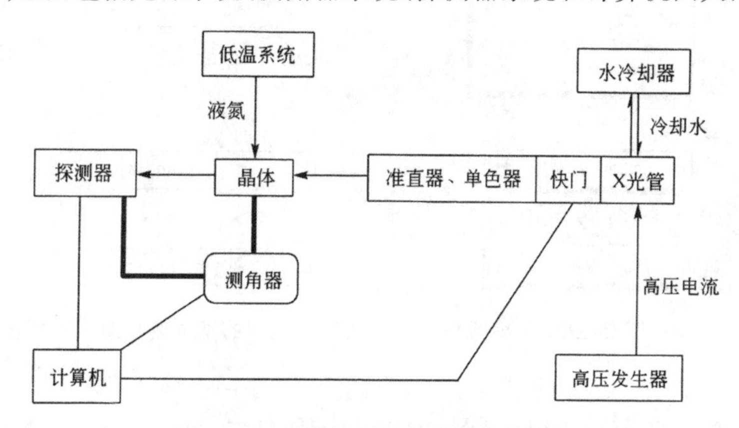

图3-27　单晶衍射仪基本构造示意图

(4)用衍射数据来解析继而精修晶体结构。

对记录到的衍射数据进行分析,可以获得晶体所属的晶系和对应的布拉维格子以及每个衍射点在倒易空间上的miller指标和对应的强度。衍射数据反映的是电子密度进行傅里叶变换的结果,用结构因子来表示。通过对结构因子进行反傅里叶变换,就可以获得晶体中电子密度的分布。当数据收集完成后,X射线衍射强度、每次衍射强度和相应背景测量时间等原始数据必须经过处理和校正以产生相应的结构相关的坐标数据。

数据处理后就可以使用处理后的数据来解析结构和结构精修。解析结构最终的目的是确定出晶胞中原子的具体位置和连接方式。在单晶结构解析中,所有解析方法都取决于结构模型的获得和随后的精修。确定结构模型后制定出原子类型,就得到初始的结构。

(5)晶体结构数据分析与总结。

X射线单晶结构解析得到的主要结构信息包括配合物结晶所在的晶胞参数、晶体密度、键长、键角、构象、氢键和分子之间的其他堆积作用、原子的电子密度以及配合物中的各配位组成部件间的连接方式等。对晶体结构数据的分析主要基于以上所得到的信息。

(6)画晶体结构图以便描述晶体结构。

除晶体结构数据之外,单晶X射线结构分析也提供了另一个强有力的表达结构的方式,那就是各种形式的晶体结构图。按图形表达方式分类,结构图包括:线形、球棍、椭球、空间填充、多面体、立体构型等图形。除了线形图之外,其他的图形均为透视图。

3.4.4.2 X射线粉末衍射法

X射线晶体粉末衍射与单晶衍射的基本原理相同,不同的是粉末衍射所测量的样品不是一个单晶体,而是微小晶体的混合物或者短程有序的材料。

(1)粉末衍射对配合物晶体样品纯度的鉴定。

在合成配合物,特别是合成其晶态样品的过程中,可能有一种以上的产物或者异构体在一个反应体系中形成。在晶体结构测定时往往只挑选一个或者说有限个单晶体来实验,这样所表征的结构不一定代表一个反应中生成物的结构和成分。在这种情况下,最简单的确定产物纯度的方法之一是使用X射线粉末衍射法。简单的测试与分析方法是首先使用X射线粉末衍射法收集产物样品的粉末衍射图,然后将所得的粉末衍射图与通过此配合物单晶体结构数据转化而得到的粉末衍射图对照。如果二者的衍射峰位置能够完全匹配,说明此配合物晶体样品为纯相的,配合物的晶体结构能够代表产物的结构。反之,配合物样品不纯,需要进一步优化合成方法得到纯的产物。

(2)使用粉末衍射来测定配合物的结构。

有些固体只以微晶形式存在,因此无法使用单晶衍射技术进行结构分析。此时,可以选择粉末衍射来确定其结构,这种方法开辟了确定固体物质结构的途径。粉末衍射是将三维格子变为一维格子。从粉末衍射的图中可以得到晶胞参数、取向、张力、晶体结构等。①

测定过程中涉及的步骤:晶胞的确定;空间群的确定;运用直接法和传统法来分析结构;结构的精修。

用粉末衍射数据确定晶体结构比单晶衍射数据要难,这是由于在用粉末衍射时,三维的晶体结构坍塌变成了一维的晶体结构,所以在晶胞的确定时就有困难。但随着仪器和测试系统的发展,单单使用粉末衍射也是可以得到不同的结构的。当今,粉末衍射已成为晶体材料表征的有前景的技术。

3.4.5 电喷雾质谱

电喷雾质谱(electrospray mass spectrometry, ES-MS)或称电喷雾电离质谱(electrospray ionization mass spectrometry, ESI-MS)因为采用了温和的离子化方式,使被检测的分子或分子聚集体能够“完整”地进入质谱,因此,电喷雾质谱特别适合于研究以非共价键(包括配位键、氢键、$\pi-\pi$ 作用等)方式结合的分子或分子聚集体(复合物)。

ESI 与飞行时间(time of flight, TOF)、离子阱(ion trap, IT)等检测技术结合形成 ESI-TOF(电喷雾 - 飞行时间)、ESI-IT(电喷雾 - 离子阱)、ESI-IT-TOF(电喷雾 - 离子阱 - 飞行时间串联)等质谱方法。另外,电喷雾质谱还可以与液相色谱、毛细管电泳、凝胶色谱等联用,从而为多种分离技术提供灵敏的质谱检测。电喷雾质谱具有需要样品量小、分析速度快、灵敏度高、准确度高、可用于单一组分也可以用于多组分体系的分析等特点,除了用于配位化合物、分子聚集体等化学研究之外,还广泛用于生物学、医药等相关领域的研究。

配体 1,3,5- 三(2- 噁唑啉基)苯(L1)与 $AgNO_3$ 在甲醇和氯仿中通过分层扩散的方法,反应得到了配合物 $\{[Ag_2(L1)(NO_3)_2]\cdot CH_3OH\}_n$,晶体结构解析结果显示该配合物具有一维无限链状结构(图 3-28)。因为配合物在乙腈中有一定的溶解度,因此用其乙腈溶液并以甲醇为流动相测定其 ES-MS,结果如图 3-53(a)所示,观测到了 7 个主要峰,通过同

① 胡文婷.磺基苯甲酸钌配合物的合成、结构和催化性质研究[D].杭州:浙江大学,2013.

位素分布可将其分别归属为$[AgL1]^+$：394.2；$[Ag(L1)(CH_3OH)^+]$：425.8；$[Ag(L1)(CH_3OH)^+]$：434.8；$[Ag_2(L1)(NO_3)]^+$：56.29；$[Ag(L1)_2]^+$：677.0；$[Ag_2(L1)_2(NO_3)]^+$：847.5；$[Ag_3(L1)_2(NO_3)]^+$：1 018.4。利用同位素分布来确认对电喷雾质谱中观测到峰的归属是目前常用的方法。该方法是通过 Isopro 等软件来计算某个组成的同位素分布，然后与 ES-MS 测得的峰形（同位素分布）进行比较，通过两者是否一致来验证峰的归属是否正确。例如，通过对图 3-29（a）中 m/z=847.5 峰的同位素分布的实验值和理论值的比较可以看出两者无论是峰形（同位素分布）还是相对强度都很一致［图 3-29（b）］，表明这个峰的归属是正确的。另外 - 从这些峰的归属中可以看出 ES-MS 中观测到的物种都既含有配体又含有金属离子，表明在电喷雾条件下配体 L1 与 Ag 通过配位作用结合在一起，没有完全解离，而且观测到了单核、双核、三核等物种，说明在电喷雾质谱实验条件下该配合物仍以聚合物形式存在。

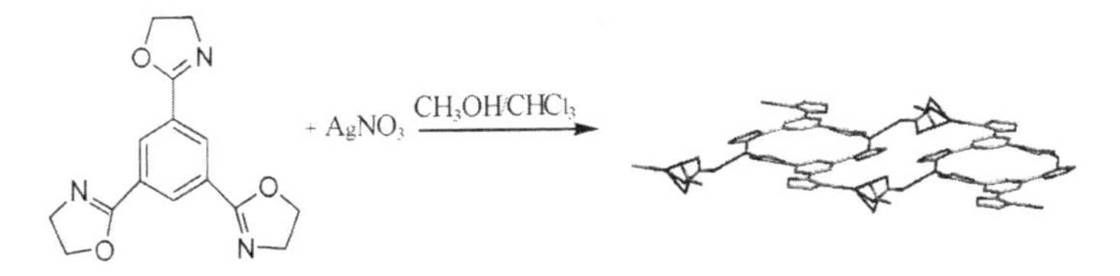

图 3-28 配体 1,3,5- 三（2- 噁唑啉基）苯（L1）与 $AgNO_3$ 反应生成一维链条状配合物$\{[Ag_2(L1)(NO_3)_2]\cdot CH_3OH\}_n$

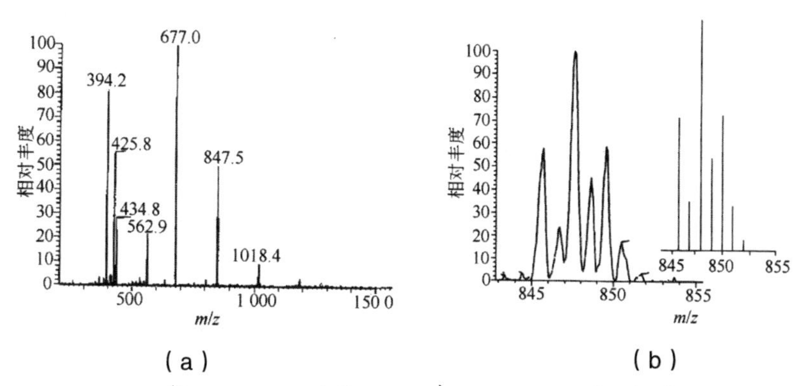

图 3-29 配合物$\{[Ag_2(L1)(NO_3)_2]\cdot CH_3OH\}_n$的 ES-MS 谱图（a）；$m/z$=847.5 峰的同位素分布图：左边为实验值（a），右边为理论计算值（b）

第4章　配位聚合物的典型性能

配位聚合物是以金属为节点，以有机配体为骨架，通过配位键链接，自组装形成具有周期性网络结构的材料。通过有机配体和金属中心的改变，自组装形成结构独特、性能优异的配合物材料，在气体储存与分离、催化、荧光传感、药物传输、电化学等众多领域展现出广阔的应用前景。

4.1　配位聚合物的催化性能

4.1.1 具有催化功能的配位聚合物简介

1836年Berzelius提出了催化剂的概念，并将其应用于化学反应。催化剂是指在化学反应中能加快反应速率，而其本身在化学反应前后不发生变化的一类物质，其作用机理是降低化学反应的活化能。目前，至少有80%的化学化工生产过程与催化有关，催化剂是现代医药、化工、能源与环境等产业的关键材料。

尽管早在20世纪80年代初，Efraty及其合作者尝试用贵金属（Rh，Pd，Pt）离子的双异氰酸（diisocyanate）类配位聚合物催化烯烃氢化反应，并获得了良好的实验结果，但由于当时对这些配位聚合物的详细结构信息缺乏了解，配位聚合物催化剂在当时未能引起化学家的足够重视。

进入20世纪90年代后，由于单晶结构解析的飞速发展，具有类沸石（zeolitelike）微孔结构的金属－有机骨架结构（metal-organic frameworks，MOFs）配位聚合物被大量合成，科研人员对其结构有了深入了解，由此引起化学家对这类材料在气体吸附与分离、离子交换、催化等领域的研究兴趣。特别是近十年来，由金属离子及有机桥联配体通过配位键组装形成的配位聚合物催化剂在非均相催化领域引起人们的广泛关注。

配位聚合物非均相催化剂应用于传统有机合成反应的催化，表现出良好的反应活性与反应选择性。一般认为，其催化活性来源于：①金属中心离子（Brønsted/Lewis 酸 - 碱中心或氧化 - 还原活性中心）；②桥联配体的特定构型；③配位聚合物的特定多孔结构微环境，使底物在配位聚合物的孔道内运动受到束缚，增加了反应概率。图 4-1 是配位聚合物催化剂可能的活性位点示意图。

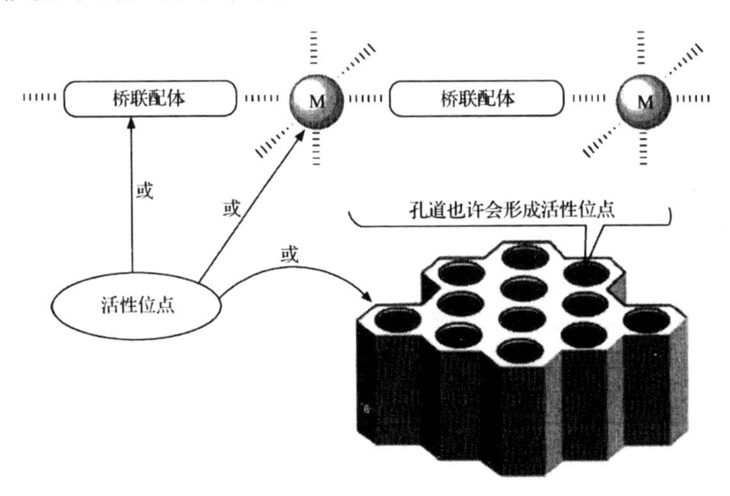

图 4-1　配位聚合物催化剂可能的活性位点示意图

4.1.2 配位聚合物催化下形成 C—C 键的反应

4.1.2.1 配位聚合物催化的醛 / 亚胺硅氰化反应

配位聚合物 $\{[Cd(4,4'\text{-bipy})_2(H_2O)_2](NO_3)_2 \cdot H_2O\}_n$（1）是具有 2D 结构的网格状配位聚合物 [图 4-2（a）]，邻近网格层间通过配位水分子间的氢键作用，形成 3D 超分子结构，层间 Cd^{2+} 间距离为 4.8 Å [图 4-2（b）]。

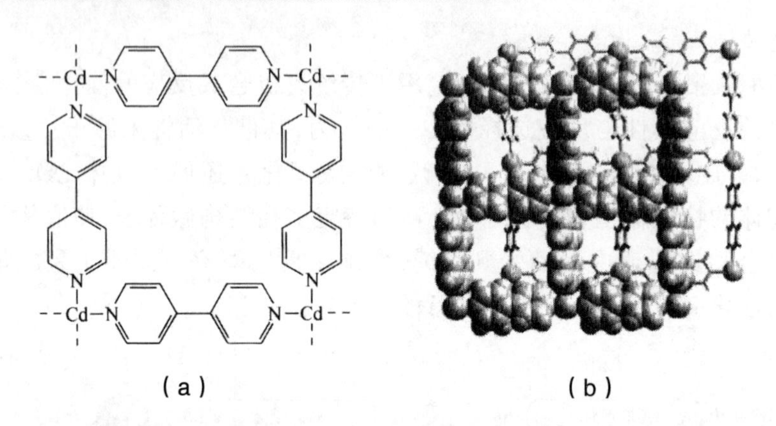

图 4-2 (a)配位聚合物 $\{[Cd(4,4'-bipy)_2(H_2O)_2](NO_3)_2\cdot H_2O\}_n$(1)的 2D 配位模式；(b)邻近层间堆积的 3D 结构图(为了清晰，NO_3^- 抗衡离子和 H_2O 分子被删除)

在 CH_2Cl_2 溶剂体系中，以配位聚合物 $\{[Cd(4,4'-bipy)_2(H_2O)_2](NO_3)_2\cdot H_2O\}_n$(1)为非均相催化剂，可用于醛(aldehyde)和亚胺(imine)的硅氰化反应(图 4-3)。反应(b)比反应(a)表现出较高的催化反应活性。

RCHO + Me_3SiCN $\xrightarrow[\text{CH}_2\text{Cl}_2,\ 40℃,\ 24\ \text{h}]{1(0.2\%)}$ $RCH(OSiMe_3)CN$

R=Ph, 2-MeC_6H_4, 3-MeC_6H_4, 1-萘基, 2-萘基

产率19%~84%

反应 (a)

$R^1CH{=}NR^2$ + Me_3SiCN $\xrightarrow[\text{CH}_2\text{Cl}_2,\ 0℃,\ 1\sim14\ \text{h}]{1(0.2\%)}$ $R^1CH(NHR^2)CN$

R^1=Ph, 2-MeC_6H_4, 3-MeC_6H_4, 4-MeC_6H_4 4-$CF_3C_6H_4$, o-C_6H_{11}, 1-萘基

R^2=Ph, Bn

产率70%~99%

反应 (b)

图 4-3 配位聚合物 $\{[Cd(4,4'-bipy)_2(H_2O)_2](NO_3)_2\cdot H_2O\}_n$(1)催化的醛/亚胺硅氰化反应

由于在固体催化剂 $\{[Cd(4,4'-bipy)_2(H_2O)_2](NO_3)_2\cdot H_2O\}_n$(1)

表面，中心离子Cd（Ⅱ）（弱的Lewis酸中心）与轴向配位的H_2O分子间的配位键较弱，当底物分子靠近具有亲电环境的配合物网格时，H_2O可以被底物分子所取代，活化了底物分子，从而可催化反应（a）或反应（b）。Cd（Ⅱ）离子与相应基团的配位能力顺序是：亚胺>H_2O>苯甲醛（benzaldehyde），因此，$\{[Cd(4,4'-bipy)_2(H_2O)_2](NO_3)_2\cdot H_2O\}_n$（1）对亚胺的硅氰化反应表现出较高的催化活性。

4.1.2.2 配位聚合物催化的硅氰化反应及Mukaiyama-Aldol反应

配位聚合物$\{Mn_3[(Mn_4Cl)_3(BTT)_8(CH_3OH)_{10}]_2\}_n$（2）（$H_3BTT$=1，3，5-三-5-四唑基苯）是由Mn（Ⅱ）离子与BTT^{3-}组装成的具有方钠石结构的3D多孔配位聚合物，孔道尺寸大小约为7 Å×10 Å。孔道内壁结构如图4-4所示。值得注意的是，孔道内有两种配位不饱和的Mn（Ⅱ）位点（位点Ⅰ和Ⅱ），位点Ⅰ为5配位，位点Ⅱ为4配位。这两种Mn（Ⅱ）位点的配位不饱和性，使其成为Lewis酸中心，从而表现出特定的催化性能。

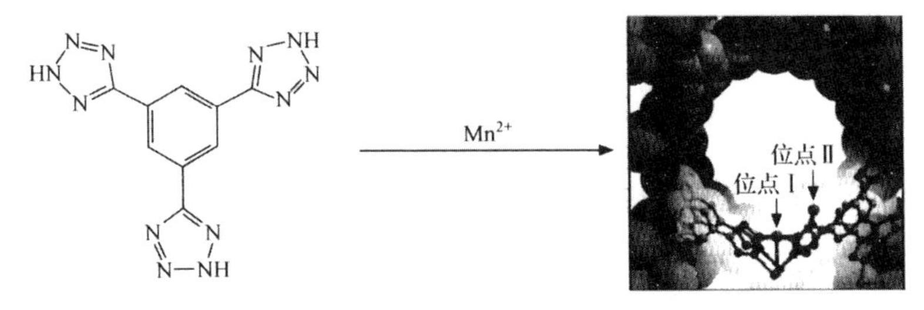

图4-4 配位聚合物$\{Mn_3[(Mn_4Cl)_3(BTT)_8(CH_3OH)_{10}]_2\}_n$（2）的组装及其孔道内壁结构

在CH_2Cl_2溶剂体系中，以配位聚合物$\{Mn_3[(Mn_4Cl)_3(BTT)_8(CH_3OH)_{10}]_2\}_n$（2）为非均相催化剂，可用于醛/酮（ketone）的硅氰化反应（a）或醛与甲硅烷基烯的Mukaiyama-Aldol反应（b）。

图4-5中，对于反应（a）或反应（b），配位聚合物催化剂$\{Mn_3[(Mn_4Cl)_3(BTT)_8(CH_3OH)_{10}]_2\}_n$（2）对反应底物的转化率表现出明显的尺寸选择性。例如，在反应（a）中，苯甲醛和1-萘甲醛的转化率分别为98%和90%，而对尺寸较大的底物分子4-$PhOC_6H_4CHO$及4-PhC_6H_4CHO，相同反应条件下，转化率仅为18%～28%。在反应（b）中，随着R基团的增大（由H原子变为叔丁基），相同反应条件下，转化

率从63%降低到24%。

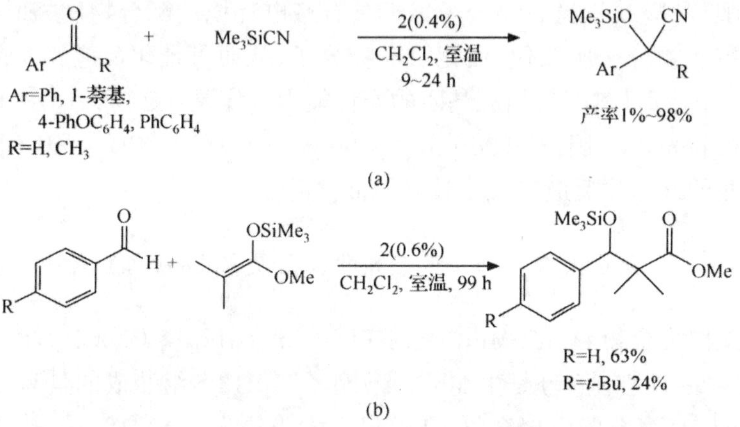

Ar=Ph, 1-萘基, 4-$PhOC_6H_4$, PhC_6H_4
R=H, CH_3
+ Me_3SiCN
2(0.4%)
CH_2Cl_2, 室温
9~24 h
Me_3SiO CN
Ar R
产率1%~98%

(a)

R H + OSiMe$_3$ OMe
2(0.6%)
CH_2Cl_2, 室温, 99 h
Me_3SiO O OMe
R
R=H, 63%
R=*t*-Bu, 24%

(b)

图4-5 配位聚合物{Mn_3[(Mn_4Cl)$_3$(BTT)$_8$(CH_3OH)$_{10}$]$_2$}$_n$(2)催化的硅氰化反应和Mukaiyama-Aldol反应

4.1.2.3 配位聚合物催化的Knoevenagel缩合反应

配位聚合物{[Cd(4-btapa)$_2$(NO_3)$_2$]·$6H_2O$·2DMF}$_n$(3)是由Cd(NO_3)$_2$·$4H_2O$和配体4-btapa(4-btapa=1,3,5-均苯三酸三-4-氨基吡啶酰胺)在H_2O/DMF(DMF=*N*,*N'*-二甲基甲酰胺)中组装成而成,X射线单晶衍射测定结果表明,配位聚合物(3)具有3D多孔结构,孔道尺寸大小约为4.7 Å×7.3 Å(图4-6)。配体中吡啶基N原子与Cd^{2+}配位,Cd^{2+}已配位饱和;未配位的酰胺基团位于孔道内壁。

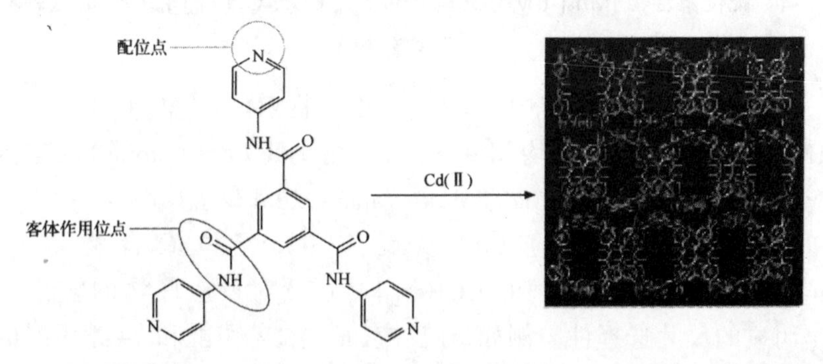

图4-6 配位聚合物{[Cd(4-btapa)$_2$(NO_3)$_2$]·$6H_2O$·2DMF}$_n$(3)的组装及其孔道结构

以配位聚合物{[Cd(4-btapa)$_2$(NO_3)$_2$]·$6H_2O$·2DMF}$_n$(3)

为非均相催化剂，可用于苯甲醛/碳烯化合物（methylene compound）的Knoevenagel缩合反应。值得注意的是，该催化剂对反应物的转化率表现出明显的尺寸选择性。在如图4–7所示的反应中，随反应底物R—CN中R基团的增大，反应物的转化率急剧下降，直至不发生反应。配体中吡啶基N原子与Cd^{2+}配位，Cd^{2+}已配位饱和；未配位的酰胺基团位于孔道内壁，成为与客体分子作用的位点。因而，特定底物分子进入孔道内部，才能发生催化反应。^{1}HNMR及IR研究表明，只有较小的底物分子丙二腈（malononitrile）选择性吸附在配合物孔道内，与苯甲醛发生Knoevenagel缩合反应。催化剂重复使用，反应活性未见降低。

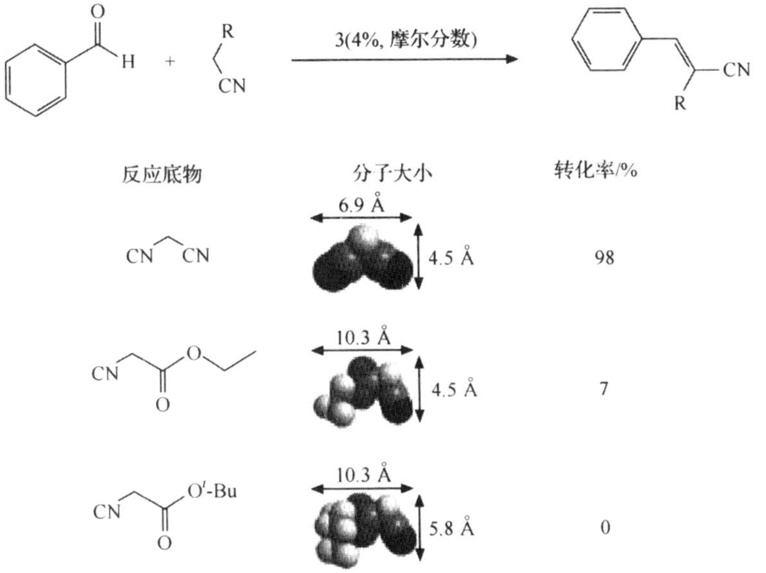

图4–7 配位聚合物$\{[Cd(4\text{-}btapa)_2(NO_3)_2]\cdot 6H_2O\cdot 2DMF\}_n$（3）催化的Knoevenagel缩合反应

4.1.2.4 配位聚合物催化的Diels–Alder加成、Michael加成反应

10–双(3,5–二羟基苯基)蒽[L,10–bis(3,5–二羟苯)蒽]作为多齿桥联配体，与Zr(Ⅳ)、Ti(Ⅳ)、Al(Ⅲ)等反应，很容易获得相应配位聚合物$[Zr_2(O^tBu)_4(L)]_n$（4）、$[Ti_2(O^iPr)_2Cl_2(L)]_n$（5）、$[Al_2Cl_2(L)]_n$（6）以及$[Al_2(O^iPr)_2(L)]_n$（7）（图4–8）。尽管这些配合物的确切结构尚未弄清，但一般认为这些配合物是具有多孔结构的配位聚合物，且金

属离子处于配位不饱和状态，可以与客体分子（反应底物分子）作用，表现出良好的催化活性。

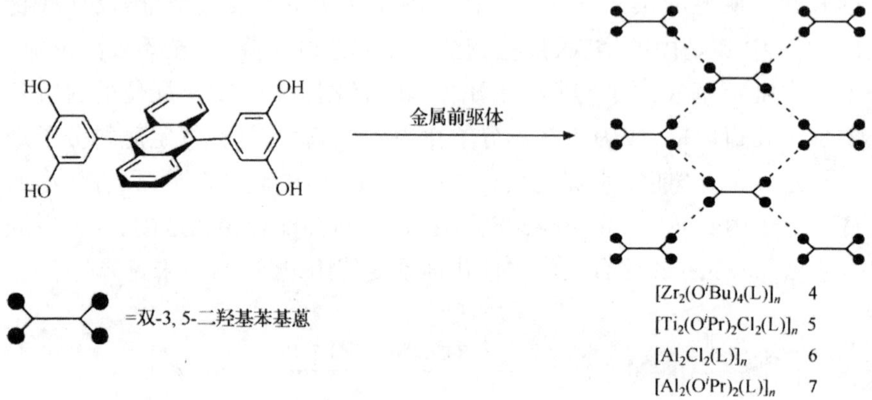

金属前驱体

=双-3, 5-二羟基苯基蒽

$[Zr_2(O^tBu)_4(L)]_n$ 4
$[Ti_2(O^iPr)_2Cl_2(L)]_n$ 5
$[Al_2Cl_2(L)]_n$ 6
$[Al_2(O^iPr)_2(L)]_n$ 7

图 4-8 配位聚合物 4-7 的组装过程及结构示意图

配位聚合物 4-7 作为 Lewis 酸催化剂，在烯丙酮与 1,3- 环己二烯（1,3-cyclo-hexadiene）的 Diels-Alder 加成反应中（图 4-9），表现出非常高的反应活性及立体选择性（内型 / 外型比：对 Ti/Al 配位聚合物催化剂 >99/1，对 Zr 配位聚合物催化剂 >95/5）。反应完成后催化剂通过过滤与产物分离，重复使用其催化活性没有明显降低。

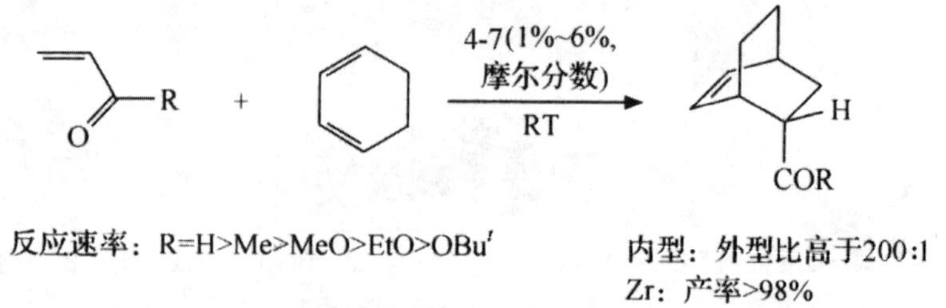

4-7(1%~6%, 摩尔分数)
RT

反应速率：R=H>Me>MeO>EtO>OBu^t

内型：外型比高于200:1
Zr：产率>98%

图 4-9 配位聚合物 4-7 催化的 Diels-Alder 加成反应

上述配体 L 与 La(O^iPr)$_3$ 在 THF 中反应，生成组成为 [L^{4-}·1.5THF·2（LaOH）· 4H_2O] 的配位聚合物（8），配合物不溶于普通溶剂，谱学研究表明配位聚合物是通过配体阴离子 L^{4-} 桥联（LaOH）单元而形成。该配位聚合物作为非均相催化剂，可催化 Michael 加成反应（图 4-10）。

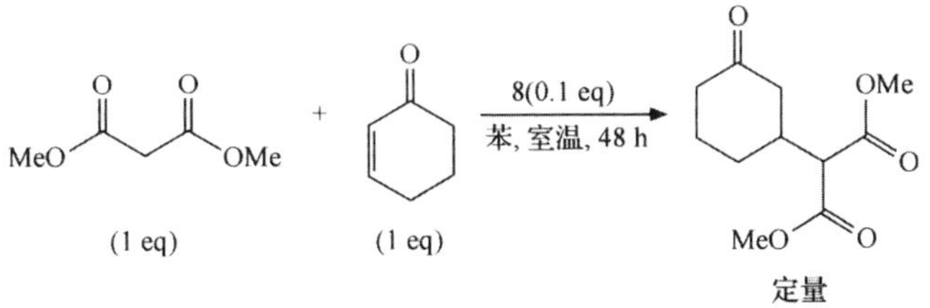

图 4-10　配位聚合物 8 催化的 Michael 加成反应

该催化反应的确切机理尚未得到有效的证据，一般认为其催化作用是由于配体阴离子 L^{4-}（多酚阴离子）在反应体系中作为 Brønsted 碱进行催化反应。

4.1.2.5 稀土配位聚合物催化的 Hetero-Diels-Alder 加成反应

稀土醇盐 $RE(OPr)_3$（RE=Sc，Y，La，或者 Yb）与 4，4′-联苯二磺酸 H_2-BP-DS（biphenyl-4，4-disulfonic acid）在 THF 溶液中回流反应，生成组成为 $[RE_2(BPDS)_3]_n$ 的多孔配位聚合物（9a ~ 9d），如图 4-11 所示。尽管该配位聚合物的确切结构尚未确定，但用于苯甲醛与 Danishefsky 双烯的 Hetero-Diels-Alder 加成反应，表现出较高的反应活性与选择性。

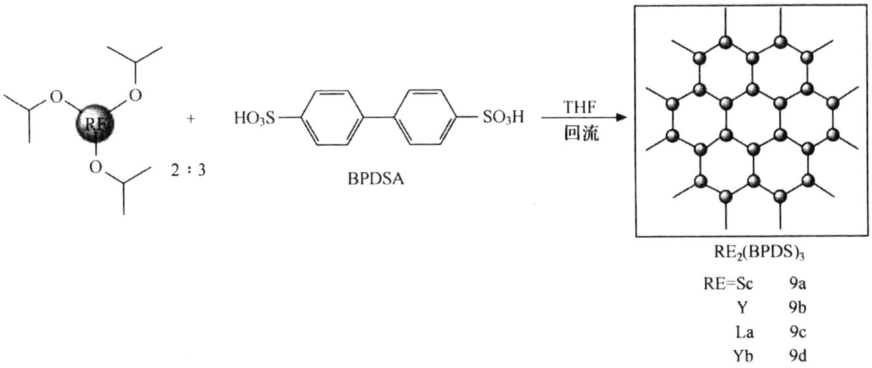

图 4-11　配位聚合物 9 的组装过程及结构示意图

在上述四种稀土催化剂中，$[Sc_2(BPDS)_3]_n$（9a）对如图 4-12 所示的 Hetero-Diels-Alder 催化反应表现出最佳的催化活性。随反应底物 R 基团的不同，反应的转化率有较明显的差别，其中 R 为苯基时，转化率最高（90%）。该催化剂具有很好的稳定性，重复多次使用，转化率恒定在 81% ~ 83%。

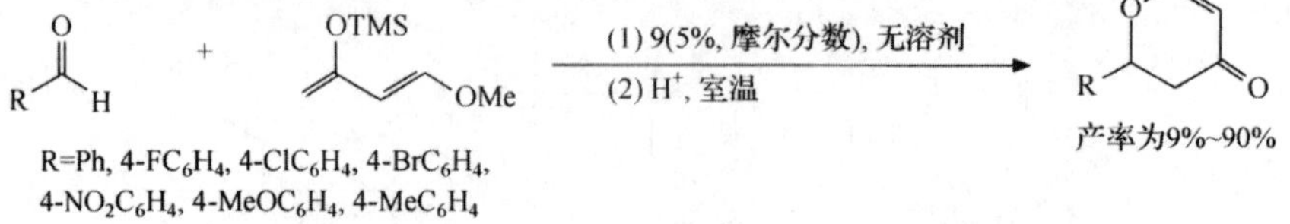

O
R H + OTMS OMe —(1) 9(5%, 摩尔分数), 无溶剂 (2) H^+, 室温→ O R O
产率为9%~90%
R=Ph, 4-FC_6H_4, 4-ClC_6H_4, 4-BrC_6H_4, 4-$NO_2C_6H_4$, 4-$MeOC_6H_4$, 4-MeC_6H_4

图 4-12 配位聚合物 9 催化的 Hetero-Diels-Alder 反应

4.1.2.6 配位聚合物催化的 Suzuki-Miyaura 偶合反应

Pd（Ⅱ）离子与 2-羟基嘧啶（2-pymo，2-hydroxypyrimidinolate）组装成多孔配位聚合物 $[Pd(2\text{-pymo})_2]_n$（10）。配位聚合物中，嘧啶环的两个氮原子分别与临近 Pd（Ⅱ）配位，形成扩展的 3D 多孔结构。孔道尺度大小为 8.8 Å ×8.8 Å，特定体积的客体分子可进出孔道，从而赋予该配位聚合物特定的催化性能。

对甲氧基溴苯与苯基硼酸在催化剂 10（2.5%，摩尔分数）存在的条件下，以邻二甲苯为反应溶剂，150 ℃下反应 5 h，可发生 Suzuki-Miyaura 偶合反应（图 4-13），并表现出很高的反应活性与选择性（转化率：85%，选择性：99%）。反应也可在室温下进行，将反应时间延长至 48 h，可达到与上述高温条件下相近的转化率。在反应过程中，配位聚合物 10 的结构保持完整，重复使用，催化活性与反应选择性几乎没有下降。

MeO—C6H4—Br + $(HO)_2B$—C6H5 —10(2.5%, 摩尔分数) K_2CO_3, o-二甲苯→ MeO—C6H4—C6H5

	转化率/%	选择性/%
5 h, 150℃	85	99
48 h, 25℃	87	96

图 4-13 配位聚合物 10 催化的 Suzuki-Miyaura 偶合反应

4.2 配位聚合物的电化学性能

配合物的电化学性质与其热力学、动力学和结构性能有着密切的联系，对配合物进行电化学测试，可以研究其溶液平衡、电荷转移、电催化、电化学合成、生物电化学等。能用来研究配合物的电化学方法有极谱法、循环伏安法、差示脉冲法、恒电流计时电位法等等。早期多使用极谱法，而现在更多的则是用循环伏安法。循环伏安法（Cyclic Voltammetry，CV）素有"电化学谱"之称，通过对循环伏安谱图进行定性和定量分析，可以确定电极上进行的电极过程的热力学可逆程度、电子转移数、是否伴随吸附、催化、耦合等化学反应及电极过程动力学参数，从而拟定或推断电极上所进行的电化学过程的机理。

4.2.1 循环伏安法

循环伏安法的基础是单扫描伏安法。单扫描伏安法的特点是极化电极的电位与时间呈线性函数关系，所以又叫线性扫描法。如图 4-14 所示，工作电极的电位变化为三角波，当线性扫描时间 $t=\lambda$ 时（或电极电位达到终止电位 E_λ 时），工作电极的电位可表示为

$$E = E_i - vt\left(0 < t < \lambda\right) \tag{4-1}$$

当 $t>\lambda$ 时，扫描方向反向，时间 – 电势的关系则表示成为

$$E = E_i - 2v\lambda + vt\left(t > \lambda\right)$$

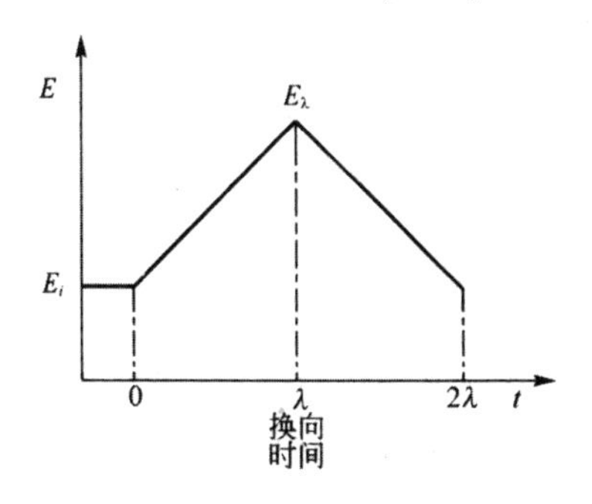

图 4-14　循环伏安法的扫描电压

在循环伏安法的研究中一般使用的是三电极系统，包括工作电极、参比电极和对电极。常用的工作电极有铂、金和玻碳电极或悬汞、汞膜电极等；参比电极有饱和甘汞电极（SCE）和 Ag/AgCl 电极，而对电极则多用惰性电极如铂丝或铂片。

若某一体系中存在电活性物质，以频率为 v 的三角波加在工作电极上进行线性扫描时，起始部分类似于一般的极谱图（图 4-15），电流没有明显的变化，扫描到化学反应电位时电流上升至最大，在 t_0 和 t_1 之间，发生还原反应（对应于阴极过程）；当电活性物质在电极表面逐渐减少时，电流则随着电位的进一步增加而下降，若在正向扫描时电极反应的产物

是足够稳定的,并且能在电极表面发生电极反应,那么在反向扫描时会出现与正向电流峰相对应的逆向电流峰,此过程发生氧化反应(对应于阳极过程),在 t_2 时又回到初始电位。由此获得的电流 - 电位曲线,即循环伏安图谱。在 CV 图中可得到的两个重要参数为峰电流 i_p 和峰电位 E_p。在分析化学中常由 E_p 的位置进行定性分析,根据 i_p 的大小进行定量分析。

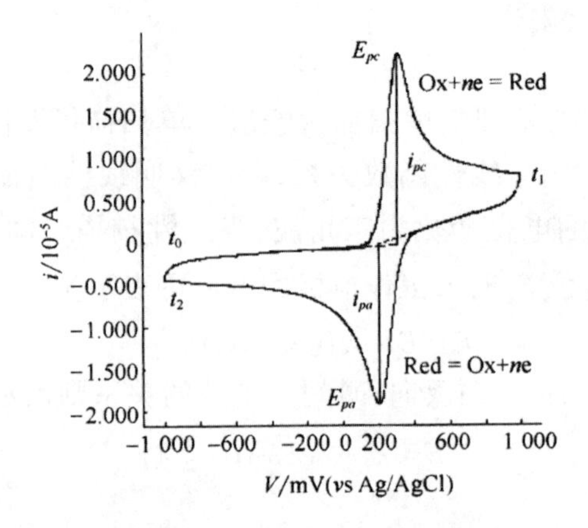

图 4-15　典型的循环伏安图

在电极反应可逆的情况下,当电极电位按照式(4-1)线性变化时,发生在电极上的反应速度快,体系能迅速接近平衡,于是结合能斯特(Nernst)方程可以导出可逆体系的峰电流 i_p

$$i_p = 2.69\times10^5 n^{3/2} A c_o D_o^{1/2} v^{1/2} \tag{4-2}$$

式(4-2)被称为 Randleš-Sevčik 方程(25 ℃)。其中,A 为电极面积 cm²;v 为扫描速率,V/s;D_o 为扩散系数,cm²/s;c_o 为电活性物质的主体浓度,mol/cm³。

由于是可逆体系,则阳极和阴极峰电流比值 $i_{pa}/i_{pc}\approx 1$,且与扫描速率、终止电位历和扩散系数无关。阳极峰与阴极峰图形对称(如图 4-16 中 a),二者的电位差为

$$\Delta E_p = E_{pa} - E_{pc} = \frac{2.303RT}{nF}$$

其中,n 为半反应的电子数目;i_p、ΔE_p 可用于判断电极反应的可逆性,以及确定电子转移数 n;ΔE_p 虽然对 E_λ 有一定的依赖关系,但在 25 ℃时一般接近于 59/n mV,并且不随扫描速度而改变。由于溶液中存在内阻 R,使得实际值通常为 $\Delta E_p = (55\sim65)/n$ mV。伏安法中两峰之间的电

位值——条件电位，有时也被称为中点电位

$$E_f = \frac{E_{pa} - E_{pc}}{2}$$

它近似地等于极谱中的半波电位 $E_{1/2}$，甚至是标准电势 $E^{\ominus}$。

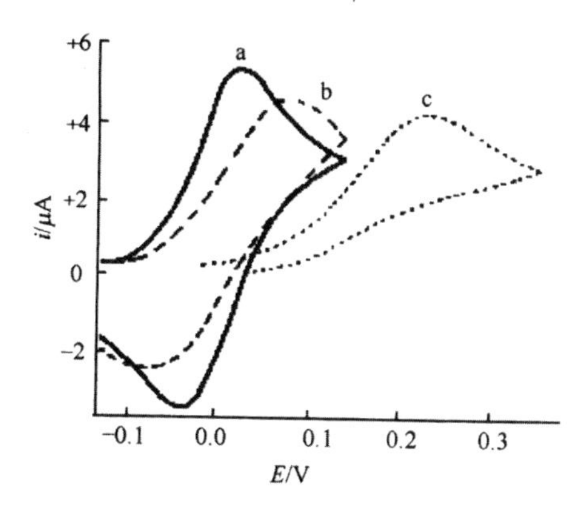

图 4-16　可逆、准可逆和不可逆电极过程循环伏安图

对于部分可逆（也称准可逆）的电极过程来说，极化曲线与可逆程度有关，一般来说，$\Delta E_p > 59/n$ mV，且峰电位随电压扫描速度 v 的增大而变大，阴极峰变负，阳极峰变正。i_{pc}/i_{pa} 可能大于 1，也可能小于或等于 1，但仍正比于 $v^{1/2}$。准可逆电极过程的循环伏安曲线如图 4-16 中 b 所示。

随着电极过程不可逆程度的增大，氧化峰与还原峰的峰电位差值相距越来越大，且随扫描速度增大而增大，阴极、阳极峰电流值也不相等。在完全不可逆的条件下，由于氧化作用很慢，以至于观察不到阳极峰（如图 4-16 中 c）。根据 E_p 与 v 的关系，还可以计算准可逆和不可逆电极反应的速率常数。一般来说，我们利用不可逆波来获取电化学动力学的一些参数，如电子传递系数 α 以及电极反应速率常数 k 等。

电化学反应体系是由氧化还原体系、支持电解质与电极体系构成。同一氧化还原体系，不同的电极，不同的支持电解质，得到的电极反应的伏安响应是不一样的。

4.2.2 在配合物中的循环伏安法研究

Bilewicz 等[①] 合成了配合物 $Cu^{+}/Cu^{2+}-Cu^{+}/Cu^{2+}-$（6- 巯基嘌呤），将

① Bilewicz R , El·bieta Muszalska. Voltammetric behaviour of copper complexes with the antitumour drug 6-mercaptopurine[J]. 1991, 300(1-2):147-157.

CV 法用来研究生物体内的一些抗病毒机制。在 0.1 mol/L TEAP 的 DMF 介质中从 -0.2 开始扫描（图 4-17），先出现一对氧化还原峰 a_1-c_1 及 a_1' 产物，在较负的电位时，第二对峰 c_2-a_2 出现。通过测试求得峰 a_1-c_1 的 $i_{pc}/i_{pa} \approx 1$。分析不同扫速下配合物的 CV 图，得知 ΔE_p =56 mV（图 4-18），这表明配合物的峰 a_1-c_1 对应的氧化还原过程是单电子可逆过程。

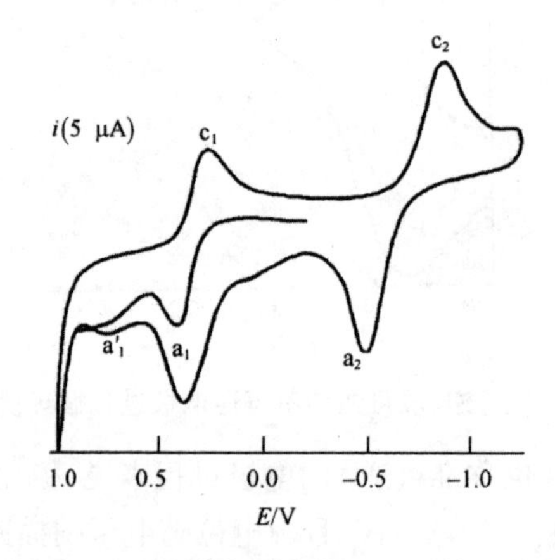

图 4-17　玻碳电极上的 CuMP 的 CV 图

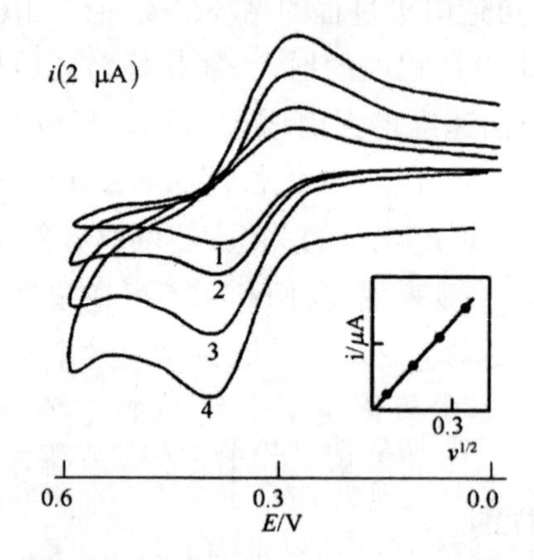

图 4-18　[CuMP]=3.1 × 10^{-4} mol/L 的 CV 图

1— v =10 mV/s; 2— v =20 mV/s; 3— v =50 mV/s; 4— v =100 mV/s

循环伏安法还可以用于研究配合物与 DNA 的作用①；图 4-19 中表

① 徐桂云，焦奎，李延团，等．丁二酮肟双核铜配合物与 DNA 相互作用的电化学研究 [J]. 高等学校化学学报，2007(1):49-52.

示的是 Cu（Ⅱ）配合物及其与小牛胸腺 DNA（CT-DNA）作用的循环伏安图。配合物的伏安曲线显示，有 CT-DNA 存在时，伏安曲线的峰电流明显降低（图 4-19 中 b），且随着 CT-DNA 的增加。伴随着峰电流的降低，阴极峰和阳极峰电位均发生位移，这是由于金属配合物与大量的 DNA 分子结合，致使扩散速度减慢，根据 $i_{pc}/i_{pa}=1.01$，$\Delta E_p=59$ mV，且峰电流与扫速的平方根呈直线关系，说明这是一个扩散控制的单电子可逆过程。对于类似现象，还有些研究表明，DNA 与配合物相互作用引的 CV 曲线峰电流降低，是因为配合物与 DNA 的碱基结合形成非电活性物质，使溶液中具有电活性的游离配合物浓度降低所致。

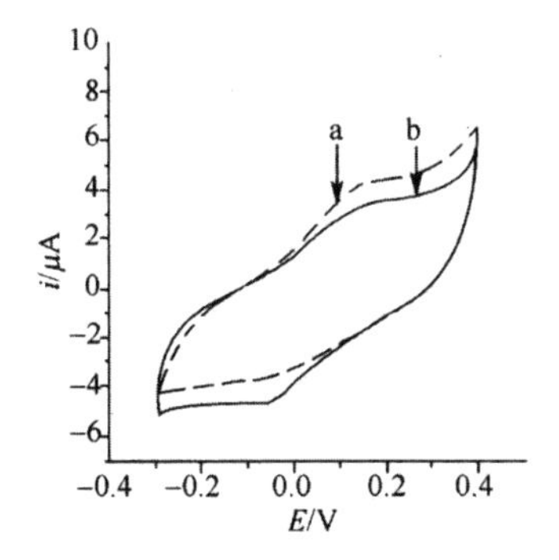

图 4-19　配合物 [Cu（pta）C_{12}]（a）及配合物与 CT-DNA 作用（b）的 CV 曲线

南开大学柴建方等[①]对双吡唑烷ⅣB 族金属羰基配合物的电化学特性进行了系统的研究。依据 CV 曲线的数据表明，吡唑环上的取代基明显地影响到双吡唑金属羰基配合物金属中心的峰电位 $E_{1/2}$。给电子取代基能增强配体的配位能力，使金属中心离子的 $E_{1/2}$ 减小，而吸电子取代基减弱配体的配位能力则使中心离子的 $E_{1/2}$ 增大。

哈桑（Hassan）研究小组[②]2008 年研究合成了双核 [{Cu(phen)$_2$}$_2$(μ-CH_3COO)][PF_6]$_3$ 配合物，通过循环伏安图谱（图 4-20）的分析发现，其中的双核铜在氧化曲线中表现为 Cu（Ⅱ / Ⅰ）的准可逆过程，但是其还原曲线在 0.544 V 和 0.135 V 处却显示为 Cu（Ⅱ，Ⅱ / Ⅱ，Ⅰ）和 Cu（Ⅱ，

① 柴建方，唐良富，贾文利，等．双吡唑烷ⅥB 金属羰基配合物的取代基效应与电化学性质研究 [J]. 高等学校化学学报，2001(6):943-946.

② Hadadzadeh H , Fatemi S J A , Hosseinian S R , et al. Synthesis, structure, spectroscopic, magnetic and electrochemical studies of a rare syn-anti acetate-bridged copper(II) complex[J]. Polyhedron, 2008, 27(1):249-254.

Ⅰ/Ⅰ,Ⅰ)两个单电子过程,表明其双核金属的化合价为 Cu(Ⅰ)、Cu(Ⅱ)的混合价态。

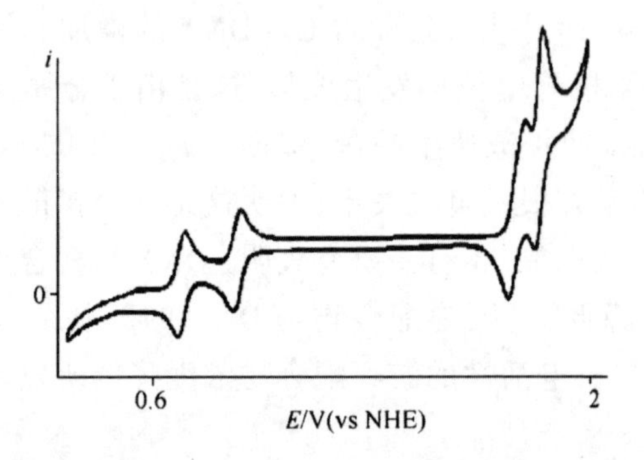

图 4-20 配合物 $[\{Cu(phen)_2\}_2(\mu-CH_3COO)][PF_6]_3$ 在以 0.1 mol/L TBAH 支持电解质的 CH_3CN 溶液中的 CV 曲线

染料敏化太阳能电池由于成本较低,近年来被认为具有取代硅太阳能电池的潜力。L.F.Xiao 等[①]合成了以 8- 羟基喹啉金属配合物为支链的聚噻吩配位聚合物 $PZn(Q)_2$-co-3MT、$PCu(Q)_2$-co-3MT 和 $PEu(Q)_3$-co-3MT,作为燃料敏化电池。经过对这些配位聚合物的循环伏安图谱(图 4-21)的分析,利用其氧化、还原电势可以计算出最高占有轨道(HOMO)和最低空轨道(LUMO)的能量和能隙(E_g):

$$HOMO=-(E_{Ox}+4.40)(eV)$$

$$LUMO=-(E_{Red}+4.40)(eV)$$

$$E_g=(E_{Ox}-E_{Red})(eV)$$

根据计算,三种配位聚合物 $PZn(Q)_2$-co-3MT、$PCu(Q)_2$-co-3MT 和 $PEu(Q)_3$-co-3MT 的能隙分别为 2.15 V、2.05 V、1.93 V,接受电子的能力依次增强,由此可知 $PEu(Q)_3$-co-3MT 更适宜做光电器件的材料。

另外利用从配合物 CV 图上得到的起始氧化电势并结合其紫外吸收谱,也可以计算出配合物分子的 HOMO、LUMO 能量以及能隙 E_g。

① Xiao L, Liu Y, Xiu Q, et al. Novel polymeric metal complexes as dye sensitizers for Dye-sensitized solar cells based on poly thiophene containing complexes of 8-hydroxyquinoline with Zn(II),Cu(II) and Eu(III) in the side chain[J]. Tetrahedron, 2010,

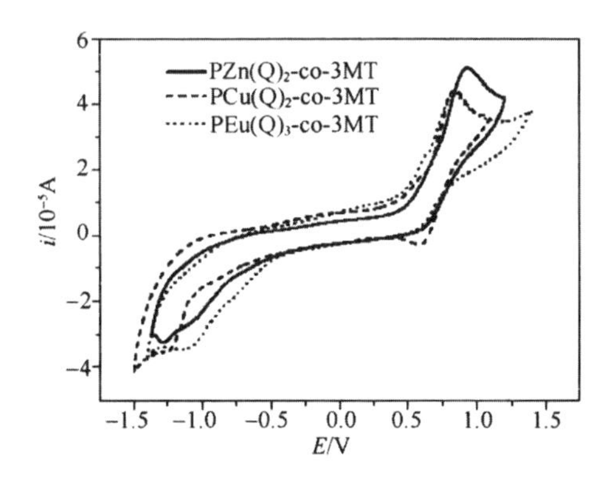

图4-21 配合物 $PZn(Q)_2$-co-3MT、$PCu(Q)_2$-co-3MT 和 $PEu(Q)_3$-co-3MT 在以 $[Bu_4N]BF_6$ 为支持电解质的 DMF 溶液中的 CV 曲线，ν =100 mV/s

4.2.3 配合物化学修饰电极的应用

4.2.3.1 化学修饰电极

电化学反应一般是在电极表面附近进行的，因此电极表面性能如何是非常重要的因素之一。由于受电极材料种类的限制，如何改善现有电极的表面性能，赋予电极所期望的性能，便成了电化学工作者研究的新课题。

化学修饰电极（Chemical Modified Electrode）是在传统电化学电极基础上发展起来的新研究方向。主要是利用化学和物理的方法，将化学性质优良的分子、离子、聚合物等固定在电极表面，从而改变或改善了电极原有的性质，实现电极的功能设计。使某些预定的、有选择性的反应在电极上进行，以提供更快的电子转移速度。在分子水平上尝试修饰化学电极并研究其相应的电化学性质改变是在20世纪60年代到70年代初。“化学修饰电极”的命名，是默里（Murray）及其研究小组用共价键合方法对电极表面进行修饰时首次提出的。1989年，国际纯粹与应用化学联合会（International Union of Pure and Applied Chemistry，IUPAC）对化学修饰电极给出定义：化学修饰电极是由导体或半导体制作的电极，在电极的表面涂敷了单分子的、多分子的、离子的或聚合物的化学物质薄膜，借法拉第（Faraday）反应（电荷消耗）而呈现出此修饰薄膜的化学的、电化学的以及光学的性质。

目前，化学修饰电极在电催化、电化学合成、电化学传感器、电色显示等各方面应用广泛。

4.2.3.2 修饰方法

修饰电极常用的方法有吸附、沉积、共价键合、聚合物膜、无机物修饰型等。

（1）吸附法包括物理吸附（如 Langmuir-Blodgett，LB 膜）和化学吸附（如自组装膜 Self Assembling，SA 膜）。被吸附物可以是电活性的也可以是非电活性的，或是含有 π 键的共轭烯烃及芳环类有机化合物，以及能与特定基底电极作用的化合物。通常用到的基底电极有玻碳电极、石墨电极、金电极。

（2）共价键合型修饰电极是通过化学反应键接特定官能团分子或聚合物。常用基底电极是碳电极、金属电极、金属氧化物电极等。键合方法是先将基底电极表面处理，然后引入化学活性基团，再将修饰物键合上去。

（3）聚合物膜可以吸附，也可以电聚合或涂上去。主要有氧化还原膜和离子交换膜。前者实际是由聚合物膜和配合物层形成。后者现在多用 Nafion（一种含电离基团的全氟化合物）作为离子交换基底。

4.2.3.3 配合物修饰电极的应用

配合物在电化学中的重要应用之一就是用来修饰电极。不同的修饰方法和修饰物，得到的电极性能、用途都不同。修饰后的电极由于其特殊性能，使得发生在电极表面反应的活化能降低，因此一些气体、有机物等在修饰电极上的氧化还原活性明显增强，如果被催化物质的浓度在一定范围内与电信号存在定量关系，那么对此类物质还可以进行定量的分析检测，由此被修饰的电极也可以用作分子探针和传感器。

例如，以铟锡氧化物（Indium Tin Oxides，ITO）薄膜电极作基底电极，将聚苯胺钌配合物 $[RuCl_3(PPh_2(CH_2)_4PPh_2)(py)]$ 通过电沉积修饰于电极上[①]，此电极对多巴胺有很好的催化氧化作用，并且由于多

① Ferreira M，Dinelli L R，Wohnrath K，et al. Langmuir-Blodgett films from polyaniline/ruthenium complexes as modified electrodes for detection of dopamine[J]. Thin Solid Films, 2004, 446(2):301-306.

巴胺在修饰电极上的氧化峰电位很小，因而许多金属离子和一些通常能与多巴胺共存的有机物质不干扰多巴胺的检测。当多巴胺的浓度在 1.2×10^{-3}~4.0×10^{-5} mol/L 时，其催化氧化的循环伏安图中峰电流与浓度呈线性关系（图 4-22），以此作为多巴胺定量测定的依据。

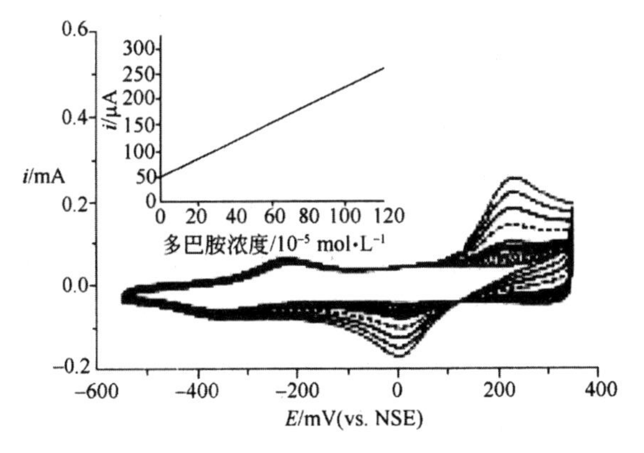

图 4-22 修饰电极上多巴胺浓度与峰电流的线性关系

有研究表明，用酞菁铁配合物制成碳糊修饰电极，可以对混合体系中的肾上腺素进行研究，而不受共存组分 Vc 和尿酸的干扰。[①] 实验证明，运用循环伏安法和差示脉冲法（Differential Pulse Voltammetry, DPV）在 pH=4 时，肾上腺素在修饰电极表面的氧化还原过程是可逆的[如图 4-23(a)，箭头所指]，若 pH 减小，修饰电极的催化活性就会降低。修饰电极增强了肾上腺素电催化氧化的可逆性，降低了它的超电势。

另外，由于三种物质的循环伏安曲线的阳极峰区分明显[图 4-23(a)]，差示脉冲曲线也显示了同样的结果[图 4-23(b)]，于是利用差示脉冲的阳极峰电流与各组分浓度的线性关系，在混合体系中对三种物质同时进行了测定，其中肾上腺素的检测下限可以低至 5×10^{-7} mol/L。

此外，配合物修饰电极还能用于无机离子的分析检测。Salimi 等[②]

① Shahrokhian S, Ghalkhani M, Amini M K. Application of carbon-paste electrode modified with iron phthalocyanine for voltammetric determination of epinephrine in the presence of ascorbic acid and uric acid[J]. Sensors & Actuators B Chemical, 2009, 137(2):669-675.

② Salimi A, Mamkhezri H, Mohebbi S. Electroless deposition of vanadium-Schiff base complex onto carbon nanotubes modified glassy carbon electrode: Application to the low potential detection of iodate, periodate, bromate and nitrite[J]. Electrochemistry Communications, 2006, 8(5):688-696.

制备了以席夫碱钒(Ⅳ)配合物结合碳纳米管修饰的玻碳电极,用来测定阴离子BrO_3^-、IO_4^-、IO_3^-、NO_2^-,灵敏度高,检测限低至10^{-7} mol/L。总之,随着科学技术的发展,配合物修饰电极的研究和应用显示出越来越重要的意义。

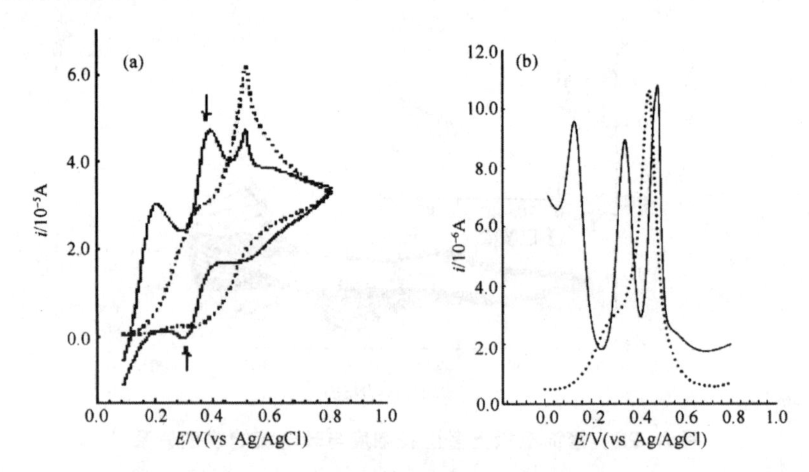

图 4-23 (a)混合体系中的未修饰电极(虚线)和修饰电极(实线)CV 图;(b)混合体系中的未修饰电极(虚线)和修饰电极(实线)DPV 图

4.3 配位聚合物的磁性能

磁性来自流动的电荷,例如线圈中的电流。在没有电流存在的物质中,仍然有磁相互作用。原子由一直运动的带电粒子(质子和电子)组成,原子中可以产生磁场的过程如下:

· 核自旋。有些核,如氢核有可以产生磁场的净自旋。

· 电子自旋。电子有两种自旋状态(向上和向下)。

· 电子轨道的运动。电子绕核运动可以产生磁场。

这些磁场之间以及与外磁场之间都有相互作用。但是,这些相互作用中有些很强,有些可以忽略不计。

核自旋相互作用的测量在核磁共振谱(NMR)和电子自旋共振谱(ESR)中用来分析化合物。在很多情况下,与核自旋作用产生的影响很小。

电子自旋之间的相互作用对于像锕系这样的重元素是最强的，这称为自旋－自旋偶合。对于这些元素，这种相互作用可以改变电子轨道的能级。

电子的自旋与其轨道运动之间的相互作用称为自旋－轨道偶合。自旋－轨道偶合对于许多无机化合物的能级有重要的影响。

宏观的效应，如一块磁铁的吸引，主要源自化合物中未成对的电子数目和它们的排布，各种不同的情况为物质的不同磁状态。

4.3.1 物质的磁状态

（1）抗磁性。抗磁性物质中所有的电子都成对，净自旋为零。磁铁对抗磁性物质有弱的排斥作用。抗磁化作用是一种非常弱的磁化作用，仅在有外磁场存在的情况下才表现出来。这是电子轨道运动在外磁场中的变化而引起的。这种诱导磁矩很小并且与外磁场的方向相反。

（2）顺磁性。顺磁性物质中具有未成对的电子，顺磁性物质可以被磁铁吸引。顺磁化作用使原子磁偶极矩倾向于与外磁场的方向相一致，磁偶极矩是由量子自旋和电子轨道角动量引起的。

（3）铁磁性。铁磁性物质中也具有未成对的电子，它们通过铁磁偶合过程而取向一致。铁磁性物质，如铁，能被磁铁强烈地吸引。铁磁化作用是物质能显示出自发磁化作用的一种现象，是一种最强的磁化作用。这种现象的表现是，物质如铁（钴和镍）在磁场中被磁化，磁场被移走以后仍然保持其磁化作用。

（4）亚铁磁性。亚铁磁性物质中同样具有未成对的电子，其中一部分方向向上，一部分方向向下，这就是亚铁磁性偶合。由于亚铁磁性物质中的一些自旋的取向是沿着一个方向的，所以这种物质能被磁铁吸引。

（5）反铁磁性。当自旋方向相反的电子数目相等时，该物质被磁铁强烈地排斥。这被定义为反铁磁体。

（6）超导体。超导体由于被穿过其的磁场排斥，超导体的这一性质，又称 Meissner 效应，用于检测超导状态的存在。

4.3.2 与外磁场的相互作用

当物质置于磁场中，物质内的磁场将是外磁场和物质本身产生的磁

场的总和。物质内的磁场称为磁感应。用符号“B”表示

$$B = H + 4\pi M$$

式中，B 为磁感应；H 为外磁场；π=3.141 59；M 为磁化作用(物质的一种性质)。

磁场(H)的单位通常为高斯(G)或特斯拉(T),1 特斯拉 =10 000 高斯。

为数学和实验方面的方便起见,该式常写成

$$B = 1 + 4\pi M = 1 + 4\pi \chi_V$$

式中,χ_V为体积磁化率($\chi_V = M / H$)。

(1)磁化率。磁化率是物质对磁场响应程度的物理量。质量磁化率可以用符号“χ”来表示

$$\chi = M / J$$

式中,J 是物质单位质量内的磁偶极矩,A/m。

如果 χ 是正值,该物质为顺磁性,磁场会因该物质的存在而加强。如果 χ 是负值,该物质为抗磁性,磁场会因该物质的存在而削弱(表 4-1)。

表 4-1　一些物质的磁化率

物质	χ_V /10^{-5}	物质	χ_V /10^{-5}
铝	+2.2	氢	−0.000 22
氨	−1.06	氧	+0.19
铋	−16.7	硅	−0.37
铜	−0.92	水	−0.90

之所以命名体积磁化率(χ_V)是因为 B、H 和 M 等都是单位体积的物理量。但是,这导致体积磁化率是没有单位的物理量。用磁化率比用磁化度方便,因为抗磁性物质和顺磁性物质的磁化率与外磁场的强度 H 无关。

有多种不同形式的磁化率,主要的两种是质量磁化率(χ_ρ)和摩尔磁化率(χ_m)

$$\chi_\rho = \chi_V / \rho \ (\mathrm{m^3/kg})$$

$$\chi_m = \chi_V M_a / \rho \ (\mathrm{m^3/mol})$$

式中，ρ 是物质的密度，kg/m^3；M_a 是物质的摩尔质量，kg/mol。

表 4-2 列出了几种常见物质的质量磁化率，表 4-3 是根据磁性质进行的物质分类。

表 4-2　几种常见物质的质量磁化率

物质	χ_ρ /（10^{-8} m^3/kg）	物质	χ_ρ /（10^{-8} m^3/kg）
铝	+0.82	氢	−2.49
氨	−1.38	氧	+133.6
铋	−1.70	硅	−0.16
铜	−0.107	水	−0.90

表 4-3　基于磁性质的物质分类

分类	χ 对磁场 B 的依赖	对温度的依赖	磁滞现象	例子	χ
抗磁性	不	不	不	水	-9.0×10^{-6}
顺磁性	不	是	不	氨	2.2×10^{-5}
铁磁性	是	是	是	铁	3 000
反铁磁性	是	是	是	铽	9.51×10^{-2}
亚铁磁性	是	是	是	$MnZn(Fe_2O_4)_2$	2 500

（2）有效磁矩。磁相互作用的另一个量度是有效磁矩 μ，即

$$\mu = 2.828\left(\chi_m T\right)^{1/2}$$

式中，μ 为有效磁矩；χ_m 为摩尔磁化率；T 为温度。

μ 的单位是波尔磁子（BM）。1 BM=9.274×10^{-24} J/T。有效磁矩是一种很方便的物质磁性的测量，因为抗磁性物质和顺磁性物质的有效磁矩与温度和外磁场的强度都无关，因此，可以检测物质的磁化度、磁化率和有效磁矩与物质结构的关系。

配合物的磁性起源于未满电子层中电子的自旋和轨道角动量。伴随着这种顺磁性，总是存在较小的抗磁性效应。这种抗磁性是由于在外磁场作用下电子的旋进运动而产生的。

4.3.3 抗磁性

抗磁性是所有物质的一个根本属性，它起源于成对电子与磁场的相

互作用。对于电子壳层完全充满的物质,其抗磁性是非常重要的;对于电子壳层未完全充满的物质,由于内部仍然有许多填满的内壳层,其磁化率也有已填满壳层的抗磁性成分,因此抗磁性是所有磁介质所共有的性质。抗磁性的另一个重要特征是它的大小不随温度和场强而变化。这是因为诱导磁矩只依赖于闭壳层中轨道的大小和形状,而与温度无关。此外抗磁磁化率还具有加和性,即分子的抗磁磁化率等于组成该分子的原子与化学键抗磁磁化率之和。抗磁性比顺磁性低几个数量级,因此,通常情况下,抗磁性容易被顺磁性所掩盖。

4.3.4 顺磁性

决定顺磁性行为的最重要的结构特征是化合物中的未成对的电子数目。顺磁性化合物的磁矩(仅有自旋)表示如下

$$\mu = g\left\{S\left(S+1\right)\right\}^{1/2}$$

式中,μ 为有效磁矩;g=2.002 3;S=1/2(一个电子),1(两个电子),3/2(三个电子)等。

该式中有时 g=2,这样不会带来很大的误差,因为简单的“仅有自旋”是一种合理的近似,但常常不精确。

将电子的自旋和轨道运动都考虑进去,则

$$\mu = \left\{4S\left(S+1\right)+L\left(L+1\right)\right\}^{1/2}$$

式中,μ = 有效磁矩;S=1/2(一个电子),1(两个电子)等;L = 总轨道角动量。

这一公式仅对具有很高对称性的分子才适用,因为在这样的分子中未配对电子的轨道能量是简并的。

4.3.5 铁磁性、反铁磁性和亚铁磁性

运用有效磁矩来描述顺磁性行为的优势在于这种磁行为的测量不依赖于温度和外磁场的强度。建立一套统一的标准同时适用于铁磁性、反铁磁性和亚铁磁性物质是不可能的。

所有这三类物质可以认为是顺磁性行为的特例。顺磁性行为的描述建立在每个分子都相互独立的假设上。这里所讨论的物质有这样一

个情形：一个分子所产生的磁场方向受相邻分子所产生的磁场方向的影响，换句话讲，它们的行为是偶合的。如果这种偶合方式在磁场中总是方向一致时，是铁磁性物质，这种偶合称为铁磁性偶合。反铁磁性偶合是指在磁场中两个自旋相反的方向上具有相同的电子数目。亚铁磁性偶合是指在磁场中两个自旋相反的方向中的一个方向上具有比另一个方向上多的电子。

有些例外，磁矩的取向在整个物质中是不一致的。特定的区域，又称为畴，会形成不同的取向。偶合分子中畴的存在将引起在下文中所描述的几种磁行为。

在外磁场存在下，分子倾向于取向一致的趋势，加强了物质的磁化度。这就是为什么铁磁性物质和亚铁磁性物质的磁化率在数值上会高于顺磁性物质几个数量级的原因。这也得出一结论：这些物质的磁化率与外磁场的强度有关，这一点与抗磁性和顺磁性物质是一样的。

对于铁磁性物质，一个已知的磁偶极矩（未配对电子）所感受到的实际场强用“H_t”表示，得到一个与上述磁感应类似的式子

$$H_t = H + N_w M$$

式中，H_t 为电子所感受到的场强；H 为外磁场的场强；N_w 为分子场常数，大约为 10 000；M 为磁化强度。

运用这一公式是因为对铁磁性物质的数学处理可以和顺磁性物质类似。该式中的分子场常数 N_w 是为了进行铁磁性偶合计算而定义的一个经验性常数。为了粗略地得到这一常数，需要进行量化计算，这种计算应考虑元素、它们在固体中的排布、电子的动能、核对电子的库仑引力和、与其他电子间的排斥力以及自旋相互作用等因素。

随着温度升高，分子振动会微扰磁畴结构。所以，这三种类型物质的磁性在低温时是最强的。在足够高的温度下，所有这三类物质都没有磁畴结构存在，因而在高温时变成顺磁性物质。对于铁磁性和亚铁磁性物质来讲，可以看到顺磁性行为的温度称为居里（Curie）温度，而对反磁性物质来讲，这一温度称为尼耳（Neel）温度。这也是为什么与温度无关的有效磁矩不能用来定义这些物质的原因。

即使在没有外磁场存在的情况下，磁畴中磁矩的取向也可以给物质一净磁矩。这就是永久磁体，如磁铁。对于在放入外磁场之前没有净磁矩的物质来讲，在放入外磁场之后，可能保持有净磁矩。这就是录音带

和计算机磁盘储存信息的基础。将磁化强度对磁场强度作图(磁场强度的变化是从一极向另一极,并再循环回来),可以定量地衡量这种记忆效应的大小,强的记忆效应该有一个宽的磁滞回线。

4.3.6 随温度变化的磁行为

随温度变化的磁行为的根源在于原子的热运动对分子磁矩取向的微扰。所以,抗磁性行为不随温度变化就不足为怪了。

(1)顺磁性作用。随温度的升高,顺磁性物质的磁化率下降。

一般的顺磁性化合物,磁化率与温度成反比。它们被称为“正常顺磁体”,其磁性主要是由永久磁矩的存在而引起的。这就是居里定律,其数学形式如下

$$\chi = C/T$$

$$C = N_A g^2 b^2 / 4k$$

式中,χ 为磁化率;C 为 Curie 常数;T 为温度;N_A 为阿伏加德罗常数;g 为电子因子;b 为玻尔磁子;k 为玻耳兹曼常数。

对于大多数的顺磁性化合物,这种反比例的关系都可以观察到。但外推到零度时,就不再遵守居里定律了,而遵守居里-外斯定律

$$\chi = C/(T-\theta)$$

式中,χ 为磁化率;C 为物质特殊的居里常数;T 为热力学温度,单位:开尔文;θ 为居里温度,单位:开尔文。

(2)铁磁性和亚铁磁性作用。随着温度的升高,铁磁性和亚铁磁性物质的磁化率同样也是下降。但是,磁化率对温度的曲线与顺磁性物质的不同。顺磁性物质的曲线是正曲率,而铁磁性物质的曲线是负曲率,大致的形状如图 4-24 所示。

当达到了居里温度时,曲线的曲度就会发生变化。在居里温度时,铁磁性和亚铁磁性化合物变成顺磁性的。居里温度的变化范围可以从 Gd 的 16 ℃到 Co 的 1 131 ℃。

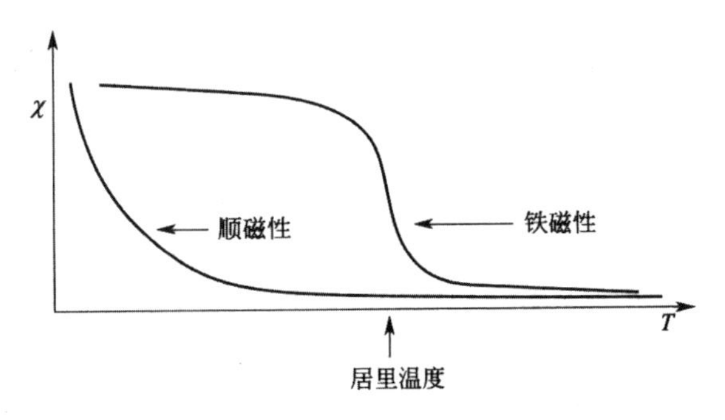

图 4-24 顺磁性和铁磁性物质 χ -T 曲线的粗略示意

（3）反铁磁性作用。反铁磁性化合物的磁化率是随着温度的升高而升高，一直到其临界温度，也就是尼耳温度。在尼耳温度以上，这些化合物也变成顺磁性的化合物。尼耳温度的变化范围可以从 $MnCl_2 \cdot 4H_2O$ 的 1.66 K 到 α $-Fe_2O_3$ 的 953 K。

4.3.7 磁性在配合物中的应用

一般配合物的磁性由以下几个因素决定：未成对电子数、配位场的强度和对称性、光谱项的基态和较高态等。所以了解了配合物的磁性，可以初步确定配合物金属离子的价态、配位场的强弱和配合物的立体化学构型等。

（1）利用磁性确定中心离子的价态。

比较测定出的磁矩和中心离子原有的外层电子数，在很多情况下，可以决定中心离子的价态，特别是在需要多种方法共同决定价态情况下，磁化率的测定可起很大的作用。例如曾用磁化学方法确定 Ag（Ⅲ）配合物的存在。有人制取了组成为 $[Ag(Enbigh)_2]X_3$ 的配合物，Enbigh 是乙基二胍，其结构式为

```
H2C—NH         NH
 |      \      ‖
 |       C═N—C—NH2
 |      /
H2C—NH
```

$X = NO_3^-, ClO_4^-, OH^-$

此配合物在 20 ~ 40℃条件下是完全稳定的，经磁化率测定是抗磁性。从 Ag 的电子结构分析为 $4d^{10}5s^1$，可能是 Ag（Ⅰ），亦可能为 Ag（Ⅲ）。而从配合物外界有三个负一价阴离子来看，应为 Ag（Ⅲ），是 $4d^8$，与

Ni^{2+} 相同，所以该配合物是进行 dsp^2 杂化，符合抗磁性的结论。再从摩尔电导（20℃时测定）数值看为 445 Ω^{-1}，也是三价离子的特征。

又如对简单的铜配合物，从磁矩数值可以确定其价态，Cu（Ⅰ）是 $3d^{10}$ 构型，其配合物必然为抗磁性，而 Cu（Ⅱ）是 $3d^9$ 构型，一定是顺磁性的，其磁矩约为 1.8 ~ 2.0 B.M.。

不过根据磁矩确定中心离子价态仅是一种方法，为了可靠起见，最好几种方法同时论证，否则会出现偏差。如 Fe^{2+} 的喹啉配合物，其 μ_{eff} =5.6 B.M.，这与 Fe^{3+} 的高自旋配合物 μ_{eff} =5.9 B.M. 很接近，所以仅从磁矩确定价态还欠稳妥。

（2）判断配体是弱场还是强场，即中心离子的电子排布是高自旋还是低自旋。

如 Mn^{2+} 是 d^5 构型，当它形成不同配合物时，5 个 d 电子排布方式是不一样的。当 Mn^{2+} 与 dipy 形成配合物 $[Mn(dipy)_3]Br_2$，其 μ_{eff} =5.92 B.M. 而 $[Mn(CN)_6]^{4-}$ 的 μ_{eff} =1.73 B.M.。说明 dipy 是弱场，Mn^{2+} 中五个 d 电子是高自旋排布，而后者 CN^- 是强场，五个 d 电子呈低自旋排布。

（3）利用磁性确定配合物立体化学构型。

由磁性确定配合物的立体化学构型有两种途径，一是由未成对电子数推断配合物形状，另一是估计轨道贡献受配位体影响的程度。下面讨论配合物的立体化学构型与电子构型、磁性的关系，见表 4-4。应该指出，仅由未成对电子数推断立体化学构型并不一定完全可靠，还必须与其他方法结合全面考虑。

表 4-4　配合物的立体化学、电子构型与磁性的关系

立体构型	电子构型	单电子数	实例	预期磁性
规则的 O_h	$d\varepsilon^3$	3	$[Cr(H_2O)_6]^{3+}$	~纯自旋磁矩 3.87 B.M.
	$d\varepsilon^3 d\gamma^2$	5	$[FeF_6]^{3-}$	~纯自旋磁矩 5.92 B.M.
	$d\varepsilon^6 d\gamma^2$	2	$[Ni(H_2O)_6]^{2+}$	~纯自旋磁矩 2.83 B.M.
稍畸变的 O_h	$d\varepsilon^1$	1	$[Ti(H_2O)_6]^{3+}$	有轨道贡献使 μ >1.73 B.M.
	$d\varepsilon^2$	2	$[V(H_2O)_6]^{3+}$	有轨道贡献使 μ >2.83 B.M.
	$d\varepsilon d\gamma$	3	$[Co(H_2O)_6]^{2+}$	有轨道贡献使 μ >3.87 B.M.

续表

立体构型	电子构型	单电子数	实例	预期磁性
规则的 T_d	$d\gamma^2$	2	$[FeO_4]^{2-}$	~纯自旋磁矩 2.83 B.M.
	$d\gamma^2 d\varepsilon^3$	5	$[FeCl_4]^-$	~纯目旋低矩 5.92 B.M.
	$d\gamma^4 d\varepsilon^3$	3	$[CoCl_4]^{2-}$	因旋－轨偶合作用较大，有相当大的轨道贡献 μ >3.87 B.M.

又如 Co(Ⅱ)的配合物，大多数是高自旋 d^7 构型的 O_h 配合物。如 $[Co(H_2O)_6]^{2+}$ 基谱项为 ^4T_1g，μ_{eff} =5.0 B.M.（少数有低自旋的，例如 $K_2Ba[Co(NO_2)_6]$　μ_{eff} =1.88 B.M.）。T_d 配合物的基谱项为 $^4A_2$，$[CoCl_4]^{2-}$ μ_{eff} =4.4 B.M.。还有少量平面正方形的配合物如 $[Co(Sale)]^{2+}$ 的 $\mu_{eff}\approx 2 \sim 2.6$ B.M.。从磁矩数据可以区分 Co（Ⅱ）的平面正方形配合物，而对八面体（高自旋）配合物和四面体都有 3 个成单电子数，如何区别呢？表 4-5 给出一些实验数据来说明问题。

表 4-5　Co（Ⅱ）的 O_h 和 T_d 的磁矩

O_h 配合物	μ_{eff}（B.M.）	T_d 配合物	μ_{eff}（B.M.）
$[Co(H_2O)_6]Cl_2$	4.94	$(pyh)_2[CoCl_4]_2$	4.74
$[Co(H_2O)_6](ClO_4)_2\cdot 6H_2O$	4.93	$(pyh)_2[CoBr_4]_2$	4.67
$[Co(NH_3)_6](ClO_4)_2$	5.04	$Hg[Co(SCN)_4]$	4.33
$[Co(py)_6](ClO_4)_2$	4.87	$[CoCl_2,2(C_2H_5)_3P]$	4.48
$[CO(dipy)_3](ClO_4)_2$	4.86	$[CoCl_2Py_2]$	4.62

由表 4-5 实验数据可知，Co（Ⅱ）的 O_h 所具有的有效磁矩值是在 4.8 ~ 5.1 B.M.，而对于 T_d 的配合物观察到的则是较低的 4.3 ~ 4.7 B.M. 数值。这是可以理解的，因 O_h 配合物由显著的轨道贡献，μ_{eff} 接近于 5.2 B.M.，而 T_d 的配合物基谱项为 $^4A_2$，仅是旋－轨偶合引起的较高能态的 $^4T_2$ 与之混合而对磁矩产生贡献，所以数值上肯定比 O_h 配合物的小，但仍然大于按 μ_s 计算值。综上所述，对于具有立方对称性的 Co（Ⅱ）的配合物磁性研究，可以预料是否存在着四面体或八面体配合物。

同样，对 Ni（Ⅱ）的配合物也可应用磁性判断其立体构型。如平面正方形配合物是反磁性的。八面体配合物，其基谱项为 ^3A_2g，磁矩范围是 2.8 ~ 3.25 B.M.，而四面体配合物的磁矩为 3.2 ~ 3.5 B.M.，个别的

$[NiCl_4]^{2-}$ 还要高，μ =4.1 B.M.，这是因为在四面体配合物中基谱项为 $^3T_1$，轨道角动量没有完全冻结，对磁矩作了贡献，所以也有可能从观察的磁矩来预测 Ni（Ⅱ）的配合物的立体构型。

4.4 配位聚合物的光化学性能

光反应是有机化学和无机化学中普遍存在的一种现象。在光的辐射下，化合物的结构和电子性质会发生改变，光诱导电荷分离或光作用下的顺－反式异构化过程都是很好的例子。结果，就可能发生具有或没有滞后现象的相转变。如果光诱导的新相具有足够长的寿命以及不同的光和（或）磁性质，同时这些变化可以容易地用光或磁的手段监测，则该类物质就具有作为开关或显示器等器件的潜力。

4.4.1 光化学过程

当分子吸收光子以后，紧跟着就有迅速的振动弛豫过程，这使分子达到一个与其电子激发态相关的平衡的几何构型。在每一个激发态，都存在着几个过程之间的竞争，这几个过程是物理过程、辐射过程（荧光、磷光）、非辐射过程（内转换、系间穿越）以及失活的化学反应模式（图4-25）。

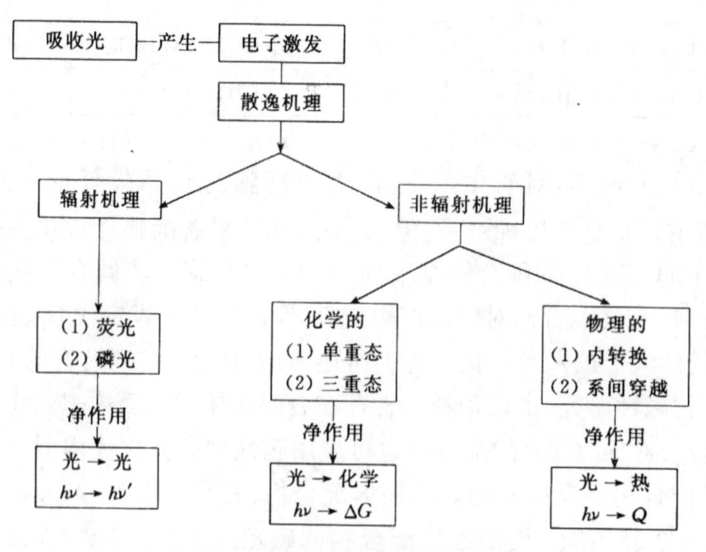

图 4-25 分子光化学过程示意图

利用过渡金属构建超分子体系有以下几个优势。

（1）相对于简单的有机分子而言，d轨道的参与可以提供较多的成键模式和构型的对称性。

（2）通过不同的辅助配体，可以在较宽的范围内调整电子和立体性质。

（3）通过运用不同长度的桥联配体，可以容易地修饰所预期的超分子体系的尺寸。

（4）可引入有特色的光谱、磁性、氧化还原性质、光化学和光物理性质。

而且，过渡金属中心所具有的配位键角的多样性以及配体和金属之间成键的高度方向性，也提供了比弱静电作用、范德华力和 π－π 相互作用更多的优点。另一个有趣的方面是：在溶液中，由热力学驱动的各个分子组分能自组装成完好的结构，这与配位化学和生物学中的很多现象相当类似，这使得过渡金属配合物在模拟较复杂的生物体系方面很有价值。

4.4.2 人工光合作用

对廉价和清洁能源日益增长的需求刺激了能有效转化太阳能的新颖化学体系的开发。迄今为止，自然界的光合作用是最清洁和最有效的过程。它包含了收集可见光的发色团（天线）组合、电荷分离系统和氧化还原中心。所有这些元素（天线、电荷分离和反应中心）都含有过渡金属。过渡金属配合物在模拟更复杂的化学体系方面的应用，是因为它们具有丰富和多样的光化学反应过程。

（1）捕获光能的天线。捕获光能的天线是一种有组织的多组分系统，其中发色团分子系列吸收入射光并提供将激发态能量转移给一般接收组分的通道。天线效应仅当超分子排列在空间、时间和能量区域等方面都合理时才能获得。每一分子组分都必须能吸收入射光，由这一途径获得的激发态必须能在进行辐射或非辐射的去活过程前将电子能量转移给邻近的组分。作为能捕获光能的天线的发色团的候选者之一是卟啉和酞菁类，以及绿色植物中天然叶绿素的合成替代物（图4–26）。

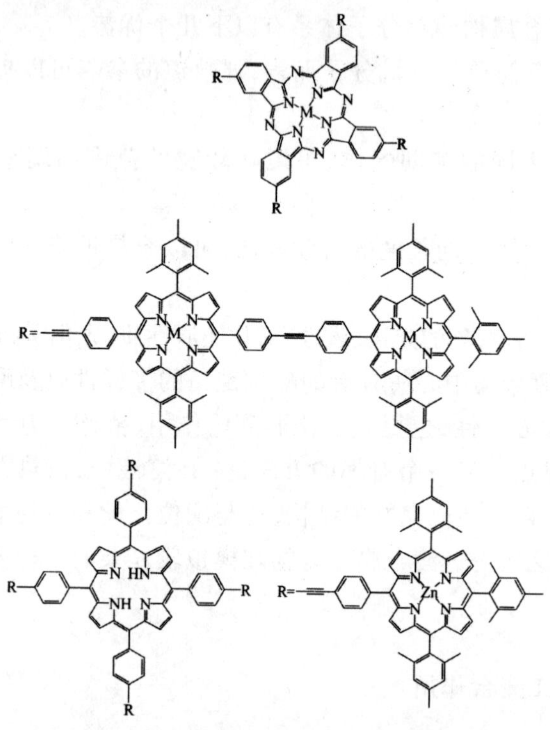

图 4-26　作为光吸收天线的卟啉和酞菁类物质

卟啉的特点是摩尔吸收系数高和向系统中其他部分的电子或能量转移快，可以作为大超分子体系中的建构单元。

另一类广泛研究的人工天线是金属树枝状化合物和基于多吡啶配体的多金属类配合物。由于钌(Ⅱ)和锇(Ⅱ)多吡啶配合物高的摩尔吸收系数，光稳定性和激发态性质使其有很好的前景(图 4-27)。

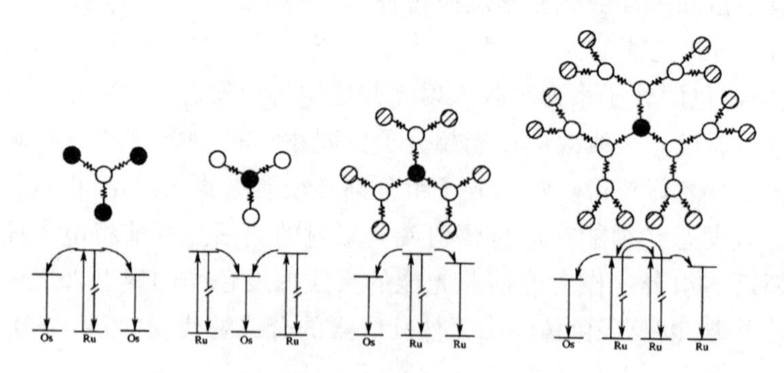

图 4-27　几种 Ru^{II} 和 Os^{II} 的多吡啶树枝类配合物的结构示意以及表示能量转移的能量图

钌中心为○和⊘，而锇中心为●，为清楚起见，端配体省略

（2）电荷分离系统。一旦太阳能被捕获并聚集在反应中心，它一定转化成更有用的形式，即化学能。当系统中形成的电荷分离状态具有足够的寿命时，这一目标才能实现。显然，在这样的结构中，电荷再结合是很容易的。为了减慢再结合过程，有必要引入附加的反应步骤将电荷移得更远一些。最简单的途径就是引入第二供体（D′）和第二受体（A′）（图4-28）。

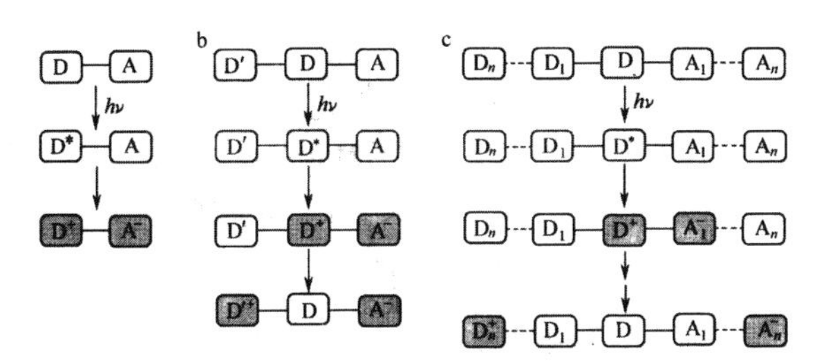

图4-28　包含第二供体和第二受体的电荷转移途径示意图

二茂铁－卟啉－富勒烯三组分系统能有效地进行光诱导电荷分离，例如，$Fe\text{-}ZnPH_2P\text{-}C_{60}$（图4-29），其电荷分离状态的寿命长到380 ms。

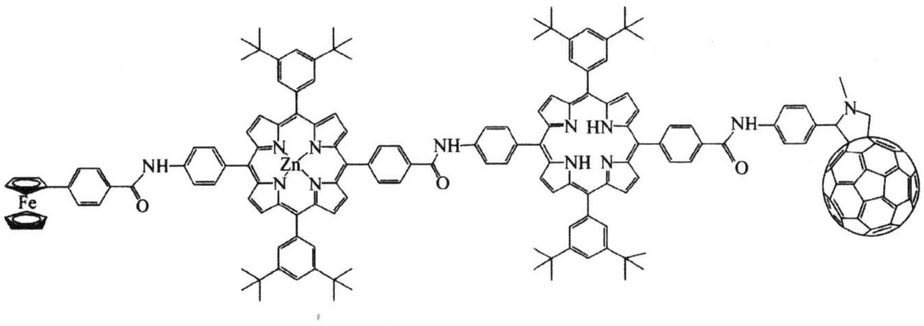

图4-29　$Fe\text{-}ZnPH_2P\text{-}C_{60}$的分子结构示意图

第 5 章　储氢材料及其他储存材料

氢是自然界最丰富的元素之一，且氢气与氧气反应的唯一产物是对环境无污染的水，这是化石燃料所无法比拟的。由于化石燃料的日渐枯竭及其在消耗过程中带来的严重环境问题，发展新型高效洁净能源的要求越来越迫切，科学家正在寻求新的替代能源来取代传统化石燃料。氢作为现代文明三大支柱之一的能源，一直受到人们的广泛关注。

5.1 概　述

5.1.1 氢气的获得与存储

氢能源的开发利用受到各国的广泛关注。氢具有高挥发性、高能量，是能源载体和燃料，同时氯在工业生产中也有广泛应用。现在工业每年用氢量为 5 500 亿立方米，氢气与其他物质一起用来制造氨水和化肥，同时也应用到汽油精炼工艺、玻璃磨光、黄金焊接、气象气球探测及食品工业中。氢能在 21 世纪有可能在世界能源舞台上成为一种举足轻重的二次能源它是一种极为优越的新能源，有无可比拟的潜在开发价值。

未来适用的制备 H_2 的廉价方法主要有三种，第一种方法为电解水制氢，电解水制氢这种方法本身从技术上来讲已完全成熟，需要解决的是清洁廉价的电能来源。获得这种清洁廉价的电能可以利用可控的热核聚变发电、太阳能光伏发电、风能发电等。第二种制备 H_2 的方法是利用“红螺菌、红鞭毛杆菌”等微生物在代谢过程中产生 H_2。第三种制备 H_2 的方法是利用太阳能光解水直接产生 H_2。在氢能源的利用过程中，首先面临的两个最为重要的问题是：①氢气的获得；②氢气的存储。图

5-1是氢能具体的利用过程。

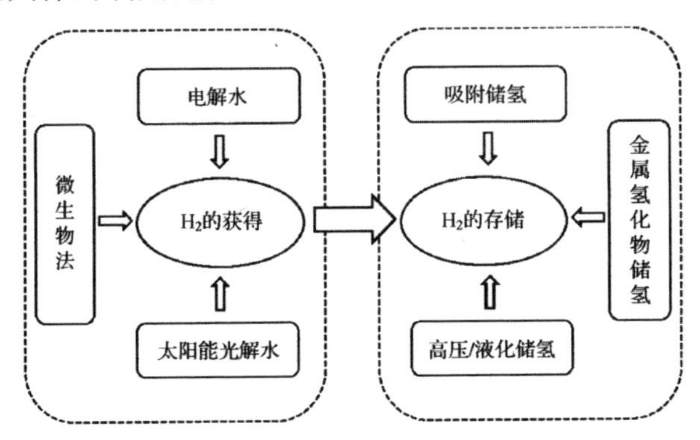

图5-1 氢能具体的利用过程

目前,用于吸附储氢的吸附剂主要有:分子筛、活性炭、多孔配位聚合物等。

配位聚合物又称金属-有机骨架结构化合物(metal-organic frameworks, MOFs)。自从2003年首次报道MOFs的储氢性能研究以来,微孔配位聚合物作为一种很有发展前途的储氢材料正在受到全球范围的极大关注。美国的Yaghi、日本的Kitagawa、法国的Férey等多个研究小组在微孔配位聚合物的合成、结构和储氢性能研究方面取得了令人瞩目的重要成果,重量储氢密度已达到7.03%(273K)、7.57%(243K)。相对于传统的多孔材料,如沸石或活性炭,微孔配位聚合物兼有无机材料和有机材料的优点,尤其是这类材料可以通过调控构筑单元的结构得到特定性能的吸附储氢材料,从而实现定向设计及合成。

自从2003年Yaghi课题组首次报道MOFs的储氢性能研究以来,大量的MOFs储氢材料被合成出来,MOFs储氢材料的相关研究论文迅速增加。从MOFs的分子结构设计、合成途径到MOFs储氢机理研究,各方面的基础研究均取得了快速发展,进入实际应用阶段指日可待。

5.1.2 甲烷储存

以甲烷为主要成分的天然气在自然界储量丰富,约占地球上石化燃料总量的2/3。所有烃类中,甲烷具有最大的H/C比,燃烧释放每单位的热量,甲烷产生的CO_2量最少。此外,相对煤、柴油和汽油这些燃料,天然气燃烧效率高,燃烧后无粉尘生成。因此,天然气被认为是一种重要的优质清洁能源。天然气的利用在应对石油资源日益枯竭、减少CO_2大量排放、保护生态环境等多方面具有重大意义。[①] 近年来,天然气取代柴油和汽油作为汽车燃料的概念引起了人们极大的重视。天然气汽车的推广面临的最大障碍是缺乏安全、经济、有效的车载天然气存储方法。

一般状态下,甲烷以气体形式存在,体积能量密度只有0.036 MJ/L,远低于一些传统燃料,如汽油(34.2 MJ/L)和柴油(37.3 MJ/L)。为提高甲烷体积能量密度,天然气通常采用高压或液化的方式存储。对于高压存储,天然气以超临界状态存储在室温、200个大气压(20.265 MPa)以上的压力下,体积能量密度可以达到9.2 MJ/L,这种方法已经应用到天然气汽车上。液化方法是常压、112 K下将天然气冷凝成液态存储。液态天然气体积能量密度可以达到22.2 MJ/L。这些天然气存储方法虽然容易实现并且在技术上已经成熟,但都存在存储过程能耗大、安全性低等问题。通过多孔吸附剂对天然气进行存储是近年来的一个研究热点。这种天然气存储方式所需的压力较小,同时可以在室温下进行,具有经济性好、使用方便、安全性高等优点。

最近,美国能源部对吸附剂材料提出了一个极具挑战性的天然气存储目标:在室温下,体积上存储密度不低于0.188 g/cm^3,相当于吸附剂的体积储存能力需要达到263 cm^3/cm^3;质量上存储密度不低于0.5 g/g,相当于吸附剂的质量储存能力需要达到700 cm^3/g。近年来,人们对沸石、多孔碳材料以及MOF等多孔材料已开展了大量甲烷储存方面的研究。

2008年,Zhou课题组报道了由Cu_2(—COO)$_4$单元与含蒽环的四羧酸配体adip4-构筑的具有nbo拓扑的[$Cu_2(H_2O)_2$(adip)][H_4adip=5,5'-(9,10-蒽基)二-间苯二甲酸](PCN-14)。77K下N_2吸附显示PCN-14的Langmuir比表面积为2 176 m^2/g,孔体积0.87 cm^3/g。在20℃、3.5 MPa下PCN-14的甲烷吸附量高达230 cm^3/cm^3,这一吸附量在过去很长时间里是MOF材料甲烷吸附量的最高纪录。PCN-14对甲烷的吸附热约30 kJ/mol,表明甲烷与PCN-14框架存在着很强的相互作用,这个强相互作用被认为是配体上引入了大芳香环,孔道结构由纳

① 付俊娜.基于二羧酸配体金属—有机框架的构筑及性质研究[D].青岛:青岛科技大学,2018.

米尺寸孔笼构成以及孔道表面具有配位不饱和金属离子活性位点这几方面原因共同导致的。

HKUST-1 是受关注与研究最多的 MOF 材料之一，其框架是由 $Cu_2(—COO)_4$ 单元与三羧酸配体 btc3。相互连接形成的具有 tbo 拓扑的三维网络结构。在 HKUST-1 中有三种类型的八荀体形孔笼，孔径分别为 0.5 nm、1.0 nm 和 1.1 nm。这些八面体形孔笼通过共用面的形式相互堆积形成 HKUST-1 的三维孔道结构。移除客体和配位水后，HKUST-1 孔表面具有配位不饱和金属离子活性位点。77K 下 N_2 吸附显示 HKUST-1 的 BET 比表面积为 1 850 m^2/g，孔体积为 0.78 cm^3/g。已有多个课题组研究过 HKUST-1 的甲烷高压吸附，然而，报道的数据不完全一致，这可能是样品合成方法与活化方式存在差异导致的。最近，Hupp 等重新测试了 HKUST-1 的甲烷高压吸附，结果显示 HKUST-1 具有很高的甲烷吸附存储能力，超过当时其他已知 MOF 材料。在 25℃、3.5 MPa 下 HKUST-1 的甲烷吸附量为 227 cm^3/cm^3，在 25 ℃、6.5 MPa 下其吸附量高达 267 cm^3/cm^3。尽管其基于质量的吸附量只有 0.216 g/g，但 HKUST-1 基于体积的甲烷吸附量已经超过了美国能源部的目标。然而，这一体积上的甲烷吸附量是基于 HKUST-1 完美单晶密度计算得到的。实际上，粉体堆积后形成的吸附剂的密度将明显降低。为了提高 HKUST-1 的堆积密度，他们通过加压将粉末样品压制成片状样品。然而，加压后样品的甲烷吸附能力明显下降，表明 HKUST-1 的多孔结构在加压过程中已遭到部分破坏。

最近 Chen 课题组发现在配体上引入 Lewis 碱性的吡啶和嘧啶氮原子导致 MOF 对甲烷吸附存储能力上升。其中，配体上含有嘧啶氮原子的 UTSA-76 在 25 ℃、6.5 MPa 下吸附量达到了 257 cm^3/cm^3（见图 5-2）。尽管基于质量的吸附量只有 0.263 g/g，但 UTSA.76 在 0.5 ~ 6.5 MPa 的有效甲烷工作吸附量达 200 cm^3/cm^3，是目前最高纪录。NOTT-101 和 UTSA-76 同构，它们之间唯一区别为配体上部分位置分别是碳原子和氮原子，相同条件下 NOTT-101 的甲烷吸附量（237 cm^3/cm^3）相对低一些。他们认为 UTSA-76 配体的氮原子对甲烷吸附量提升起到重要作用，含氮原子的芳香环在高压下可以调整取向以优化甲烷的堆积，这一推测得到理论计算和中子散射实验结果的支持。

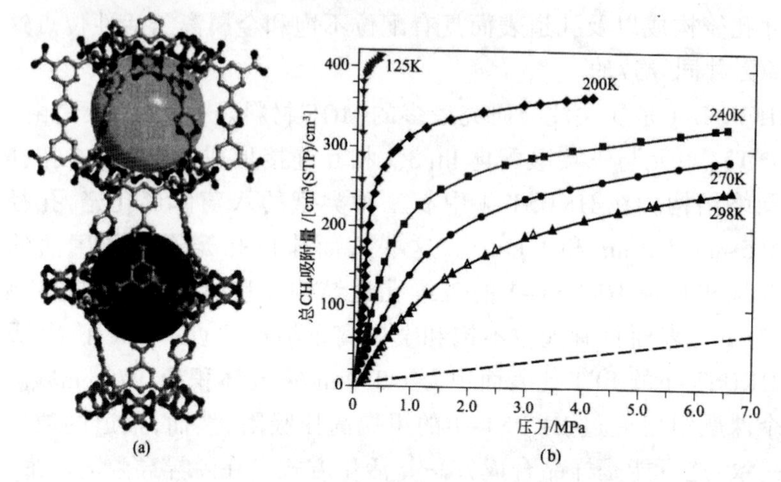

图 5-2　UTSA-76 的孔道结构与甲烷吸附等温线

5.2　配位聚合物储氢相关实验研究

5.2.1 MOFs 配位聚合物储氢性能研究方法

MOFs 储氢材料是由金属离子通过刚性有机桥联配体相互连接形成的具有微孔结构的晶态材料。非弹性中子散射(inelastic neutron scattering, INS)研究表明,吸氢位点通常位于过渡金属和有机配体附近。H_2 分子进入孔道中,与孔壁原子的势场能量叠加,孔壁原子与 H_2 分子之间产生作用力。当孔径大小与 H_2 分子的范德华半径相近时,它们之间的作用力最大。

要提高 MOFs 的储氢量,可以通过调整孔径的大小来实现。减小孔径,可以提高氢分子与孔壁之间的作用力,有利于增加储氢量;①但孔径也不能太小,否则每个孔只能容纳有限数量的 H_2 分子,氢吸附量反而下降。反之,如果孔径太大,孔壁与 H_2 分子之间的作用力减弱,孔洞内部将有部分"空闲"体积,造成空腔体积的"闲置浪费"。因此,要获得理想储氢性能的 MOFs,一般需要合成具有合适孔径大小,同时具有较大

① 赖文忠,戈芳,李星国.储氢材料的新载体——金属有机框架材料[J].大学化学,2010(03):3-8.

比表面的 MOFs。

目前,针对 MOFs 配位聚合物储氢性能的理论研究方法主要涉及以下三种。

（1）基于从头计算（ab initio）或密度泛函理论（density functional theory, DFT）的计算方法。这种计算方法主要用于研究 H_2 分子与 MOFs 间的结合能（吸附热, heat of adsorption）,能够很好地给出 H_2 分子吸附位置的相关信息。

（2）基于巨正则蒙特卡洛（Grand Canonical Monte Carlo, GcMc）的计算方法。这种计算模拟方法主要用于预测 H_2 分子在 MOFs 微孔中的吸附量。利用这种计算模拟方法较为准确地预测了一些 MOFs 体系的 H: 吸附性能。计算结果表明：在低压（0.1 bar,1 bar=10^5 Pa）下, H_2 吸附量主要与吸附热相关；在中等压力（30 bar）下, H_2 吸附量主要与 MOFs 的比表面相关；在高压（100 bar）下, H_2 吸附量主要与 MOFs 结构中的自由体积（free volume）相关。

（3）基于分子动力学（molecular dynamics）的计算方法。这种计算模拟方法主要用于预测 H_2 分子在 MOFs 微孔中的动力学行为,从而了解 H_2 分子在 MOFs 微孔中的吸附扩散过程。

上述三种计算方法的着眼点各有侧重,对一些 MOFs 体系储氢性能的理论预测有时需要用几种方法结合起来进行处理,会获得与实验结果更为吻合的结果。

5.2.2 Zn-RBDC 类配位聚合物

$[Zn_4O(RBDC)_3]_n$（RBDC= 取代芳香二元羧酸根）类配位聚合物可以看作是第三代开放式骨架结构的原型,比传统的分子筛具有一些明显的优点。从系列配位聚合物的合成看出,配位聚合物形成的孔道可以通过配体的调节来改变、修剪,因此形成的孔道结构特征就可以预测出来。Yaghi 等基于合成仑 $Zn_4O(1,4\text{-}BDC)_3]_n$ 配合物的经验,通过对 1,4- 苯二甲酸的修饰（见图 5-3）合成了系 N$[Zn_4O(RBDC)_3]_n$ 配合物,正如预期的一样,合成的配位聚合物具有类似的结构（见图 5-4）,由丁配体的长度以及占据空间体积的差异,合成的配位聚合物具有不同的孔洞性。

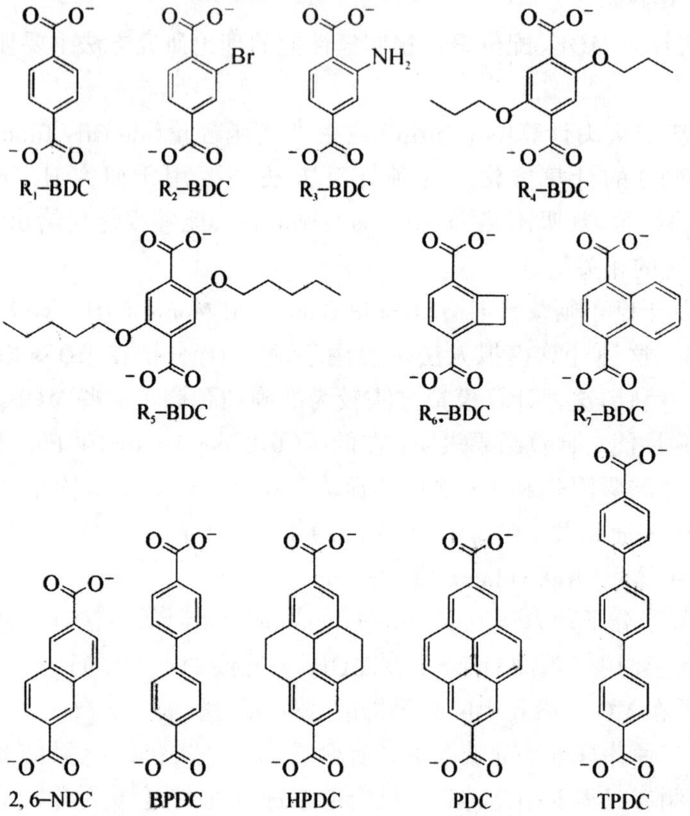

图 5-3　用于合成系列 $[Zn_4O(RBDC)_3]_n$ 类配位聚合物的芳香羧酸配体

合成的系列配合物含有溶剂分子，所以需要对样品进行处理。例如，用对苯二甲酸合成的配合物为 $[Zn_4O(BDC)_3\cdot(DMF)(C_6H_5Cl)]_n$（MOF-5），对样品的处理如下：将配合物加热到 350℃可以脱去 DMF 和 C_6H_5Cl，获得 $[Zn_4O(BDC)_3]_n$ 材料。这些配合物的结构特点为具有 Zn_4O 四面体顶点结构，每个 Zn 四面体的一条边由羧基戴帽形成一个 $Zn_4O(CO_2)_6$ 原子簇，然后扩展形成三维配位聚合物。这些配合物具有非常大的孔洞性。①

这些配合物具有结构上的稳定性，即在脱除客体分子后，配合物仍能稳定存在；完全溶剂化的配合物晶体于空气中 300 ℃加热 24 h，再用单晶 X 射线衍射测定发现晶胞参数未改变，晶体的结构骨架没有变化。

① 汤小丽．磺基苯甲酸－钯配合物的合成，结构及其性质研究[D].杭州：浙江大学，2014.

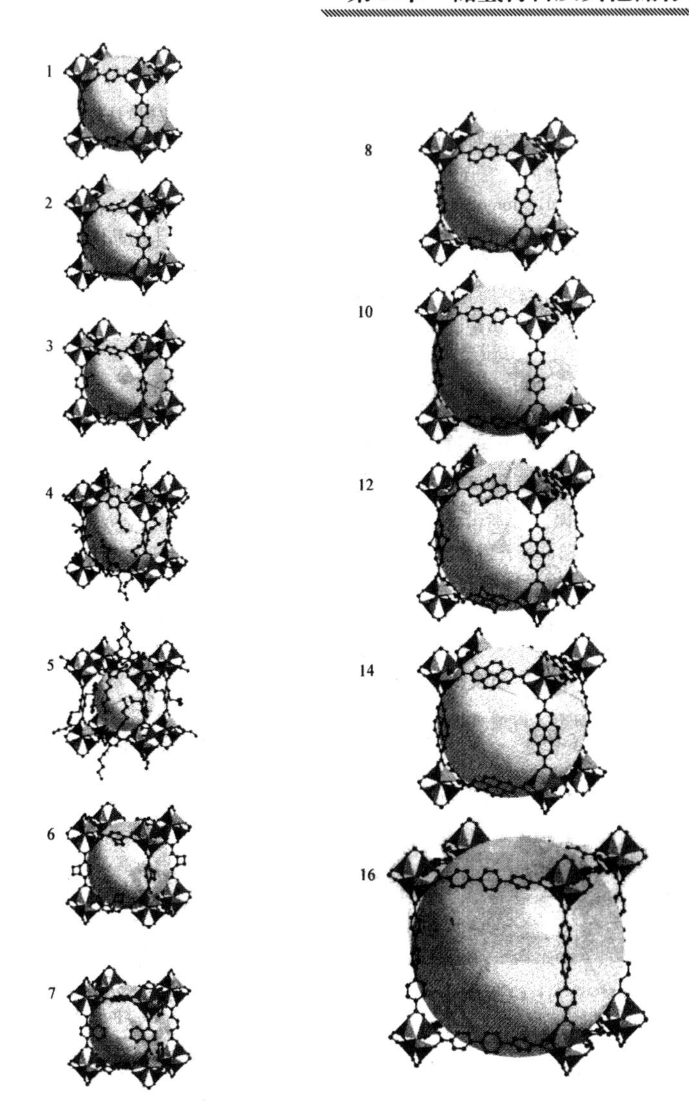

图 5-4 系列配合物 $[Zn_4O(RBDC)_3]_n$ 的结构

由于这些系列配合物具有较大的孔洞性，通过对从 CH_2Cl_2、$CHCl_3$、CCl_4、CO_2、C_6H_{12} 储气的吸脱附实验看出，吸脱附是可逆的。

虽然这些配合物具有很大的孔洞性，但我们有一点应十分明确，并不是孔洞越大，储气能力越高，如配合物 IRMOF-6 的孔洞比 $[Zn_4O(BDC)_3]_n$ 小，但前者储存甲烷的能力却比后者大。

5.2.3 $[Cu_3(TMA)_2(H_2O)_3]_n$ 配位聚合物

配位聚合物 $FCu_3(TMA)_2(H_2O)_3]_n$（TMA=1,3,5- 苯三甲酸根）是较早合成的具有金属有机框架结构的三维孔洞材料，其孔洞直径接近 1 nm，因此这一配合物的合成对于三维大孔配位聚合物的研究产生了较大影响。这个配合物的制备如下：1.8 mmol 的 $Cu(NO_3)_2 \cdot 3H_2O$，1.0 mmol 苯三甲酸，12 mL 水和乙醇(体积比 1∶1)在 23 mL 的密闭反应釜中 180 ℃下加热 12 小时，得到配合物 $[Cu_3(TMA)_2(H_2O)_3]_n$ 的晶体，产率为 60%。该配合物晶体的信息如下：化学式为 $C_{18}H_{12}O_{15}Cu_3$，相对分子质量为 658.9，立方晶系，空间群 $Fm\bar{3}m$，a=26.343（5）Å，V=18 280（7）$Å^3$，Z=16，d=0.96 9 · cm^{-3}，R_1=5.99%，w_{R2}=16.78%。该配合物结构见图 5-5 至图 5-8。

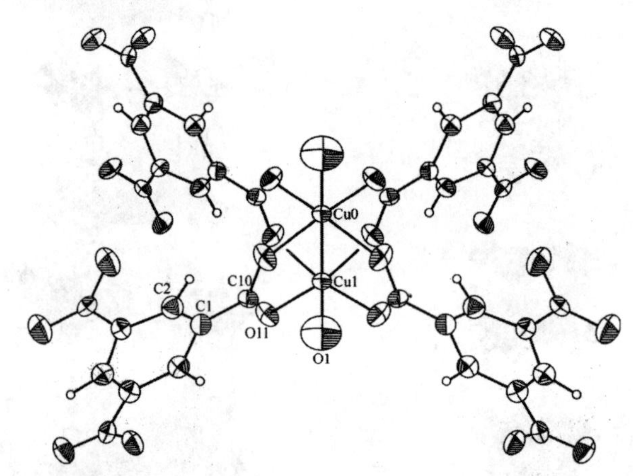

图 5-5　配合物 $[Cu_3(TMA)_2(H_2O)_3]_n$ 中的双核铜四羧酸根构造块

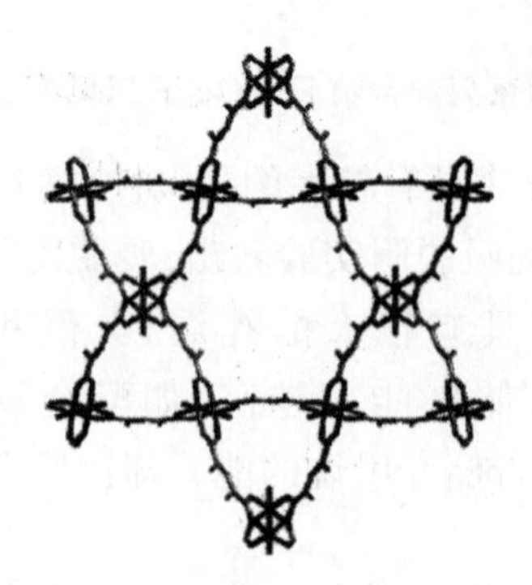

图 5-6　配合物 $[Cu_3(TMA)_2(H_2O)_3]_n$ 中的六角形构造单元

图 5-7　配合物 $[Cu_3(TMA)_2(H_2O)_3]_n$ 中的次级构造单元

图 5-8　配合物 $[Cu_3(TMA)_2(H_2O)_3]_n$ 的三维结构(图中显示出纳米孔道)

配合物通过双核四羧酸根 [Cu–Cu 距离 2.628(2)Å] 作为接头,再通过六角形构造单元与次级构筑块形成三维结构,形成的孔道有 9 Å × 9 Å。配合物有较高的热稳定性,加热到 240 ℃仍保持结构的稳定性。通过实验测定了吸收性能,孔体积为 0.333 cm^3/g,孔洞性为 40.7%。

5.2.4 配位聚合物 $[Cu(4,4'-bipy)_2SiF_6]_n$

利用中性配体(如 4,4'-bipy)来构造配位聚合物的研究非常多,其中 $Cu(4,4'-bipy)_2SiF_6]_n$ 是一个较为典型的例子(见图 5-9)。起始原料 $Cu(ClO_4)_2$、$(NH_4)_2SiF_6$、4,4'-bipy 利用多种溶剂通过溶液分层方法可以合成 $[Cu(4,4'-bipy)_2SiF_6]_n$ 配位聚合物,使用的溶剂可以是乙醇、乙二醇等。不同的溶剂和合成条件下,孔道中填充的客体分子有差异，但主体骨架不会变化。另外，值得注意的是，这个配位聚合物放置在空气中会逐渐失去晶体特征，变成粉末状固体，但无论是晶体还是粉末都有储存气体的能力，因此在从晶体变成粉末状产物后其孔道可能仍未垮塌，不过精细的实验研究发现，晶体特征与变成粉末的材料以及放置时间的差异会导致这个配合物的气体储存能力有差异。另外若不使用高氯酸铜，则合成产物可能复杂化，如若起始原料用醋酸铜会出现 $\{[Cu_2(CH_3COO)(OH)(H_2O)(4,4'\text{-bipy})](2H_2O)(SiF_6)\}_n$ 产物。①

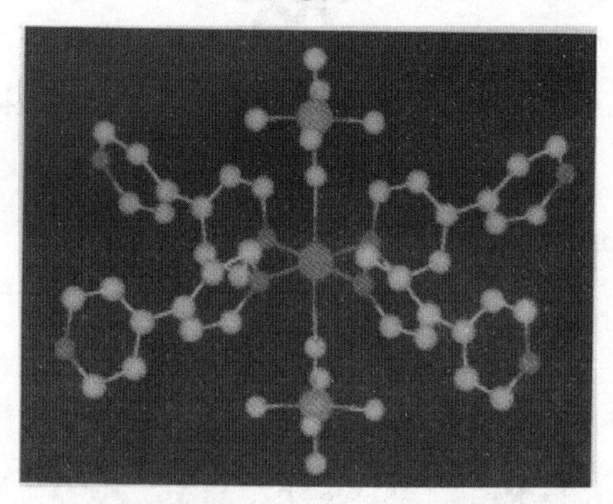

图 5-9　配合物 $[Cu(4,4'\text{-bipy})_2SiF_6]_n$ 的结构

这个配合物从不同方向观察，发现分别具有 8 Å×8 Å 和 8 Å×4 Å 的孔道特征（见图 5-10），研究表明，这样的孔道足可以容纳甲烷分子，因此可以用于甲烷等气体分子的储存。实验发现 $[Cu(4,4'\text{-bipy})_2SiF_6]_n$ 有很高的甲烷吸附量。在 36 个标准大气压、298 K 下 CH_4 吸附量为 6.5 mmol/g，作为对比 5 Å 分子筛在 36 个标准大气压下甲烷吸附量为 3.7 mmol/g（见图 5-11）。

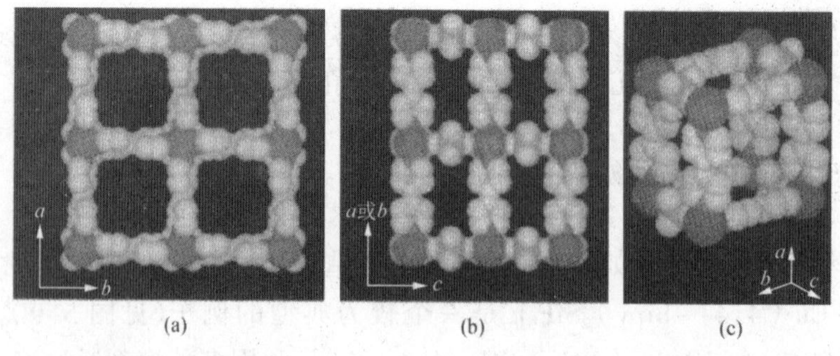

图 5-10　配合物 $[Cu(4,4'\text{-bipy})_2SiF_6]_n$ 的三维网络

① 高竹青．功能配位化合物及其应用探析[M]．北京：中国水利水电出版社，2015.

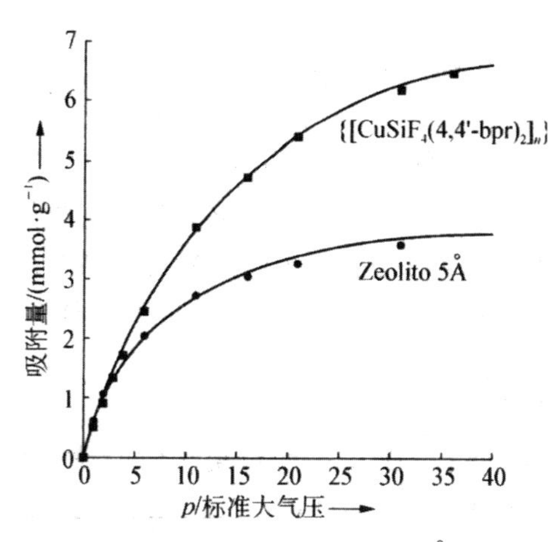

图5-11 配合物 $Cu(4,4'-bipy)_2SiF_6]_n$ 与5 Å分子筛吸附甲烷的比较

5.3 碳纳米管储氢材料

碳纳米管储氢的理论研究主要包括以下几个方面：碳纳米管具有高储氢容量的结构性原因；碳纳米管储氢的机理和过程(是物理吸附还是化学吸附抑或是两者兼而有之)；氢在碳纳米管中的存在形式、最大储氢量有多少等。[①]

碳纳米管储氢理论研究主要采取以下四种方法进行：①简单的几何学估算；②密度泛函等理论分析；③基于各种势函数的巨正则蒙特卡罗(Grand Canonical Monte Carlo)等方法模拟氢分子在碳纳米管中的吸附过程，主要是基于统计力学从氢分子和碳原子的物理相互作用角度研究氢分子在碳纳米管中的吸附过程；④采用分子动力学模拟和第一原理计算相结合的方法研究氢原子和单壁碳纳米管的碰撞反应过程。

5.3.1 简单的几何学估算

简单的几何学估算是指在石墨烯或者在碳纳米管中简单地排列氢分子，计算其可能的吸附量，这里主要考虑的是体系的几何形状因素。

① 赵力．多壁碳纳米管储氢的物理吸附与化学吸附特性[D].合肥：安徽大学，2003.

处于基态的氢分子，其动力学直径为 0.289 nm，形状基本上是球形，而且氢分子间的相互作用很弱。因为氢分子的动力学直径比石墨平面点阵常数（0.246 nm）大，所以氢分子在石墨烯片上的紧密排列可分为匹配排列与不匹配排列两种情况。其中不匹配排列只能在高压下观察到，如图 5-12 所示。计算结果表明，匹配排列的氢分子质量百分比为 2.8%，不匹配排列的氢分子质量百分比为 4.1%。

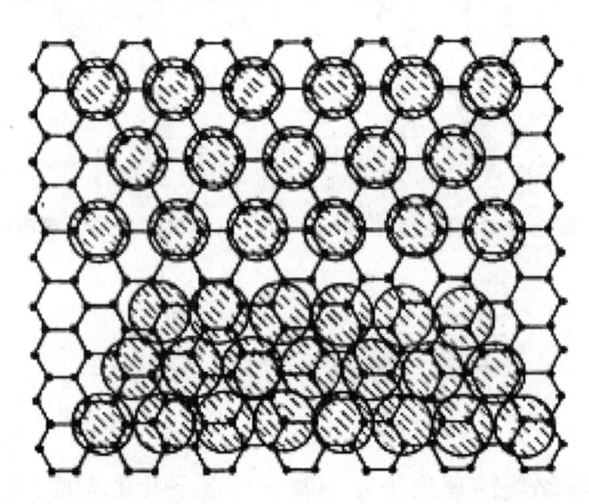

图 5-12　在石墨烯表面上单层氢分子的匹配（上部）与不匹配（下部）排列的相对密度

M.S.Dresselhaus 等在用简单的几何学估算方法计算氢的吸附量时提出了两条基本假设：①氢是一种可连续变形的流体；②动力学半径为 0.289 nm 的氢分子填满碳纳米管的内部和管壁之间的空间。对（10，10）碳纳米管进行计算得到的结果是，碳纳米管内部的氢吸附量为 3.3%（质量），管壁间的氢吸附量为 0.7%（质量），总吸附量为 4.0%（质量）。可以认为氢分子之所以能紧密排列，是因为在高压下（约 10 MPa）氢分子具有高压缩性且分子间有相互吸引作用（包括氢分子间和氢分子与碳原子间）。因此实际上在高压条件下氢的吸附量将比简单的几何学估算结果要高。

5.3.2 密度泛函法

如图 5-13（d）所示，当覆盖率（覆盖率是指氢原子数与碳原子数之比）为 1.0，所有氢原子都与碳原子形成化学键时，系统不稳定，经一段弛豫时间后形成如图 5-4（e）所示的稳定氢分子。此时管中氢分子的能量比气态氢减少了 2 eV 左右。这是由于碳纳米管中氢分子间和氢分子与碳纳米管壁间存在的排斥力所致。随着覆盖率增加，这一排斥力也随之增加，最终导致碳纳米管的破裂。当（10，10）碳纳米管中氢覆盖率为 2.0 时，碳纳米管和氢分子仍可稳定存在，由此推算得出碳纳米管的储氢量可达到 14.3%（质量）。

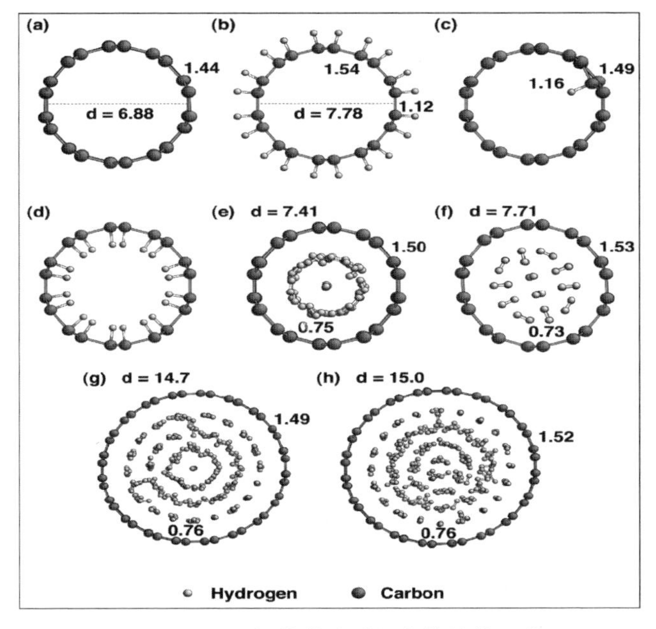

图 5-13 吸附氢的单壁碳纳米管结构示意图

用密度函数理论研究氢在碳纳米管中的存储，所得结果只能解释一种趋势，而不能得到最终的、能与实验相比较的结果。而且，这种方法仅适用于研究小体系而不能计算大体系，故所得结果大多只是定性的。①

5.3.3 计算机模拟

目前，普遍认为吸附有长程作用能和短程作用能，L-J 势属于前者、Tersoff-Brenner 势属于后者。但是，最新的 Tersoff-Brenner 势里也增加了长程作用因素。从吸附机理上看，长程作用导致物理吸附，而短程

① 张立波，程锦荣，赵力，等．碳纳米管储氢的计算机模拟研究[J]．安徽建筑工业学院学报（自然科学版），2004，12(2):34-34.

作用导致化学吸附。

V.V.Simonyan 等人得到的研究结果是，当单壁碳纳米管带有 ±0.1eV 碳原子的电荷时，其储氢量在室温下可提高 10% ~ 20%，在 77 K 下可提高 15% ~ 30%。

Q.Wang 结合多步路径积分混合蒙特卡罗(multiple-time step path integral hybrid Monte Carlo)和巨正则系综蒙特卡罗法直接计算了量子流体的吸附性能。为了检验量子作用的重要性，Q.Wang 也用经典方法进行了模拟。把经典环状聚合物中的珠子的个数定为常数，则上述方法就可用于经典模拟。巨正则系综蒙特卡罗方法考虑了吸附质粒子的三种运动：粒子的移动、粒子的产生和粒子的湮灭。其中分子的移动由多步路径积分混合蒙特卡罗算法计算，3 个步骤的执行概率分别为 0.1，0.45 和 0.45。

模拟时氢分子可看作是无结构的球形粒子。这一近似在适当的压强下对流体和固体氢都适合。模拟中氢分子与氢分子之间及氢分子与碳纳米管之间的相互作用分别采用 Silvera-Goldman 势和 Crowell-Brown 势描述。之所以选择这两种作用势，是因为它们明确考虑了石墨的各向异性。H_2-C 相互作用势的截断半径取 3.0 nm，然后分别对(9,9)和(18,18)碳纳米管束的储氢容量进行模拟，总吸附量为碳纳米管内部和碳纳米管间吸附量之和。(9,9)碳纳米管的直径为 1.22 nm，其内部可容纳一层吸附的氢分子和中心部位的一串氢分子；直径为 2.44 nm 的(18,18)碳纳米管可容纳三层同心圆吸附氢分子和中心部位的一串氢分子，如图 5-14 所示。

温度为 77 K 时，在低压部(9,9)碳纳米管的吸附重量百分比和体积百分比都比(18,18)碳纳米管高，这是因为在低压部分，(9,9)碳纳米管有比(18,18)碳纳米管更强的固体 - 流体作用能。随着压强增加，由于(18,18)碳纳米管可容纳吸附剂的体积比(9,9)碳纳米管大，(18,18)碳纳米管的重量储氢容量和体积储氢容量的增长比(9,9)碳纳米管明显。在 77 K 下，(18,18)碳纳米管束的管间吸附量占总吸附量的比例为 14%，而对(9,9)碳纳米管束来说，管间吸附量几乎可以忽略。(18,18)碳纳米管中固体 - 流体势在越过第一层吸附质后很快减小。这可从吸附质密度图看出(图 5-15)。

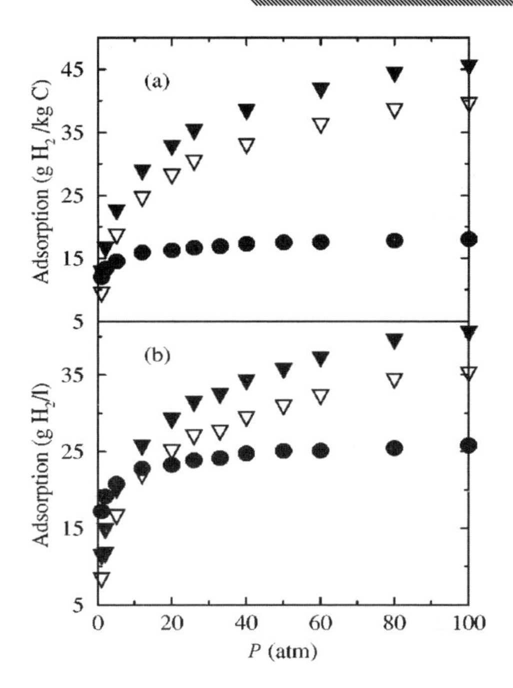

图 5-14　77 K 下单壁碳纳米管束的吸附等温线

(a)重量吸附量;(b)体积吸附量

图中实心圆覆盖了空心圆,因为这时实际上(9,9)碳纳米管束没有管之间的吸附量

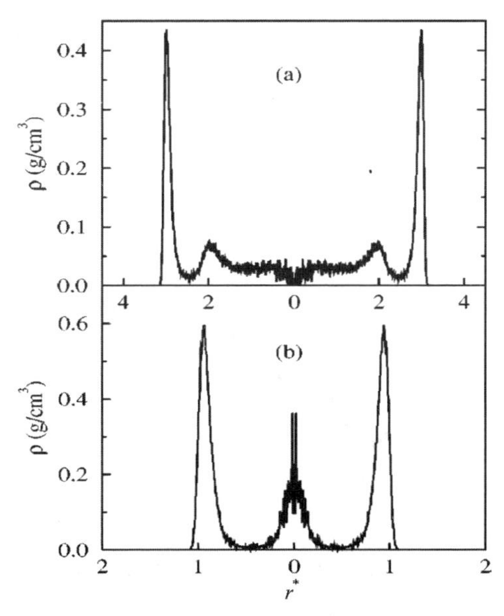

图 5-15　不同碳纳米管内 77 K,5 MPa 下的吸附质的密度表示图

(a)(18,18)碳纳米管;(b)(9,9)碳纳米管

为了检验量子效应的重要性，同时进行了经典模拟。发现在 77 K 下量子效应非常大，在 5 MPa 压力下，(9,9)碳管束储氢的经典模拟结果比量子模拟结果高出 17%，在碳管管壁之间的量子效应尤其明显。在 77 K，5MPa 条件下，采用经典模拟和量子模拟计算(9,9)碳管束管壁之间的储氢量，结果分别为 0.2 g 氢每千克碳管和 0.004 g 氢每千克碳管。

图 5-16 是 298 K 时(9,9)和(18,18)碳纳米管束的吸附等温曲线。随着温度升高，即使在 10 MPa 压力下，氢的吸附量也很小。高温使两种碳管吸附势的差距减小，这时吸附主要由可容纳吸附质的体积决定。因此，在整个压力范围内(18,18)碳纳米管束比(9,9)碳纳米管束的吸附量都高。管间的吸附对整个吸附的贡献，(18,18)碳管束是 15%，而(9,9)碳管束则不足 1%。与经典模拟结果比较发现，298 K 时碳纳米管管壁内部的量子效应不是很大，只比量子模拟高出 3% 左右。但是管壁间的量子效应还是很重要，经典模拟结果比量子模拟结果高出 40% 左右。

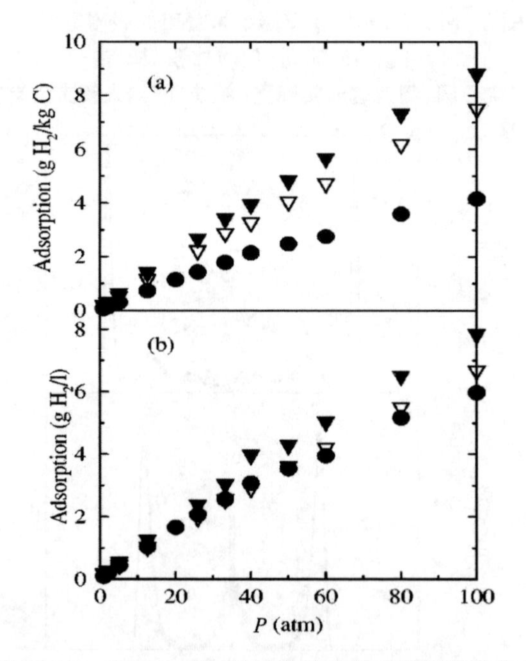

图 5-16　在 298 K 下单壁碳纳米管束的吸附等温线

(a)重量吸附图；(b)体积吸附量

图中实心圆覆盖了空心圆，因为这时实际上(9,9)碳管束没有管之间的吸附量

5.3.4 研究氢原子和单壁碳纳米管的碰撞反应过程

中科院解思深院士研究小组采用分子动力学模拟和第一原理计算相结合的方法研究了入射能量为 0.5 ~ 33 eV 的氢原子和(5,5)单壁碳纳米管的碰撞反应过程。通过对大量碰撞事件的统计分析发现:①当入射氢原子的能量小于 1 eV 时,氢几乎不可能吸附在单壁碳纳米管上;②入射能量在 1 ~ 3 eV 范围内,碰撞点靠近管壁六边形中的某一个碳原子时,氢原子化学吸附在管壁上的概率很大,形成外附式 H-SWNT 复合体,且碳原子间没有断键发生;③当入射能量为 4 ~ 14 eV 时,对所选取的碰撞点,几乎所有氢原子都从管壁弹开;当入射能量大于 14 eV 时,氢原子可以穿过管壁进入碳纳米管内部。进入碳纳米管内部后,氢原子或者被束缚于管内,形成内附式 H-SWNT 复合体,或者再次穿过管壁离开碳纳米管。理论模拟发现,入射能量在 16 ~ 25 eV 的氢原子被束缚于管内的概率可达到 27.3%。由氢原子碰撞引起的碳纳米管壁的断键损伤在室温下退火几个皮秒可以自行修复。此外,该研究组还对氢的另两种同位素"氘"和"氚"与单壁碳纳米管的碰撞反应过程进行了研究,也得到了类似的结论。基于上述结果,他们认为,可以采用超低能非平衡注入的方法将氢原子或氢的同位素注入单壁碳纳米管内部,由于碳纳米管具有极高的力学强度,因而可以达到很高的储氢密度。模拟计算显示,(5,5)碳纳米管内最高的储氢密度可以达到 142 kg/m^3,相当于 3.5%的质量效率。在碳纳米管内形成的高密度"氘"和"氚"分子的意义尤为重要,因为它可以用作核聚变的燃料,碳纳米管因此也可以作为储存核燃料的理想容器。

另外,解思深院士研究组还利用分子动力学模拟方法估算了单壁碳纳米管的内腔最大储氢能力,计算发现(5,5)、(9,0)和(10,10)单壁碳纳米管的内腔最大储氢体密度可以分别达到 142 kg/m^3、172 kg/m^3 和 172 kg/m^3,对应的质量效率分别为 3.5%、5.0%和 9.1%。对于直径在 0.7 ~ 3.3 nm 范围内的单壁碳纳米管,质量效率随纳米管直径的增大而线性增加,锯齿型单壁碳纳米管的质量效率大于相同直径的椅型纳米管的质量效率。当直径小于 2 nm 时,体密度与纳米管的螺旋度有关。随碳纳米管直径的增大,螺旋度的影响逐渐变小,体密度的增加幅度也逐渐减小,如图 5-17 所示。

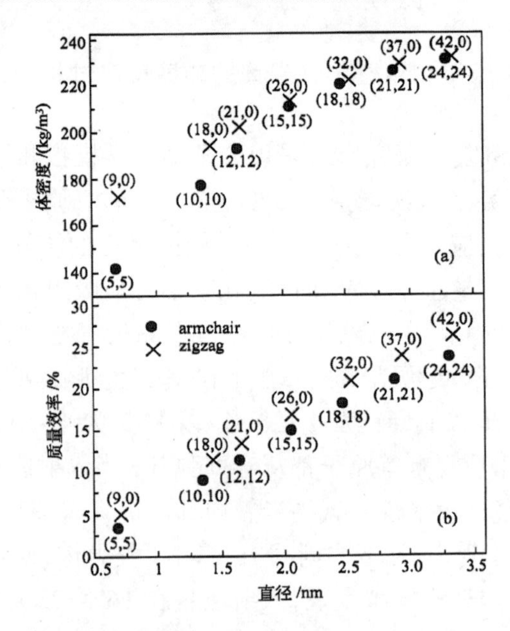

图 5-17 单壁碳纳米管的内腔储氢能力与管的直径和螺旋度的关系

(a)体密度;(b)质量效率

束缚于碳纳米管内的氢分子可以形成稳定的准一维流体,在低温下具有规则的准一维晶格结构(其结构取决于碳纳米管的直径和其中氢分子的密度),可以呈现轴相(axial phase)和由螺旋线组成的同轴局域化壳层相(shell-localized phase)等结构。

总之,就目前关于碳纳米管储氢的理论研究来看,所得结果的离散性较大,而且大部分结果表明在室温下碳纳米管的物理吸氢容量较低,无法对碳纳米管储氢的实验研究结果进行合理解释。其原因可能是在研究过程中势函数和计算方法的选择、模型建立等环节上与实际过程还存在偏差。

5.4 储氢配位聚合物的设计策略

多种因素影响 MOFs 配位聚合物的储氢性能。例如,孔径尺度与孔隙率、金属离子种类及其配位特征、桥联配体结构、孔道中的客体分子等多种因素决定材料的储氢性能。为了提高 MOFs 的重量(体积)储氢密度，需设计特定组成与结构的MOFs配位聚合物，且在设计过程中通常采取多种策略。

5.4.1 控制MOFs的孔径及孔隙率

当MOFs配位聚合物的孔径大小一定时，提高孔隙率能够增加其储氢能力。因此，特定孔隙率条件下，提高储氢性能的关键就是控制孔径尺寸大小。MOFs配位聚合物的储氢能力实质上是基于其骨架结构的孔壁原子与氢分子的相互作用。当MOFs配位聚合物的孔径与H_2分子的动力学直径（2.89）相当时，孔壁原子与氢分子的作用力最大；当MOFs配位聚合物的孔径远远大于H_2分子的动力学直径时，孔壁原子与氢分子的作用力反而减小；这时太大尺寸的孔洞只能吸附数量极为有限的氢分子，造成空腔体积的“闲置浪费”，从而使MOFs的重量（体积）储氢密度降低。因此，对于MOFs配位聚合物储氢材料，合适的孔径尺寸（appropriate pore size）是关键，并非洞越大越好。

通过选择不同的构筑单元（金属离子及桥联配体），可以控制MOFs配位聚合物的孔径大小。图5-18是几个具有不同孔径大小的MOFs配位聚合物，其中，$Zn_4O(ndc)_3$是Zn^{2+}与萘二酸组装成的具有孔洞结构的MOFs配位聚合物，孔径大小为18.0 Å；将萘二酸与较小尺度的羧酸桥联配体（bde，dabeo）替换，得到孔径大小为9.5 Å的配位聚合物$Zn_4(bdc)_2(dabco)$；以Al^{3+}与bdc组装，得到孔径大小为6.4 Å的配位聚合物Al（OH）（bdc）。表5-1是这些具有不同孔径尺寸的MOFs配位聚合物的储氢性能比较。结果表明，其储氢性能与MOFs的孔径大小密切相关。

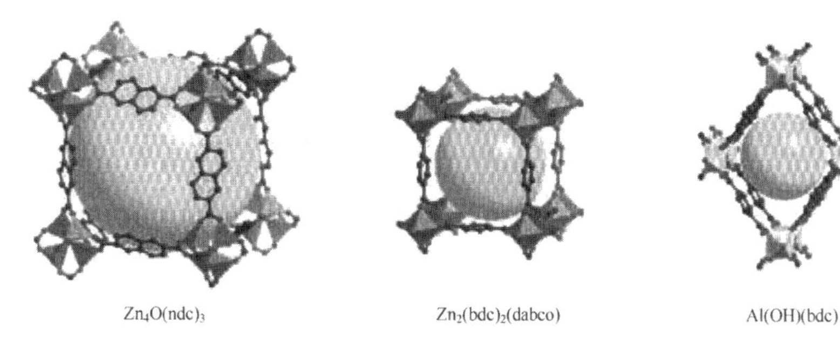

图5-18　具有不同孔径大小的几个MOFs配位聚合物

表 5-1　具有不同孔径尺寸的 MOFs 配位聚合物的储氢性能比较

MOFs	孔径 /Å	表面积 /($m^2 \cdot g^{-1}$)	H_2 吸附	条件
$Zn_4O(ndc)_3$, IRMOF-8	18.0	1 466	1.5	77 K, 1 atm
$Zn_2(bdc)_2(dabco)$	9.5	1 450	2.0	77 K, 1 atm
Al(OH)(bdc), MIL-53(Al)	6.4	1 590	3.8	77 K, 16 bar

注：ndc=2,6- 萘二酸，bdc- 对苯二甲酸，dabco=1,4- 二氮杂二环 [2,2,2] 辛烷。

5.4.2 客体注入

MOFs 的孔径大小直接影响其储氢性能，为了获得合适的孔径尺寸大小，Chae 等[①]设计了在大孔道 MOFs 中注入具有吸附 H_2 分子特性的适当尺度的客体，以改善 MOFs 的储氢性能。他们利用 C60 溶液浸泡 MOF-177，成功地将 C60 分子引入 MOF-177 的孔洞中，形成 C60@MOF-177，图 5-19 是利用 GCMC 法模拟的 C60@MOF-177 的结构。

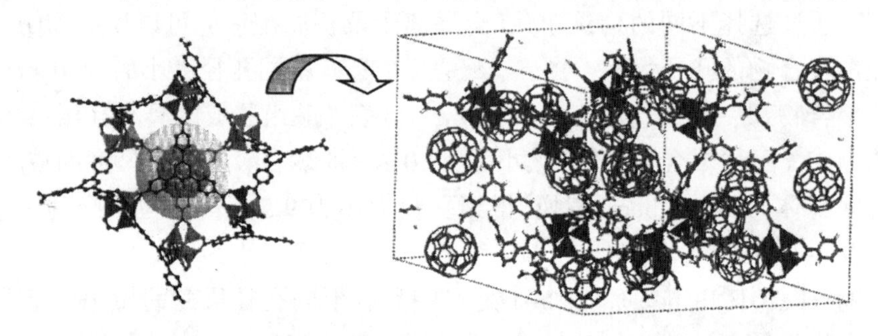

图 5-19　利用 GCMC 法模拟的 C60@MOF-177 的结构

C60 的注入改善了 MOF-177 的孔洞尺寸大小，使其对 H_2 的吸附作用力增加，在 300 K 时，C60@MOF-177 的重量储氢密度比 MOF-177 有所提高，但提高幅度十分有限。特别是在高压条件下，由于 C60 的注入，储氢量随压力的增大而增加趋缓。

① Chae H K, Siberio-Perez D Y, Kim J, et al. A route to high surface area[J].porosity and inclusion of large molecules in crystals.Nature, 2004, 427: 523-527.

5.4.3 骨架连锁

MOFs配位聚合物的拓扑结构可简要描述为三种类型：简单骨架(general framework)、贯穿编织(interweaving)和互穿网络(interpenetration)，后二者在文献中通常被称为骨架连锁(framework catenation)。通过构筑过程的精心设计，简单骨架结构可以转变为骨架连锁结构。为了控制MOFs配位聚合物的适当孔径尺寸，以获得理想的储氢性能，通过骨架连锁是理想的途径之一。利用这种策略可以将巨大孔洞的MOFs调整为适当孔洞尺寸的MOFs。图5-20是简单骨架结构转变为骨架连锁结构时，MOFs孔洞结构的变化。

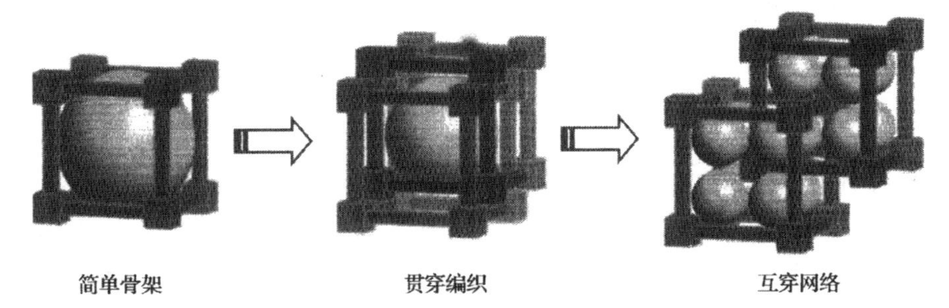

图5-20 简单骨架结构转变为骨架连锁结构时，MOFs孔洞结构的变化

Yaghi等①利用$Zn(NO_3)_2 \cdot 4H_2O$与4,4'-联苯二羧酸(4'-diphenyldicarboxylic acid)分别在特定条件下反应组装，制备了IFMOF-9(孔径大小：4.5 Å/6.3 Å/8.1 Å/10.7 Å)和IFMOF-10(孔径大小：16.7 Å/20.2 Å)，其中，前者具有互穿网络结构，图5-21是IFMOF-9和IFMOF-10的结构比较。互穿网络结构的形成使IFMOF-9与H_2分子的吸附焓增加，低温低压条件下H_2在孔洞中的密度比之在IFMOF-10中增加了80%。但是，在室温高压条件下，这一增加未能抵消掉互穿网络形成时损失的自由体积，总的储氢量并未因互穿网络的形成而明显增加。

① Eddaoudi M, Kim J, Rosi N, et al. Systematic design of pore size and functionality in isoreticular MOFs and their application in methane storage[J]. Science, 2002, 295: 469-472.

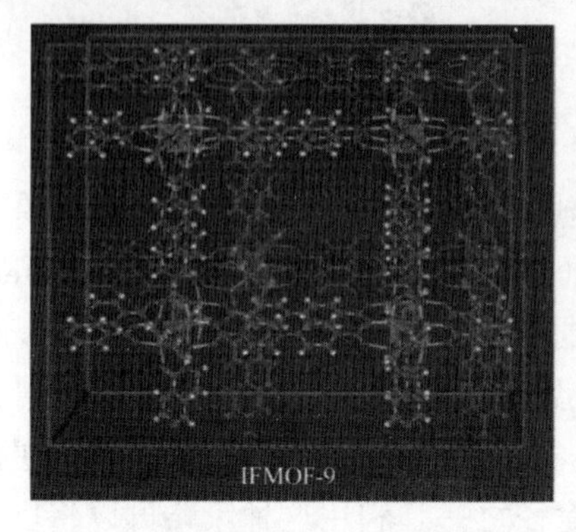

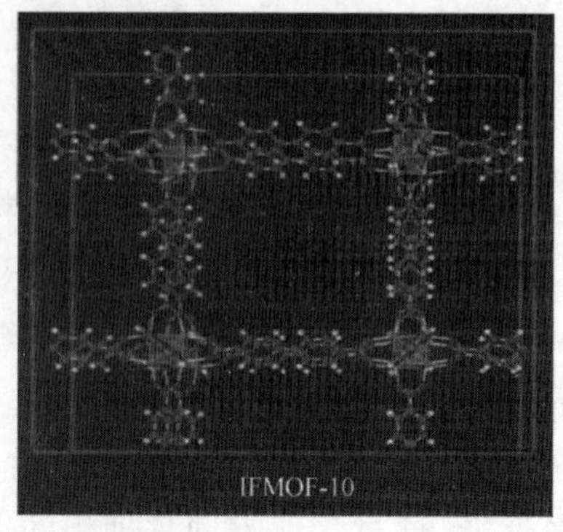

图 5-21 IFMOF-9 和 IFMOF-10 的结构比较

5.4.4 开放金属位点

按照 Kubas 的观点①，过渡金属的 d 轨道与 H_2 分子的反键轨道作用，导致形成稳定的 M—H_2 键，键能在 -160 ~ -20 kJ · mol^{-1}。过渡金属与 H_2 分子形成 M—H_2 配合物是一个可逆的过程。在一些 MOFs 配位聚合物中，由于空间位阻等原因，有时金属离子未能达到配位饱和，这时配位聚合物中就存在开放金属位点（open metal site）。这种开放金属位点的存在增加了金属与 H_2 分子的作用，从而提高了 MOFs 的吸附储氢性能。Yang 及其合作者②从理论上研究了具有开放金属位点的 MOFs 与 H_2 分子的作用。利用 GCMC 模拟及 DFT 计算方法对具有开放金属位点的 MOF-505 与 H_2 分子的作用进行理论研究，得出 MOF-505 与 H_2 的结合能为 -13.4 kJ · mol^{-1}，并预测了 MOF-505 的室温储氢性能（0.82%，298 K，50 bar）。

Cu^{2+} 与均苯三甲酸（btc）组装形成具有孔洞结构的 MOFs 配位聚合物 $Cu_3(btc)_2$，孔壁 Cu^{2+} 均为配位未饱和的四配位结构（图 5-22），即该 MOFs 具有开放的金属位点。Prestipino 及其合作者首次从实验上直接获得开放金属位点与 H_2 分子结合的证据，他们利用红外光谱表征

① Kubas G J. Fundamentals of H_2 binding and reactivity on transition metals underlying hydrogenase function and H_2 production and storage[J]. Chem. Rev., 2007, 107: 4152-4205.

② Yang Q, Zhong C. Understanding hydrogen adsorption in metal-organic frameworks with open metal sites: a computational study[J]. J. Phys. Chem. B, 2005, 110: 655-658.

了氢吸附过程中 $Cu_3(btc)_2$ 中 Cu^{2+} 与 H_2 分子结合，4 100 cm^{-1} 处显示 $Cu^{2+}—H_2$ 的红外伸缩振动。低温中子衍射实验直接证实了 $Cu^{2+}—D^2$ 键的形成，键长为 2.39 Å。表 5-2 是一些研究较为充分的具有开放金属位点的 MOFs 储氢配位聚合物的相关性能表征。

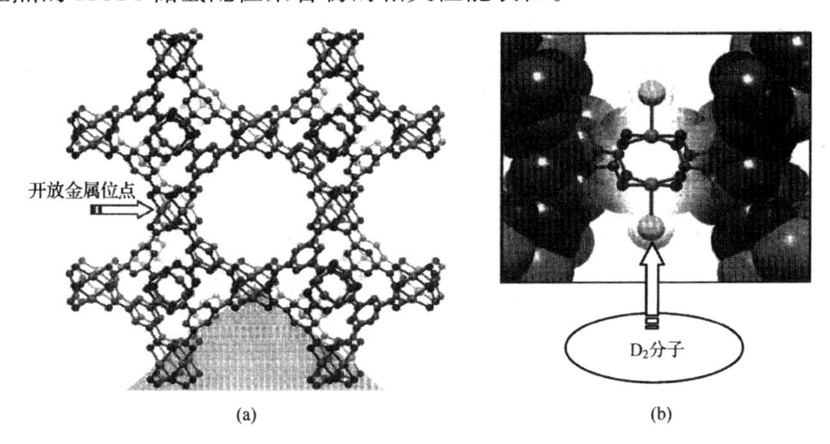

图 5-22　MOFs 配位聚合物 $Cu_3(btc)_2$ 中 Cu^{2+} 配位未饱和的开放金属位点(a)及其与 D_2 的结合(b)

表 5-2　一些具有开放金属位点的 MOFs 储氢配位聚合物的性能表征

MOFs	SABET/(m^2/g)	SALangmuir/(m^2/g)	H_2 吸附(77K)/%	压力/bar	ΔHabs/(kJ/mol)
$Mn_3[(Mn_4Cl)_3(btt)_8(CH_3OH)_{10}]_2$	2 057	2 230	2.23	1.2	
			5.1	90	
$NaNi_3(OH)(sip)_2$	700		0.94	1	10.4
$Ni_{20}(OH)_{12}[(HPO_4)_8(PO_4)_4]$	500		0.53	0.79	
$Cu_3(btc)_2$	1 507	2 175	2.5	1	6.8
$Cu_3[Co(CN)_6]_2$	730		1.8	1.2	7.0
$Cu[(Cu_4Cl)_3(btt)\cdot 3.5HCl$	1 710	1 770	4.2	90	9.5
$Zn_2(dhtp)$	870	1 132	2.8	30	8.8

注：表观表面积；btt-1，3，5- 三四唑基苯；sip=5- 磺酸基间苯二甲酸；btc=1，3，5- 均苯三酸；dhtp-2，5 二羟基对苯二甲酸。

5.4.5 轻金属 MOFs

与过渡金属元素相比，主族金属元素（轻金属）形成的 MOFs 配位聚合物密度较小，从而使其有可能具有较大的重量储氢密度。如轻金属配位聚合物 MIL-53（Al）具有较大的重量储氢密度，在 77 K、16 bar 条件下，其重量储氢密度达 3.8%；这一结果比相同结构的重金属配位聚合物 MIL-53（Cr）的重量储氢密度大（后者为 3.1%）。但遗憾的是，到目前为止实验中所获得的轻金属 MOFs（MOFs of light metals）配位聚合物的实例极为有限。

在一些大孔道的过渡金属 MOFs 结构中，注入轻金属元素，有可能改善材料的储氢性能。2007 年，HaO 等[①]利用基于 GCMC 的从头计算法，预测了金属锂掺

杂 MOFs（Li-doped MOFs）的结构及其储氢性能。理论计算表明[②]，在一些共轭芳香环作为连接体所形成的 MOFs 结构中掺杂 Li，芳香环带部分负电荷（δ^-）而 Li 带部分正电荷（δ^+），每个带部分正电荷的 Li（δ^+）周围可结合若干个 H_2 分子（如在 Li-doped MOFs-5 体系中，每个 $Li^{0.9+}$ 周围可结合 3 个 H_2 分子）。图 5-23 是系列配位聚合物 Li-doped MOFs 的结构，（a）是 Li-doped MOFs 配位聚合物的三维骨架结构，（b）是配位聚合物骨架结构中节点（nodes）$Zn_4O(CO_2)_6$ 的配位构型，（c）是一些不同芳香骨架连接体的结构及 Li 原子掺杂其中所处的位置。

理论预测结果表明，300 K、100 bar 条件下，上述未掺杂 MOFs 的总重量储氢密度均在 2.5% 以下，远低于实际应用的要求。然而，进行 Li 掺杂后，Li-MOF-C30 在上述相同条件下，重量储氢密度达 5.16%（243 K、100 bar 条件下，总重量储氢密度高达 7.57%），已经达到了 DOE（美国能源部）2010 年 6.0% 的目标。这类共轭芳香环作为连接体所形成的 Li—doped MOFs 结构中，sp^2 杂化的共轭芳香环具有很好的分散负电荷能力，从而使其周围的 Li 原子带部分正电荷（δ^+）。Li-MOF-C30 中，位

① Han S S, Ooddard W A. Lithium-doped metal-organic frameworks for reversible H2 storage at ambient temperature[J]. J. Am. Chem. Soc., 2007, 129: 8422-8423.

② Blomqvist A, Arafijo C M, Srepusharawoot P, et al. Li-decorated metal-organic framework 5: A route to achieving a suitable hydrogen storage medium[J]. Proc. Natl. Acad. Sci., 2007, 104: 20173-20176.

于芳环附近的 Li（δ^+）离子与 H_2 分子的有效结合能高达 16.8 kJ · mol^{-1}。

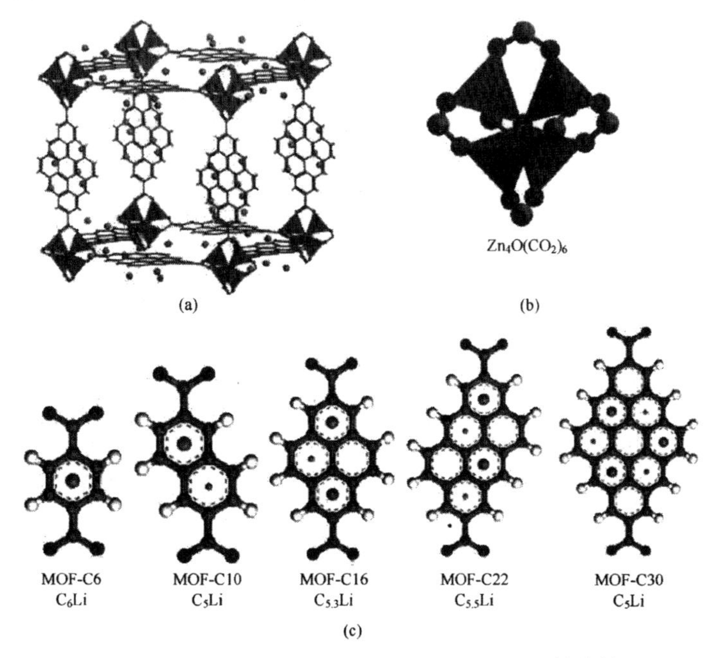

图 5-23 系列配位聚合物 Li-doped MOFs 的结构

Mulfort 和 Hupp 从实验上证明了这种 Li 掺杂 MOFs 提高储氢性能的有效性。他们利用 NDC（2,6- 萘二酸）和 diPyNI（N, N'-di-（二吡啶基）-1,4,5,8- 萘四酸二酰亚胺）与 Zn^{2+} 组装,获得具有骨架结构的配位聚合物 Zn_2（NDC）$_2$（diPy-NI）（1）。将 MOF-1 浸渍于金属 Li 的 DMF 溶液中,Li 掺杂于骨架结构中,形成 Li^+（图 5-24）。

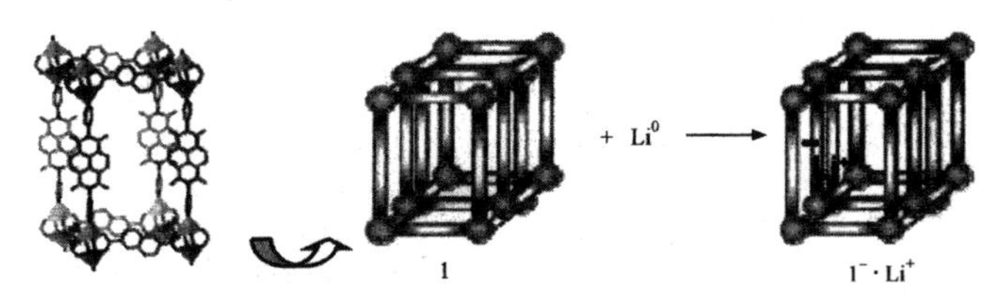

图 5-24 配位聚合物 Zn_2（NDC）$_2$（diPyNI）$_1$ 及 $MOFs^{-1}$（ · Li^+）的结构

储氢性能测试结果表明,配位聚合物 MOF-1 中掺杂 Li,其重量储氢密度得到了极大提高。在 77 K、1 atm（1 atm=1.013 25 × 10^5 Pa,下同）条件下,Zn_2（NDC）$_2$（diPyNI）（1）的重量储氢密度为 0.93%,而在相同条件下 · Li^+ 的重量储氢密度为 1.63%。图 5-25 是配位聚合物 Zn_2（NDC）$_2$（diPyNI）（1）及 · Li^+ 的 H_2 等温吸附曲线。

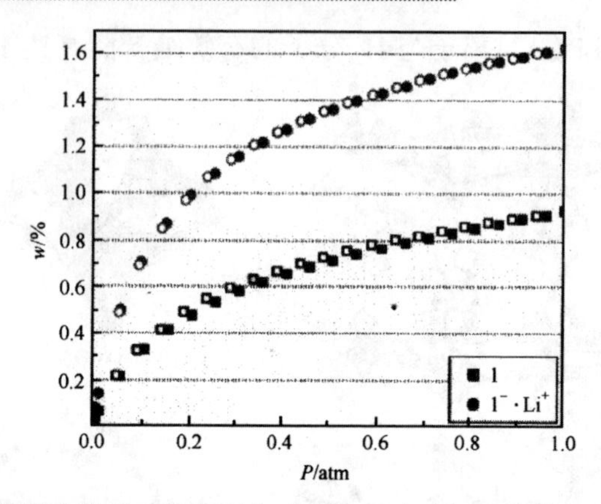

图 5-25 配位聚合物 $Zn_2(NDC)_2(diPyNI)_1$ 及 $\cdot Li^+$ 的 H_2 等温吸附曲线

此外，HaO 等利用 GCMC 及 ab initio 计算方法，预测了以轻金属 Mg 取代 IR-MOF-1 中的 Zn，其相应的储氢性能有较大提高①。图 5-26 是具有相同结构的配位聚合物 Zn-IRMOF-1 及 Mg-IRMOF-1 的结构。在 77 K、100 bar 条件下，Mg-IRMOF-1 的重量储氢密度高达 7.63%，而 Zn-IRMOF-1 的重量储氢密度仅为 5.09%，显示了轻金属取代对储氢性能提高的有效性。虽然在低温条件下这一预测结果令人鼓舞，但室温条件的储氢性能仍十分有限。而且，这一预测结果目前尚未得到实验的验证。

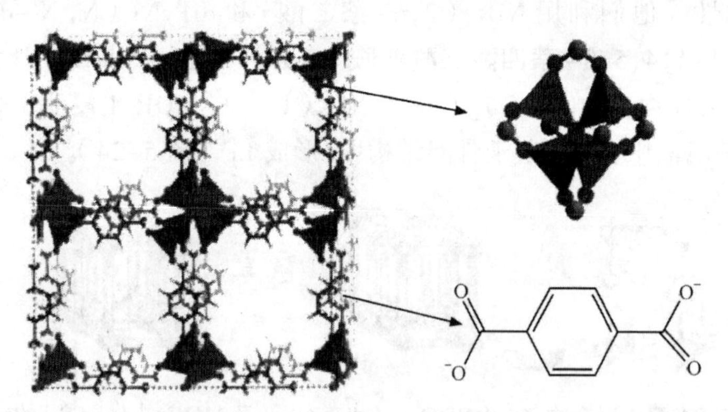

图 5-26 配位聚合物 Zn-IRMOF-1 及 Mg-IRMOF-1 的结构

① Han S S, Deng W Q, Goddard W A. Improved designs of metal-organic frameworks for hydrogen storage[J]. Angew. Chem., Int. Ed., 2007, 46: 6289-6292.

5.4.6 氢溢流

氢溢流(hydrogen spillover)现象是由Khoobier在1964年首次发现。当H_2与一些贵金属(如Pt)接触,有可能发生解离化学吸附(dissociative chemisorption),在其表面形成原子态H,随后原子态H迁移到其他载体表面。换言之,氢溢流的发生必须满足下列两个条件:①能够产生原子态氢(如要求催化剂能够解离吸附氢);②原子态氢能够顺利迁移运动(如固体粒子的间隙和通道,或质子传递链)。[①]

R.T.Yang及其合作者利用氢溢流的原理,将活性炭吸附Pt(5%,Pt/AC)作为氢溢流催化剂,与IRMOF-8配位聚合物进行物理混合(1∶9),在298 K、10 MPa条件下其重量储氢密度达到1.8%(在相同条件下IRMOF-8的重量储氢密度仅为0.5%)。由此可见,通过氢溢流技术可以提高MOFs的储氢性能。在此基础上,他们利用桥联技术,将Pt/AC与IRMOF-8进行化学桥联(上述混合物中加入适量蔗糖,He气保护,473 K下碳化3 h),获得的桥联溢流吸附体系(Pt/AC-IR-MOF-8)的重量储氢密度进一步提高(达到4%)[②]。图5-27是Pt/AC-IRMOF-8桥联体系的氢溢流示意图。

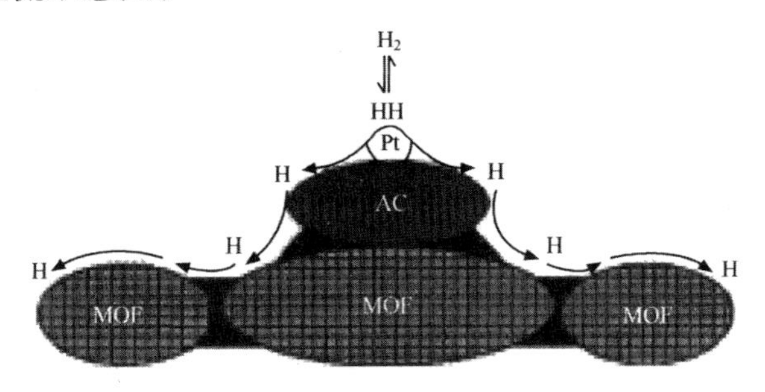

图5-27 Pt/AC-IRMOF-8桥联体系的氢溢流示意图

图5-28分别是:(a)IRMOF-8,(b)Pt/AC-IRMOF-8物理混合,(c)Pt/AC-IR-MOF-8桥联体系的等温吸附曲线。从三种不同体系的等温吸附线对比可知,利用具有较大比表面积的MOFs与氢溢流催化剂

---

① 邢爱华,岳国,朱伟平,等.甲醇制烯烃典型技术最新研究进展(I)——催化剂开发进展[J].现代化工,2010.

② Li Y, Yang R T. Hydrogen storage in metal-organic frameworks by bridged hydrogen spillover[J]. J. Am. Chem. Soc., 2006, 128: 8136-8137.

Pt/AC 进行化学键合,有效地增加了原子氢从溢流催化剂到 MOFs 的迁移,因而储氢密度获得了大幅提高。

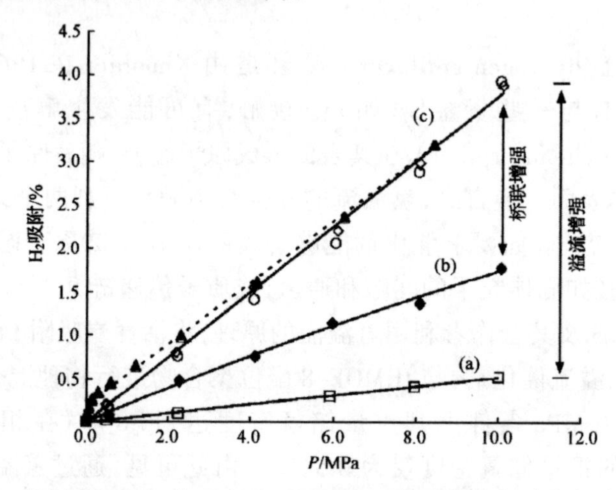

图 5-28 IRMOF-8(a)、Pt/AC-IRMOF-8 物理混合(b)和(c)Pt/AC—IRMOF-8 桥联体系的等温吸附线(○,▲,□为吸附-解析可逆过程)

第 6 章　金属 - 有机骨架结构配位聚合物发光材料

发光(luminescence)是物质分子在一定条件下吸收能量,电子由基态被激发到激发态,随后电子由激发态返回到基态或较低能量状态时以辐射方式释放能量的光发射过程。按发光材料的组成分类,主要有以下三类:①有机发光材料,这类材料的组成分子是具有特定结构的共轭体系;②无机发光材料,主要有镧系元素(Ln^{3+})、类汞离子(具有汞原子的电子层结构 $1s^2 \cdots np^6 nd^{10} (n+1)s^2$,如 Ti^+、Sn^{2+}、Pb^{2+}、As^{3+}、Sb^{3+}、Bi^{3+}、Se^{4+}、Te^{4+} 等)、部分过渡金属(Cr^{3+}、Re^+、Ru^{2+}、Pt^{2+}、Ir^{3+}、Os^{2+}、UO_2^{2+} 等)组成的无机盐,以及半导体量子点;③配合物或配位聚合物发光材料,其发光来源于配体本身、金属离子本身或配体 - 金属电子关联过程。

根据辐射跃迁选律的不同,光发射过程可分为荧光(fluorescence)和磷光(phosphorescence)。荧光发射是自旋允许跃迁(如 $S_1 \rightarrow S_0$),单重态的寿命一般为纳秒数量级;磷光发射是自旋禁阻跃迁(如 $T_1 \rightarrow S_0$),三重态的寿命较长,甚至可长达数十秒。

6.1　MOFs 材料概述

6.1.1MOFs 材料的类型

配合物是由中心原子或离子与配体完全或部分通过配位键形成的一类化合物。近些年,随着配位化学快速发展,配合物的种类和数量大幅增加。配合物如金属卟啉配合物、乙酰丙酮金属配合物和希夫碱金属配合物等广泛应用于各类催化反应中,并获得了良好的催化效果。近年来,新发展起来的一类材料金属有机骨架(metal-organic frameworks,

MOFs）材料在催化领域的应用备受关注。

随着MOFs制备技术的快速发展，大量MOFs材料被合成出来，用于制备MOFs的中心离子从过渡金属拓展到稀土金属和主族金属，有机配体多为含O或N的多齿配体。按MOFs材料的结构单元和制备方法的不同，MOFs材料主要分为六大系列。分别是网状金属－有机骨架材料（isoreticular metal-organic frameworks，IRMOFs）、类沸石咪唑酯骨架材料（zeolitic imidazolate frameworks，ZIFs）、来瓦希尔骨架材料（materials of institute Lavoisier frameworks，MILs）、层柱状骨架材料（coordination pillared-layer，CPL）、孔－通道式骨架材料（pocket-channel frameworks，PCNs）、UIO（University of oslo）系列材料。

6.1.1.1 IRMOFs系列材料

1999年，Yaghi课题组将$Zn(NO_2)_2 \cdot 4H_2O$与对苯二甲酸在85～105℃下在*N*,*N'*-二乙基甲酰胺溶液中反应制备出IRMOF-1（又称MOF-5），IRMOFs-l是以八面体$Zn_4O(CO_2)$。团簇为节点，以对苯二甲酸配体为桥联体，将节点桥联在一起构成的三维立体骨架，结构如图6-1所示。IRMOF-1的BET比表面积为2 900 m^2/g，孔径为12.94 Å。同年，Williams等通过$Cu(NO_3)_2 \cdot 3H_2O$和均苯三甲酸（H_3BTC）合成了MOFs材料Cu-BTC（又称HKUST-1）。IRMOF-1和HKUST-1的成功制备在MOFs发展史上具有里程碑意义。随后，MOFs的设计和合成得到了快速发展。2002年，Yaghi课题组以八面体$Zn_4O(CO_2)_6$团簇为次级结构单元，通过对苯二甲酸进行修饰或拓展有机配体合成了一系列MOFs材料IRMOF-*n*。2004年，他们通过Zn^{2+}与1，3，5-三（4-羧基苯基）苯合成了三维骨架材料MOFS-177。2010年，他们采用有机配体延伸和混合配体设计合成了IRMOF系列MOFs材料：MOF-188、MOF-200、MOF-205和MOF-210。

6.1.1.2 ZIFs系列材料

ZIFs系列是Yaghi课题组合成的一系列经典MOFs材料。这一系列MOFs材料是以二价过渡金属元素为中心金属离子，咪唑、咪唑衍生物为有机配体设计合成的一类具有类沸石结构的MOFs材料。2006年，Yaghi课题组合成了12种ZIFs材料（图6-2）。其中，ZIF-5是一个由

Zn（Ⅱ）和 In（Ⅱ）混合金属为中心金属离子的类沸石咪唑酯配合物。2008 年，他们利用高通量法又设计合成了 25 种 ZIFs 材料。后来，他们又合成了 ZIF-95 和 ZIF-100。这类材料具有优异的热稳定性和化学稳定性。例如，ZIF-8 在 500 ℃下仍保持稳定，在水蒸气和有机溶剂回流下仍保持较高的化学稳定性。ZIFs 材料可选择性地高效捕获烟道气和汽车尾气中的 CO_2。

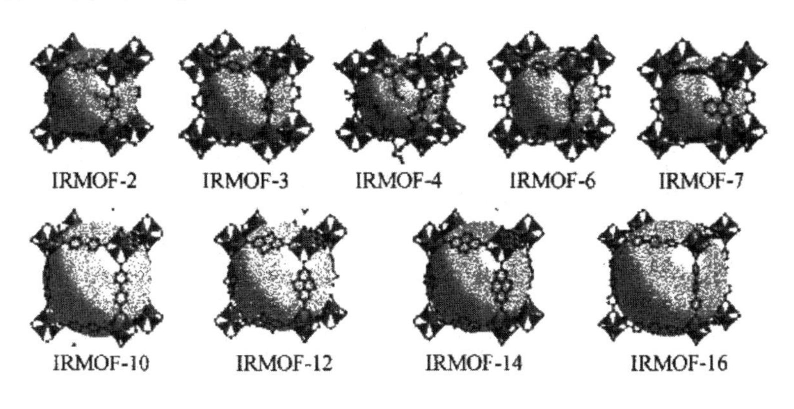

图 6-1　部分 IRMOF-*n* 系列材料

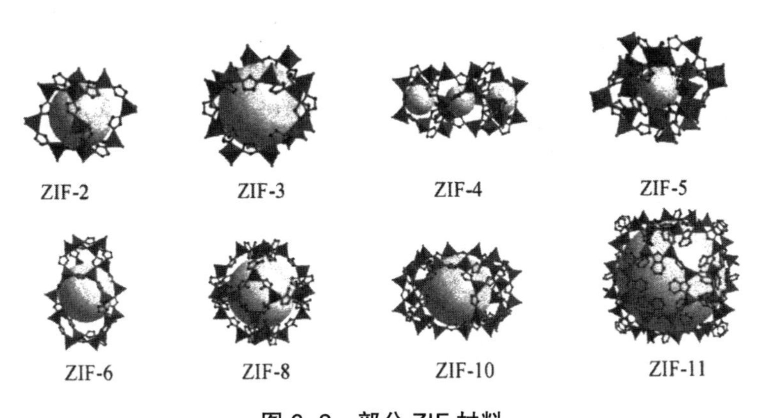

图 6-2　部分 ZIF 材料

6.1.1.3 MILs 系列材料

Fèrey 课题组利用稀土金属和过渡金属元素与二元羧酸设计合成的 MIL 系列材料也是非常具有代表性的 MOFs 材料。其中，最具代表性的就是 MIL-53（Cr），将 $Cr(NO_3)_3 \cdot 4H_2O$ 和对苯二甲酸按照 1∶1 的物质的量比混合，在 220 ℃经水热晶化 3 天并煅烧除去杂质可得，其晶体

是由八面体 $CrO_4(OH)_2$ 和对苯二甲酸相互桥联形成，具有独特的菱形孔道结构。MIL-53（Cr）的骨架具有韧性，当客体 H_2O 分子从骨架脱出后，孔道由小孔（7.85 Å）转变为大孔（13 Å）（图 6-3）。而后，通过改变中心金属离子和有机配体，他们成功地将 Cr（Ⅲ）、V（Ⅲ）、Al（Ⅲ）、Fe（Ⅲ）等三价金属与对苯二甲酸、均苯三甲酸等刚性配体作用合成了多种结构的 MIL 系列材料。

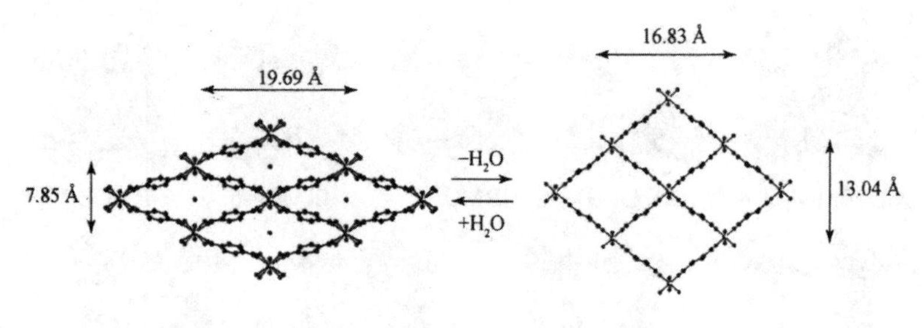

图 6-3　MIL-53（Cr）的“呼吸”现象

6.1.1.4 CPL 系列材料

Kitagawa 课题组利用六配位金属元素与中性含氮杂环类配体配位合成了具有独特层状结构的 CPL 系列 MOFs 材料。1999 年，他们利用 $Cu(ClO_4)_2 \cdot 6H_2O$、Na_2pzdc（pzdc 为 2,3- 二羧基吡嗪）与吡嗪在水溶液中反应获得了 CPL-1[$\{Cu_2(pzdc)_2(L)\}n$]。随后，通过调控有机配体，他们设计合成了多种具有不同孔尺寸和比表面积的 CPL 系列材料。这类材料对甲烷具有很好的吸附性能，通过调控配体可以有效控制气体的吸附量。

6.1.1.5 PCNs 系列材料

Zhou 课题组利用 Cu（Ⅱ）、Zn（Ⅱ）、Co（Ⅱ）、Fe（Ⅲ）等金属离子与均苯三甲酸、4,4',4''-s-triazine-2,4,6-triyltribenzoate、s-heptazine tribenzoate、4,4'-（anthracene-9,10-diyl）ibenzoate、9,10-anthracenedicarboxylate、5,5'-（9,10-anthracenediyl）di-isophthalate 等有机配体在酸性条件下反应制得 PCNs 系列。近来，他们设计合成了含金属 Zr 系列介孔 PCNs 材料 PCN-228、PCN-229 和 PCN-230（图 6-4），它们的孔尺寸为 2.5 ~ 3.8 nm，其中 PCN-229 具有最高的孔隙率和

BET 比表面积。

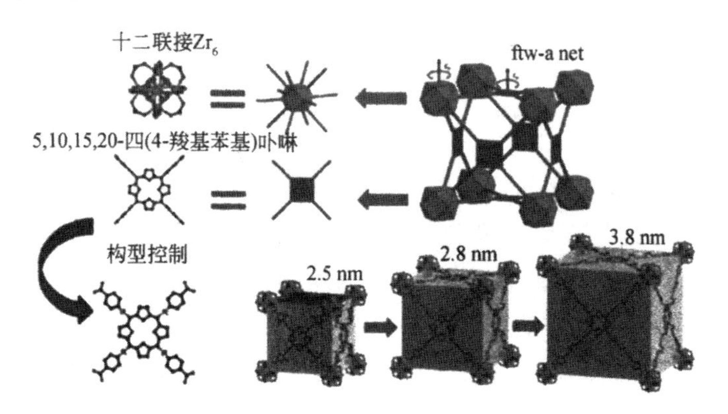

图 6-4　含金属 Zr 系列介孔 PCNs 材料合成示意图

6.1.1.6 UIO 系列材料

UIO 系列是基于 Zr（Ⅵ）的一类 MOFs 材料。2010 年，Lillerud 等利用 $ZrCl_4$ 和 2- 氨基对苯二甲酸、2- 硝基对苯二甲酸、2- 溴对苯二甲酸等配体在 *N*, *N'*- 二甲基甲酰胺中反应合成的 UIO-66 是最具代表性的 UIO 材料（图 6-5），它是由 $[Zr_6O_4(OH_4)]$ 正八面体与 12 个对苯二甲酸连接形成的三维微孔晶体材料，具有良好的热稳定性和化学稳定性。Maurin 等利用—SO_3H 和—COOH 等基团对 UIO-66 进行修饰，可明显提高 UIO-66 对 CO_2 吸附的选择性。

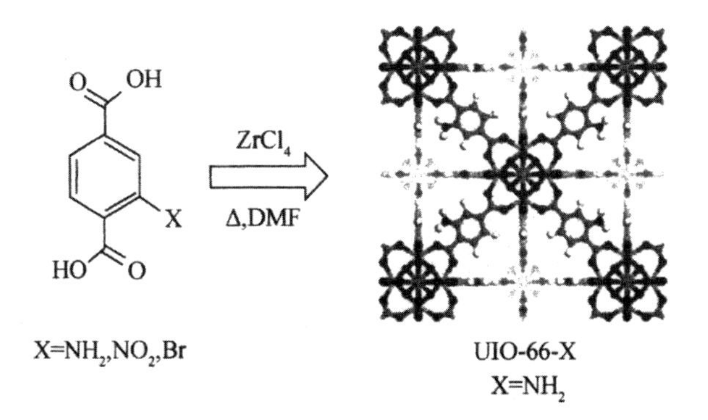

图 6-5　UIO-66 的合成示意图

6.1.2 MOFs 材料的特点

6.1.2.1 比表面积和孔隙率高

比表面积是催化剂重要的物理性质之一。也是评价催化剂性能的重要指标，尤其是在多相催化反应中，比表面积是影响催化剂活性的重要因素。另外，对于催化剂载体，大的比表面积有利于活性组分在载体上分散。形成活性中心。MOFs 材料是一种多孔材料，绝大多数 MOFs 都具有较高的比表面积。例如，MOFs-177 的 BET 比表面为 4 500 m^2/g，孔隙率为 47%，由更长的配体合成的 MOFs-200 的 BET 比表面积高达 6 260 m^2/g，孔隙率为 90%，是 MOFs-177 的两倍左右(图 6-6)。Fèrey 课题组报道的 MIL-101 (Cr) 的比表面积为 5 900 m^2/g。2012 年，Farha 等设计合成的两种 MOFs 材料 NU-109 和 NU-110 是纳米晶体结构材料。BET 比表面积高达 7 000 m^2/g。

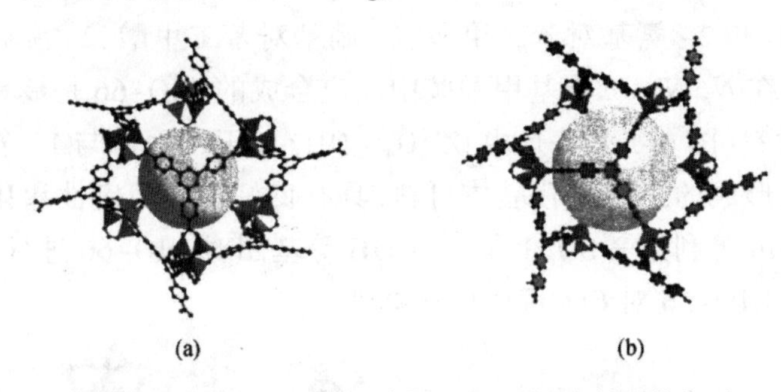

图 6-6 MOFs-177 (a) 和 MOFs-210 的结构(b)

6.1.2.2 孔道尺寸可调

MOFs 材料的孔道尺寸具有可调控性。通过调控中心金属离子和有机配体可产生超微孔到介孔各种孔尺寸的 MOFs 材料，可为从小的无机分子到较大的有机分子提供足够的反应空间，用于择形选择性催化反应。同时，温和的合成条件有利于将一些功能基团(如立体手性配体)引入 MOFs 骨架中，实现不对称催化。MILs 系列材料中的 MIL-53(Cr) 的孔尺寸为 8.5 ~ 13 Å，在 MIL-53(Cr)的基础上。通过调控有机配体，制备出孔尺寸为 25~29 Å 的 MIL-100 (Cr)。Yaghi 课题组利用 -Br、-NH_2、-OC_3H_7、-OC_5H_{11} 和 -C_2H_4 等功能性基团对对苯二甲酸配体进行修饰，获得 IRMOFs 材料的孔尺寸范围为 3.8 ～ 11.2 Å。

6.1.2.3 催化活性位丰富多彩

通过预合成或后处理手段，使 MOFs 骨架中具有活性金属点。一种是在 MOFs 的制备过程中，金属离子除了与大的有机配体配位外，还会与溶剂小分子，如水、甲醇、乙醇、*N*, *N'*– 二甲基甲酰胺等结合。当合成的 MOFs 在高真空下加热一段时间后，小分子会从骨架中排出，得到配位不饱和的金属离子 [图 6–7（a）]。另外一种方法是通过模块设计向 MOFs 骨架中引入活性金属点，金属离子（M_1）先与有机配体结合形成金属配体，产生活性金属点（M_1）和作为骨架的有机构筑模块，形成的金属配体再与另外一种金属离子（M_2）结合形成 MOFs，其中 M_2 是网络结构的结点，M_1 作为活性中心处于孔壁中 [图 6–7（b）]。1982 年，Efraty 等利用 [Rh（CO_2）Cl] 和 1,4– 间二苯甲腈制备出了具有催化活性的配位聚合物，这种催化剂在室温下就能对 1– 己烯进行催化加氢。随后，研究人员展开了对拥有活性金属点 MOFs 的催化活性研究。Cu–BTC 的孔道为正方形，孔径约为 6 Å，每个 Cu^{2+} 轴向结合了一个水分子，加热脱去 Cu^{2+} 上的水分子，从而产生 Cu^{2+} 空位。Schlichte 等在 120 ℃下脱去与 Cu 配位的水分子，获得了 Cu 不饱和金属配位点，然后将 Cu–BTC 用在硅腈化反应中，40 ℃下反应 72 h，产物的收率在 50% ~ 60%。Alaerts 等将 Cu–BTC 应用在 *α*– 蒎烯的异构化和香茅醛的环化反应中，结果表明，Cu–BTC 具有优异的 Lewis 酸催化活性。MIL–101 骨架上也具有均匀分布的不饱和 Cr 金属配位点，可用作 Lewis 酸催化剂，其已成功用在苯甲醇、烯烃和萘等有机物的选择性氧化反应中。

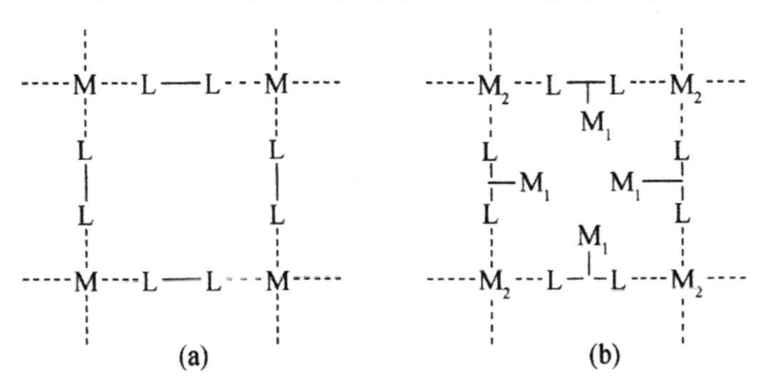

图 6–7　（a）MOFs 中只有一类金属活性点；（b）MOFs 中含有结构组分金属（M_2）和金属活性点（M_1）

6.2 MOFs 配位聚合物的发光机理

金属 - 有机骨架结构(metal-organic frameworks, MOFs)配位聚合物由于其组成、结构的多样性,近年来在发光材料中受到广泛关注。自 2002 年首次报道"luminescence MOFs"以来,迄今已有数百篇文章报道了相关研究成果,其中涉及了具有 MOFs 结构的荧光材料、磷光材料及闪烁材料(材料在质子、α 粒子照射下,产生纳秒级寿命的发光)。MOFs 配位聚合物的无机 - 有机杂化特性及其独特的孔道结构,赋予其发光特性的多样性,这在其他类型发光材料中是少见的。MOFs 配位聚合物的发光来源较为复杂多样,图 6-8 是 MOFs 配位聚合物发光的可能途径,目前已研究过的主要有以下六种发光途径。

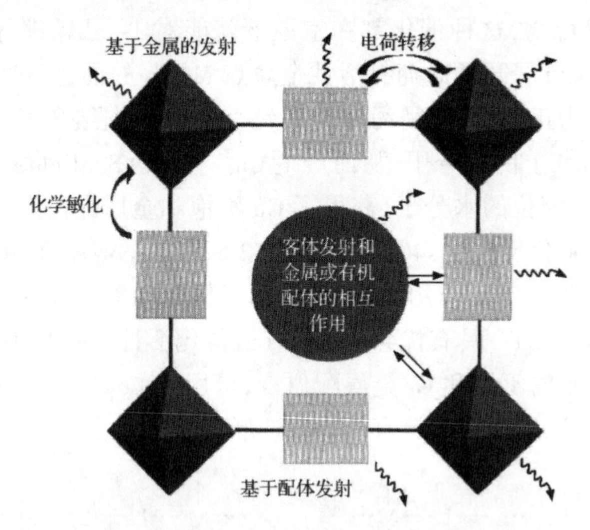

图 6-8 MOFs 配位聚合物可能的发光途径

(1)连接体。具有特定共轭结构的有机配体,在紫外 / 可见光的激发下直接发射光子。对某些发光配位聚合物而言,连接体发光是配位聚合物光发射的根源。图 6-9 是基于配体的光发射的 Jablonski 图。电子的激发与共轭体系的 $\pi \rightarrow \pi^*$ 跃迁相关。

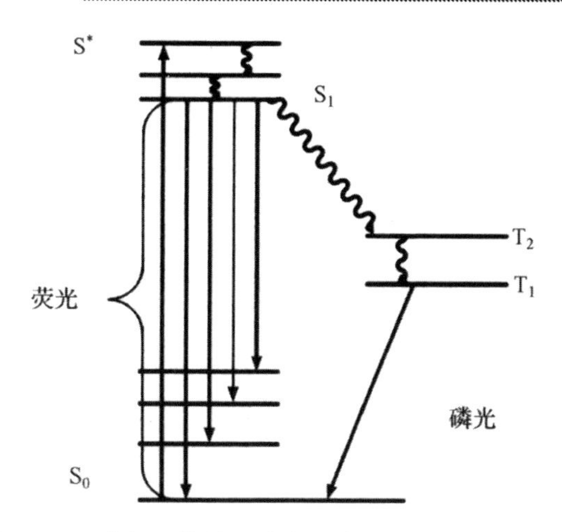

图 6-9　共轭配体的激发与光发射的 Jablonski 图

对于含有孤对电子（如 N、O 配位原子）的共轭配体，有时由于配体内部发生的光诱导电子转移（photoinduced electron transfer, PET）过程，导致配体本身不产生发光。同时，与其配位的金属离子由于具有稳定的电子构型（如 Ag^+、Cu^+、Zn^{2+}、Cd^{2+}、nd^{10}）而与配体之间不发生金属 – 配体电荷转移。但二者形成的配合物有时会产生很强的荧光发射，这是由于二者配位后，金属离子将配体中的孤对电子固定，抑制了配体的 PET 过程，从而使配体产生荧光。

（2）骨架金属离子（framework metal ion）：尽管多数具有未成对电子的顺磁过渡金属离子由于配体场中的 d → d 跃迁而导致对连接体发光具有淬灭（quench）作用，但部分稀土离子（如 Tb^{3+}、Eu^{3+}、Sm^{3+}、Dy^{3+} 等）的 f → f* 跃迁会产生较弱的发光（电偶极选律禁阻）。另外，八面体配位的 Cr^{3+}（$3d^3$），由于 $^4t_{2g} \rightarrow {}^4a_2g$、$^2e_{2g} \rightarrow {}^2a_{2g}$ 跃迁而发光。

（3）电荷转移。在形成配合物之前，配体及金属离子不发光或只有微弱发光。形成配合物后，配体通过与其配位的金属离子（或簇）进行的电荷转移过程产生光发射，包括金属→配体电荷转移（MLCT）及配体→金属点和转移（LMCT）。

（4）天线效应（antennae effect）。配体吸收光子，其激发态将能量传递给金属离子，从而使金属离子的荧光发射大大增强，这一现象称天线效应（图 6-10）。例如，稀土离子 Sm^{3+}、Eu^{3+}、Tb^{3+}、Dy^{3+} 等只有较弱的荧光（来源于 f → f* 禁阻跃迁），与特定结构配体作用后，其荧光发射大为增强，且呈现稀土离子特有的荧光波长。

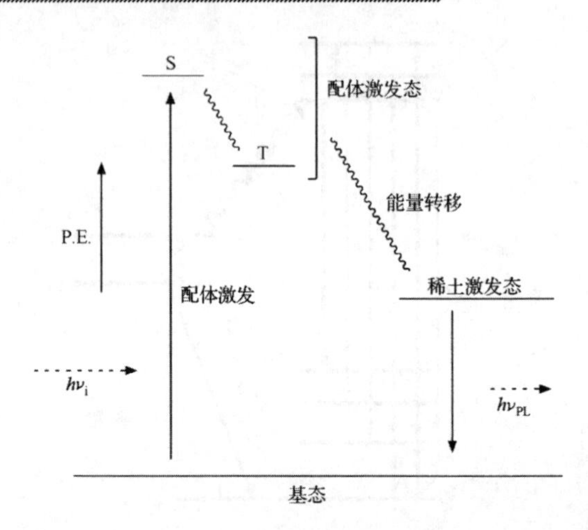

图 6-10　某些稀土配合物产生天线效应的能量转移过程

(5)吸附发光团(adsorbed lumophore):无发光特性的 MOFs,其纳米孔道结构可成为客体荧光小分子的陷阱,这种限域效应有时可极大改善体系的发光性能。

(6)激基复合物(exciplex)的形成:相邻共轭结构连接体之间或连接体与客体分子之间的 π-π 相互作用可产生激基复合物,从而产生无特征的宽带发射。

6.3　重要的 MOFs 发光配位聚合物

MOFs 发光配位聚合物特定的多孔结构及丰富的发光机理,使其在生物检测、分子识别、离子检测、pH 检测等方面具有巨大的应用前景。

6.3.1 MOFs 发光配位聚合物用于识别

6.3.1.1 对硝基化合物的识别——爆炸物检测

目前,公共安全领域中的爆炸物检测通常需要复杂的设备或经过特殊训练的警犬来完成,这需要付出很高的社会成本。近期发现了几个特殊的、具有多孔结构的发光配位聚合物,其荧光特性对硝基化合物极为敏感,有可能为公共安全领域的爆炸物检测带来方便、廉价的新方法。

Lan等[①]利用$Zn(NO_3)_2 \cdot 6H_2O$与具有共轭结构的桥联配体4,4-联苯二羧酸(H_2bpdc=4,4'-biphenyldicarboxylate acid)、1,2-二吡啶乙烯(bpee=1,2-bipyr-idylethene)在DMF中进行溶剂热反应(165 ℃),得到无色块状晶体。X射线单晶结构解析表明,配合物具有多孔的三维结构,孔径大小约为7.5 Å。配位聚合物组成为$[Zn_2(bpdc)_2(bpee)] \cdot DMF$。孔道内的溶剂分子DMF可与甲醇、二氯甲烷等进行交换,真空下脱除孔道内溶剂分子,晶胞略有畸变,但其三维骨架结构仍可稳定存在。

基于配位聚合物$[Zn_2(bpdc)_2(bpee)]$孔道内溶剂分子(客体分子)的可交换特性,引入不同性质的客体分子后,主-客体之间的相互作用可能导致配合物性能的改变。

配位聚合物$[Zn_2(bpdc)_2(bpee)]$在420 nm处具有很强的荧光发射,在极低浓度的二硝基甲苯(DNT,0.18 ppm)环境中,经过10 s后,其荧光发射强度降低80%以上(80%以上的荧光发射被淬灭)。其荧光淬灭机理可用类似于共轭聚合物体系中的氧化-还原淬灭机理(redox quenching mechanism)解释。荧光淬灭后的MOFs配位聚合物$[Zn_2(bpdc)_2(bpee)]$在150 ℃条件下加热,1 min后其荧光强度即可恢复。经过3次循环,其荧光发射—淬灭特性未发生明显改变。图6-11所示为MOFs配位聚合物$[Zn_2(bpdc)_2(bpee)]$在痕量DNT环境中的荧光光谱变化。

随后,该研究组又获得另外一个具有MOFs结构的多孔配位聚合物$[Zn_2(oba)_2(bipy)]$(H_2oba=4,4'-氧二苯甲酸;bipy=4,4'-联吡啶)[②],该化合物在420 nm处具有很强的荧光发射。对于不同的取代芳香族客体分子,表现出明显的荧光增强或淬灭行为。当客体分子的芳环取代基为给电子基(electron-donating group,如$—CH_3$)时,其荧光发射显著增强;当客体分子芳环上的取代基为受电子基(electron-withdrawing group,如$—NO_2$)时,其荧光发射显著淬灭。利用客体分子与其荧光特

① Lan A, Li K, Wu H, et al. A luminescent microporous metal-organic framework for the fast and reversible detection of high explosives[J]. Angew. Chem., Int. Ed., 2009, 48: 2334-2338.

② Pramanik S, Zheng C, Zhang X, et al. New microporous metal-organic framework demonstrating unique selectivity for detection of high explosives and aromatic compounds[J]. J. Am. Chem. Soc. 2011, 133: 4153-4155.

性的选择性影响行为，可实现其对含硝基的爆炸物及其类型的检测。

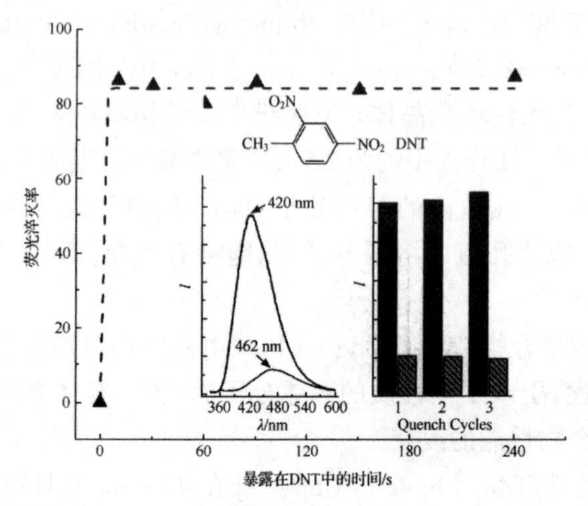

图 6-11 二硝基甲苯（DNT）对配位聚合物 $[Zn_2(bpdc)_2(bpee)]$ 荧光淬灭随时间的变化

6.3.1.2 对 F^- 的识别

Rosi 等[①] 利用 $Tb(NO_3)_3\cdot5H_2O$ 与 1,3,5- 均苯三羧酸（H_2BTC=1,3,5- benzenetricarboxylate acid）在 DMF 中进行溶剂热反应（80 ℃），得无色块状晶体。X 射线单晶结构解析表明，配合物具有多孔的三维结构，孔径大小约为 6.6 Å × 6.6 Å。配位聚合物组成为：Tb（BTC）·G（G=客体溶剂分子）。孔道内的溶剂分子在 150 ℃、真空条件下可脱除，且其三维骨架结构仍可稳定存在。将脱除溶剂分子的 MOFs 配位聚合物 $[Tb(BTC)]_n$ 浸泡在 NaX（X=F、Cl^- 和 Br^-）的甲醇溶液中，F^- 可进入配合物的孔道中，且与 MeOH（该溶剂分子在孔道内与 Tb^{3+} 配位）的醇羟基形成很强的氢键（$F^-\cdots H—OCH_3$，$F^-\cdots O$ 距离为 2.78 ~ 3.24 Å）。

配位聚合物 $[Tb(BTC)]_n$ 以 353 nm 的紫外线激发，在 620 nm、584 nm、548 nm 以及 492 nm 处产生对应于 $^5D_4\rightarrow{}^7F_3$、$^5D_4\rightarrow 7F_4$、$^5D_4\rightarrow{}^7F_5$ 以及 $^5D_4\rightarrow{}^7F_6$ 的 Tb^{3+} 的特征荧光发射。脱除客体分子的配位聚合物 $[Tb(BTC)]_n$ 用含有不同阴离子（F^-、Cl、Br^-、NO_3^-、CO_3^{2-}、SO_4^{2-}）的甲醇溶

① Rosi N L, Kim J, Eddaoudi M, et al. Rod packings and metal-organic frameworks constructed from rodshaped secondary building units[J]. J. Am. Chem. Soc. , 2005, 127: 1504-1518.

液处理，其固体的荧光发射都有所增强。特别是含 F^- 的样品荧光发射增强十分显著，改变溶液中 F^- 的浓度（从 10^{-5} mol · L^{-1} 增加到 10^{-2} mol · L^{-1}），随着 F^- 浓度的增大，其荧光发射也逐步增强。由此可知，该配位聚合物可用于 F^- 的定量检测。由此可知，该配位聚合物可用于 F^- 的定量检测。图 6-12 是该配位聚合物用含有不同 F^- 浓度的甲醇溶液处理后，其固态荧光光谱的变化。

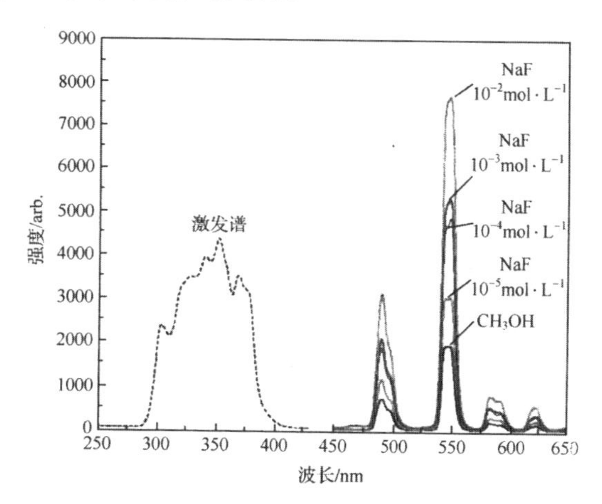

图 6-12 配位聚合物 $[Tb(BTC)]_n$ 用含有不同 F^- 浓度的甲醇溶液

配位聚合物 $[Tb(BTC)]_n$ 对 F^- 的定量识别机理可解释为：孔道内配位甲醇的—OH 基团对配合物的荧光具有淬灭作用，当 F^- 进入孔道后，与醇羟基形成很强的氢键 F^-⋯H—OCH_3，使这种淬灭作用减小，从而使荧光发射大大增强。

6.3.1.3 对 Ag^+ 的识别——Ag^+ 探针

Liu 及其合作者[1]利用稀土硝酸盐（La、Sm、Eu、Gd）与多羧酸配体（H_4L=1，4，8，11- 四氮杂环十四烷 -1，4，8，11- 四丙酸）进行自组装，获得结构相同、具有一维孔道结构的系列配位聚合物 $\{Na[LnL(H_2O)_4]\cdot 2H_2O\}_n$（Ln=La、Sm、Eu、Gd），$Na^+$ 位于孔道内部。配位聚合物中，孔道内四氮大环的氮原子未配位。图 6-13 是 Gd 配位聚合物的配位模式。

① Liu W, Jlao T, Li Y, et al. Lanthanide coordination polymers and their Ag^+-modulated fluorescence[J]. J. Am. Chem. Soc, 2004, 126: 2280-2281.

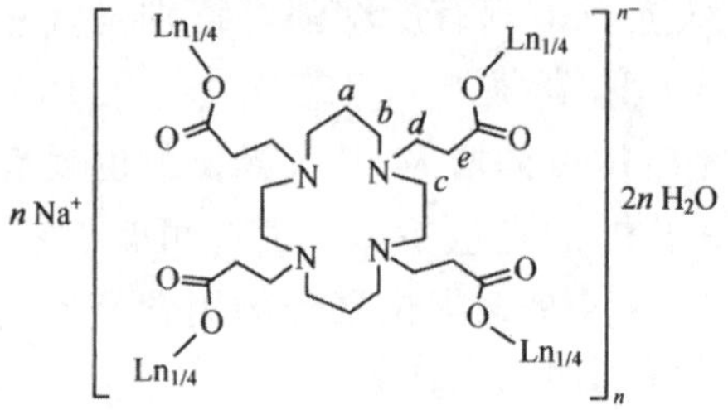

Ln=La, Sm, Eu, Gd

图 6-13　配位聚合物 $\{Na[LnL(H_2O)_4]\cdot 2H_2O\}_n$ 的配位模式

D_2O 中 Eu 配位聚合物溶液的二维 ^1H NMR 结果表明,溶液中配位聚合物的结构与其固态结构相似。在溶液中,配位聚合物孔道内的 Na^+ 可以被其他阳离子交换。在其溶液中加入 Cu^{2+}、Ag^+、Zn^{2+}、Cd^{2+}、Hg^{2+} 时,Cu^{2+}、Zn^{2+}、Cd^{2+}、Hg^{2+} 使 Eu^{3+} 配位聚合物的荧光淬灭;而加入 Ag^+ 时,Eu^{3+} 的荧光发射发生变化。在不加入其他金属离子时,Eu 配位聚合物在 592 nm、615 nm 及 696 nm 处分别出现对应于 $^5D_0 \rightarrow {^7F_J}(J=1,2,4)$ 的荧光发射峰,且 $^5D_0 \rightarrow {^7F_2}$ 发射峰最强。当加入 Ag^+ 时,其荧光的激发波长从紫外区(395 nm)移到可见区(484.7 nm)。同时,对应于 $^5D_0 \rightarrow {^7F_2}$ 的发射峰增强,而其余两个发生峰减弱。随着 Ag^+ 浓度的增加,这种效应愈加明显。因此,该配位聚合物可以作为 Ag^+ 的探针。

Eu 配位聚合物作为 Ag^+ 的探针的可能机理是:Eu 配位聚合物溶液中加入 Ag^+ 时,Ag^+ 与 Na^+ 交换进入配合物孔道,与 MOFs 骨架上四氮大环的氮原子配位(已由二维 ^1H NMR 谱证实),增加了配位聚合物骨架的刚性。

6.3.2 MOFs 发光配位聚合物用于分子发光温度计

二元发光配合物是指能够同时产生两个较为稳定的激发态的配合物,这两个激发态产生各自的特征发光光谱。比率荧光的方法主要是通过测量两种激发态的发射峰的强度(或者峰的积分面积)之比与温度间的关系来测定温度。通过比率荧光的方法,以其中一种发射峰的强度作为基准参考量,通过另外一种发射峰的强度(相对强度)的变化来衡量温度的变化,可以将那些外界因素(如样品的浓度和形貌、激发光的强度、检测器的响应效率等)对测量的不利影响降低到最低程度。因此该方法受到外界因素的干扰较小,能够比较精准地测量温度,应用前景也更为广泛。

在二元发光体系中，根据两个激发态间的相互独立性，Gamelin 等将两个激发态间的关系分为三种情况：去耦合、部分耦合和完全耦合（图 6-14）。然而，实际情况却远比这复杂。一般而言，温度对于部分耦合的两个激发态的发射光谱的相对强度的影响较大，这种体系更适合用作比率荧光温度计的探针材料。

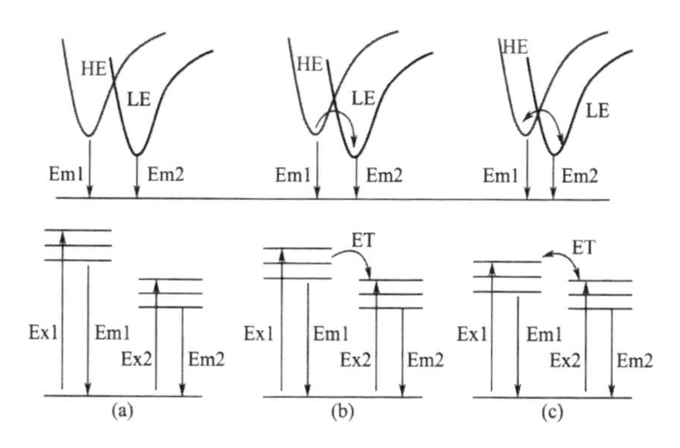

图 6-14　二元发光体系两个激发态间的相互关系

（a）去耦合；（b）部分耦合；（c）完全耦合

稀土及其掺杂的 MOFs 材料是研究得最为广泛的比率荧光温度计探针材料，这主要是由稀土元素的发光特点决定的。稀土的发光源于稀土原子内部的 f→f 跃迁，受到外层电子的屏蔽作用，跃迁频率受到外部的干扰较小，特征发射峰比较尖锐，并且还可以产生多个特征发射峰，光谱位置（波长）不会因配体和外界条件而改变，发光性质稳定。多个特征发射谱对应的激发态间相互独立，并且它们的温度效应接近，因此单一稀土配合物的多个特征发射谱并不适合用作比率荧光温度计。通常需要有机配体来敏化稀土发光，提高其发光效率。

不同的稀土元素掺杂是构筑比率荧光温度计材料的一种重要策略。常见的是 Eu^{3+} 掺杂的 Tb^{3+}MOFS。在有机配体的敏化作用下，这两种金属离子分别在 613 nm 和 545 nm 处产生红色和绿色的特征发射峰。根据不同的掺杂比例，它们可以呈现出从红色、黄色到绿色的发光颜色。并且通过光辅助的 Förster 能量转移机制，被有机配体敏化的 Tb^{3+} 可以将能量转移给 Eu^{3+}，进一步敏化 Eu^{3+} 使其发光增强，而自身的发光强度减弱。随着温度的升高，这种敏化作用增强，Eu^{3+} 的特征发射谱的强度增强，Tb^{3+} 的特征发射谱的强度减弱，在一定的温度范围内，它们的强度比与温度往往呈线性关系。

在稀土 MOFs 中再引入一种能发光的有机基团，这种有机发光基团和稀土的特征发光可以形成二元发光的特点。同时，这种有机基团可以用作敏化剂敏化稀土的发光，在不同的温度下敏化效率可能不同，它们的发光强度之比会随着温度的改变而发生较大的改变，可用作比率荧光温度计的探针材料。如 2015 年钱国栋课题组将一种有机发光基分子茈作为客体分子引入具有纳米级一维通道的 Eu 金属 - 有机框架 $[Eu_2(qptca)(NO_3)_2(DMF)_4]\cdot 3EtOH$（ZJU-88，$H_4qptca$=1,1':4',1":4",1"'- 四苯基 -3,3"',5,5"'- 四羧酸）中，该配合物就可以同时在 473 nm 和 615 nm 处呈现出茈和 Eu^{3+} 的特征发射谱。[①] 在 293 ~ 353 K，随着温度的升高，它们的强度比与温度呈线性关系。重要的是，该配合物在 293 ~ 353 K 的灵敏度达到了 1.28% K^{-1}，是一种潜在的用于诊断生物体组织病变的功能材料。

闫冰课题组报道了另一类稀土掺杂的方法用以合成比率荧光温度计配合物材料。他们将 Tb^{3+} 和 Eu^{3+} 通过离子交换的方式同时引入 [In(OH)(bipydc)]（$H_2bipydc$=2,2' - 联吡啶 -5,5' - 二甲酸）中。该配合物在 283 ~ 333 K，Tb 和 Eu 的特征发射谱强度之比与温度呈线性关系，并且显示出较高的灵敏度（4.97% K^{-1}）。常温的测量范围和高的灵敏度使得该 MOFs 可能用于生理条件下温度的测量。

除了稀土发光材料可以用作荧光温度计的探针材料外，过渡金属配合物特别是 +1 价铜配合物的发光性质也通常显示出较为敏感的温度效应。李丹课题组利用吡啶基吡唑配体合成了一种含 Cu_4I_4 和 Cu_3Pz_3 配位单元的二维配位聚合物。在这种配合物中 Cu_3Pz_3 单元通过亲铜作用形成了一种二聚体单元 $[Cu_3Pz_3]_2$。在紫外光的激发下，该配合物同时出现 Cu_4I_4 单元和 $[Cu_3Pz_3]_2$ 配位单元的特征发射谱（最大发射峰分别为 530 nm 和 700 nm）。升高温度，这两个发射带的强度之比逐渐降低。洪茂椿课题组也报道了一种由 Cu_4I_4 和 Cu_6S_6 配位单元构成的三维发光配合物。这两个配位单元的发射强度之比随着温度的升高而降低。然而，这两个工作都没有详细地研究发光强度与温度之间的定量关系。

---

① Cui Y, Song R, Yu J, et al.Dual-emitting MOF SUpersetdye composite for ratiometrictemperature sensing[J]. Adv Mater, 2015, 27: 1420-1425.

6.3.3 MOFs 发光配位聚合物的发光化学传感应用

6.3.3.1 气体分子传感

Dincǎ 等[①]发现两例 MOFs 材料 $[Zn_2(tcpe)]$ 和 $[Mg(dhbdc)]$ $[H_4tcpe$= 四(对苯甲酸)－乙烯；H_2dhbdc=2,5－二羟基－对苯二甲酸] 在相对高温的情况下还能发强荧光，并对 NH_3 气体分子有识别传感功能。对于 $[Zn_2(tcpe)]$，在室温的时候，很多客体分子都能引起它的最大发光波长的位移（如三乙胺、水、N，N'－二乙基甲酰胺等），因此不具有有效的传感功能。但有趣的是，当温度升高到 100℃的时候，只有 NH_3 分子可以使得其最大发光波长红移 24 nm。理论计算表明，NH_3 分子跟 MOFs 的金属离子的开放位点具有很强的作用，这可能是 NH_3 使得 $[Zn_2(tcpe)]$ 的发光波长发生位移的主要原因。对于 $[Mg(dhbdc)]$，虽然 NH_3 和甲醇分子具有相似的结合能，但是 NH_3 分子具有更小的动力学直径，使得其更容易进入小的孔穴，甲醇则由于大的动力学直径被排除在外，因此 NH_3 分子可以使得 $[Mg(dhbdc)]$ 的最大位移波长移动。

$Ir(ppy)_3$ 配合物（ppy=2－苯基吡啶）由于其非常容易系间窜越发生 ^3MLCT，是一个非常好的磷光发光分子，但是磷光很容易被 O_2 猝灭，所以可以用来传感 O_2 分子。

张杰鹏等[②]利用掺杂的策略获得了一例对氧气传感的磷光 MOFs。他们利用 $[Zn_7(ip)_{12}](OH)_2$ · guest（MAF-34 · g，Hip= 咪唑 [4,5-f] 并 1,10-邻菲咯啉）作为原始 MOFs，然后加入钌金属离子，生成混金属化合物 $[Ru_xZn_{7-x}(ip)_{12}](OH)_2$ $(x = 0.10 \sim 0.16)$。x Ru：MAF-34 在 600 nm 的磷光 75% ~ 88% 被一个大气压（101 325 Pa）的氧猝灭，这是基于该 MOFs 的超微孔性能及其低的金属钌含量。通过吸附测试发现，在 25 ℃和一个大气压条件下，大约 3.2 cm^3/g（0.20 mol/L）的氧气被负载。

① Shustova NB, Cozzolino AF, Reineke S, et al. Selective turn-on ammonia sensing enabled by high-temperature fluorescence in metal-organic frameworks with open metal sites[J]. J Am Chem Soc, 2013, 135: 13326-13329.

② Qi X L, Liu S Y, Lin RB, et al. Phosphorescence doping in a nexible ultramicroporous framework for high and tunable oxygen sensing efficiency[J]. Chem Commun, 2013, 49: 6864-6866.

他们还利用 x =0.6 钌掺杂的 MAF-34 做成 MOFs 薄膜 $[Ru_{0.16}Zn_{6.84}(ip)_{12}](OH)_2$,发现可以对氧气实现快速反应,并且具有非常好的可逆性、重复性及稳定性。此外,还把该薄膜应用于商业化的蓝色 LED 灯上,实现了可以监测氧气浓度的发光颜色改变的器件。

此前传感氧气的 MOFs 都使用到了贵金属,利用它们与有机配体的 ^{3}MLCT 三重态磷光来传感。张杰鹏等制备了一例过渡金属锌的荧光 MOFs 材料 MAF-X11 即 $[Zn_4O(bpz)_2(abdc)]$(H_2bpz=3,3',5,5'-四甲基-4,4'-联吡唑;H_2abdc=2-氨基-对苯二甲酸),最大发射波长在 470 nm 左右,并且荧光随着氧气含量的增加发光强度减弱。在一个大气压(101 325 Pa)的氧气情况下,MAF-X11 的 96.5%的荧光被猝灭,猝灭能力可以与贵金属的杂化发光材料相媲美,而且其荧光强度与氧气的压力呈线性关系。此外,该 MOFs 还展现出传感速度快、可逆及高的稳定性和选择性。

Rosi 等利用稀土 Yb^{3+} 功能化的生物-金属有机框架 Yb^{3+}@bio-MOFs-1 传感氧气分子①。他们发现当通入氧气的时候,在 5 min 内,Yb^{3+} 在 970 nm 的近红外光减弱了 40%,而通入氮气后,发光强度迅速恢复。这个过程可以重复数次,并保持同样的效果。钱国栋等利用 Tb^{3+} 功能化的发光 MOFs 薄膜对氧气具有高的氧气灵敏度(猝灭常数 K_{sv}=7.59)和短的响应和恢复时间(6 s/53 s)②。

Pardo 等③发现同时呈现荧光和磁性的金属-有机框架 $MV[Mn_2Cu_3(mpba)_3(H_2O)_3]\cdot 20H_2O$[$MV^{2+}$=甲基紫腈正二价阳离子;$mpba^{2-}$=$N$,$N'$=1,3-(双草氨酸)-苯酸根],可以作为二氧化碳的传感材料。他们把该 MOFs 材料暴露在 0.1 MPa 的二氧化碳中或 0.15 MPa 1∶1 的二氧化碳和甲烷的混合气体中,都发现发光波长红移了 17 nm,说明是二氧

① An J, Shade C M, Chengelis-Czegan DA, et al.Zinc-adeninate metal-organic framework for aqueous encapsulation and sensitization of near-infrared and Visible emitting lanthanide cations[J]. J Am Chem Soc, 2011, 133: 1220-1223.

② Dou Z, Yu J, Cui Y, et al. Luminescent metalorganic framework films as highly sensitive and fast-response oXygen sensors[J]. J Am Chem Soe, 2014, 136: 5527-5530.

③ Ferrando-Soria J, Khajavi H, Serra-Crespo P,et al. Highly selective chemical sensing in a luminescent nanoporous magnet[J]. Adv Mater, 2012, 24: 5625-5629.

化碳与MOFs产生了相互作用而不是甲烷。张杰鹏等[①]报道的MAF-34的荧光波长及强度也会随着CO_2的压力改变而改变，是潜在的传感二氧化碳的功能材料。

An等[②]利用生物配体腺嘌呤与4,4-联苯二羧酸及Zn^{2+}进行自组装，获得具有多孔结构的三维配位聚合物bio-MOFS-1，$[Zn_8(ad)_4(BPDC)_6O \cdot 2Me_2NH_2]_n$（ad=腺嘌呤；BPDC=4,4'-联苯二羧酸）。该多孔配位聚合物的BET比表面积为1 700 m^2/g，骨架结构本身带负电荷，孔道内部容纳带正电荷的客体离子$[Me_2NH_2]^+$。将配位聚合物固体样品以硝酸稀土（Tb^{3+}、Sm^{3+}、Eu^{3+}或者Yb^{3+}）的DMF溶液处理，稀土离子与孔道内的$[Me_2NH_2]^+$可进行交换（可由元素分析及X射线能量散射光谱证实），得到新的配位聚合物Ln^{3+}@bio-MOFS-1。[③]X射线粉末衍射（XRPD）表明，在稀土离子进入孔道前后，配位聚合物骨架结构未发生变化。

Ln^{3+}@bio-MOFs-1的荧光光谱具有如下特点：①产生稀土离子的特征荧光发射，且由于MOFs的天线效应，稀土离子的特征荧光发射大大增强；②水分子对稀土离子的荧光淬灭作用不再发生。

Yb^{3+}@bio-MOFs-1在近红外区（970 nm）产生非常强的荧光发射。由于水分子对其不发生荧光淬灭作用，因此这种材料可用于生物成像或检测。有趣的是，该配位聚合物的荧光发射对O_2分子极为敏感，O_2分子对其荧光发射具有明显、快速的淬灭作用。在氧气气氛中荧光淬灭后，再将氧气气氛变换为氮气气氛，其荧光快速恢复。经多次氮－氧气氛循环，性能不发生变化。利用这一特性，该材料可用作O_2分子传感器。

---

① Qi X L, Lin R B, Chen Q, et al. A flexible metal azolate framework with drastic luminescence response toward Solvent vapors and carbon dioxide[J]. Chem Sci, 2011, 2: 2214-2218.

② An J, Geib S J, Rosi N L. cation-triggered drug release from a porous zinc-adeninate metal-organic framework[J]. J. Am. Chem. Soc. , 2009, 131: 8376-8377.

③ An J, shade C M, Chengelis-Czegan D A, et al. Zinc-adenniate metal-orgamc framework for aqueous en-capsulation and sensitization of near-infrared and visible emitting lanthanide cations[J]. J. Am. Chem. Soc. , 2011, 133: 1220-1223.

6.3.3.2 pH 传感器

Harbuzaru 等[①]利用硝酸铕与邻菲罗啉二羧酸配体 H2 PhenDCA(1，10- phenanthroline-2，9-dicarboxylic acid)在水热条件下进行自组装，获得具有层状结构的配位聚合物 $\{[Eu_3(PhenDCA)_4(OH)(H_2O)_4]\cdot 2H_2O\}_n$。配合物由不同组成的两种配位层构成(A 层、B 层)，两种配位层中 Eu^{3+} 的配位模式完全不同。A 层组成为 $EuL_2\left(L = ligand\ PhenDCA^{2-}\right)$，带负电；两个 L 配体与一个 Eu^{3+} 配位，再通过配体间的 π－π 作用，将配位单元连接成二维平面。B 层组成为 $[Eu_2L_2(OH)(H_2O)_4]$，带正电；其中 OH^- 将两个 Eu^{3+} 桥联形成配位单元，配位单元通过羧基桥联，进一步形成二维平面层。相邻 A 层、B 层间通过静电作用，形成配合物晶体。

配位聚合物 $\{[Eu_3(PhenDCA)_4(OH)(H_2O)_4]\cdot 2H_2O\}_n$ 在紫外线(350 nm)激发下，580 nm 附近发射很强的荧光，量子产率达 0.56。其中 Eu2 单元发射峰位于 579.0 nm，Eu1 单元发射峰位于 580.7.0 nm。有趣的是，在水溶液体系中，pH 范围在 5.0 ~ 7.5 内，Eu2 单元发射峰的强度随 pH 的增大而线性增大(Eu1 单元发射峰的强度不随 pH 变化)。利用配合物的这一特性，可实现在生物体系中 pH 的定量检测，即该配位聚合物可作为生物体内 pH 检测的传感器。

6.3.3.3 有机分子传感

Song 等[②]制备了一例金属铕的框架材料 $[Eu_2L_{32}(H_2O)_4]\cdot 3\ DMF$ (H_2L^2=2',5'- 双(甲氧基甲基)-[1,1':4',1"- 三联苯]-4,4"- 二羧酸)，可以选择性地传感 DMF 分子。该 MOFS 发光材料的客体在经过水分子交换后发光变弱，当再暴露在不同的有机溶剂中的时候，发光强度会加强，其中 DMF 加强最为明显，发光强度加强约 8 倍。研究表明，水分子会猝灭 Eu 离子的发光，而移去发光会增强。更重要的是，在 DMF 进入

① Harhuzaru B V, Corma A, Rey F, et al. A miniaturized linear pH sensor based on a highly photoluminescent self-assembled europium(Ⅲ) metal-organic framework[J]. Angew. Chem., Int Ed., 2009, 48: 6476-6479.

② Li Y, Zhang S S, Song D T. A lumlnescent metal-organic framework as a turn-on sensor for DMF vapor[J]. Angew Chem Int Ed, 2013, 52: 710-713.

孔穴后，它会抑制苯环的自由旋转，还会微扰配体的能级，从而更利于配体到金属的电荷转移而使得发光增强。该传感器的响应率（几分钟内）达到95%，并且通过简单的水洗就非常容易恢复（几秒内）。

通常传感器都是对单一目标分子具有选择性识别。Kitagawa等[①]报道一例二重穿插的MOFS材料[Zn_2(bdc)$_2$(dpNDI)]·4DMF[dpNDI=*N*,*N'*-二（4-吡啶基）。1,4,5,8-萘四羧酸酰亚胺]，当包含不同客体时其发光都有特征的对应，因此使得其可以同时传感多个化合物。这主要是源于其限域了一系列有机芳香化合物（对流层空气污染物）后其框架结构展示出动态转换的特性。有机芳香分子如苯、甲苯、对二甲苯、苯甲醚及碘苯等可以很容易地进入该MOFs的空腔中，只需把干燥过的样品浸泡在这些液态的有机化合物中。[Zn_2(bdc)$_2$(dpNDI)]的荧光非常弱，量子效率低且寿命短。然而，加入这些芳香分子后，该MOFs在可见光区都展现出很强的荧光且发光颜色跟含芳香环的化学取代基密切相关。随着客体分子的取代基的供电子能力增强，MOFs的发光波长逐渐红移。该多种颜色的发光归结于NDI与芳香客体的相互作用加强，这又是客体诱导相互穿插的框架结构的转化导致。

林文斌等[②]报道了一例基于BINOL（1,1'-bi-2-naphthol，联萘酚）衍生物并具有对映体选择性的发光MOFs传感器：[Cd_2(L^4)(H_2O)$_2$]·6.5DMF·3EtOH[H_4L^4=(*R*)-2,2'-双羟基-1,10-联苯-4,4',6,6'-四苯甲酸]。BINOL衍生物是非常好的荧光对映体传感分子，一系列的手性化合物都可以与其形成氢键相互作用而被传感。该Cd-BINOL金属-有机框架材料被发现可以用来传感氨基醇对映体。氨基醇加入后，会进入孔道跟框架中处于基态的BINOL部分产生氢键相互作用，荧光被猝灭。由于MOFs刚性结构及分析物质在孔道的预富集并且与框架的功能位点更能接近，使得相对于基于BINOL的均相传感器其传感灵敏度明显提高。预富集的作用被气相色谱证实，被研究的氨基醇在框架孔道中的浓度是上清液的数千倍。这也说明这些猝灭分子更倾向居于孔穴内，而不是停留在溶液中。在所有被测试的氨基醇中，该MOFs对2-

① Iakashima Y, Martinez V M, Furukawa S, et al. Molecular decoding using luminescence from an entangle porous framework[J]. Nat Commun, 2011, 2: 168.

② Wanderley M M, Wang C, Wu CD, et al. A chiral porous metal-organlc framework forhighly sensitive and enantioselective fluorescence senslng of amino alcohols[J].J Am Chem Soc, 2012, 134: 9050-9053.

氨基 -3- 甲基 - 丁醇具有最好的选择性。更有趣的是,猝灭响应是跟 2-氨基 -3- 甲基 - 丁醇的对映体过量(ee 值)相互关联。所以,这一 Cd-BINOL 金属 - 有机框架传感器可以通过荧光的猝灭非常容易地检测氨基醇样品的 *ee* 值,使得其成为一种具有潜在应用前景的手性传感材料。

对于爆炸物的检测无疑有非常重要的社会意义,无论是对于反恐、国土安全还是安保等领域,因此引起科学家的广泛兴趣。李静等[①]报道了第一例用来检测爆炸物的发光 MOFS 材料 $[Zn_2(bpdc)_2(bpee)]\cdot 2DMF$[bpee=1,2- 双(4- 吡啶)乙烯]。他们发现在常温下,该 MOFs 暴露在 DNT(0.18 μL/L, DNT= 二硝基甲苯, TNT 的副产物)和 DMNB(2.7 μL/L, DMNB=2,3- 二甲基 -2,3- 二硝基丁烷,一种爆炸物示踪剂)中 10 s 内,它的荧光强度超过 80% 被猝灭。猝灭比例被定义为:$(I_0 - I)/I_0 \times 100\%$,其中 I_0 为原来的发光强度,I 为暴露在爆炸物后的浓度。相比于共轭聚合物传感器,具有更好的灵敏度和快速的响应时间。此外,由于 DMNB 缺乏 π - π 相互作用,因此也难于被共轭聚合物传感。这种 MOFs 材料可以不断重复使用,其荧光在 150 ℃加热 1 min 后即恢复。由于大部分爆炸物是缺电子的,因此通常是将荧光猝灭,其猝灭机制是由于缺电子的分析质存在,在激发的情况下将使电子从 MOFs 的 LUMO 转移到分析质的 LUMO,从而导致非辐射释放能量。这种机制也进一步被该课题组报道的一系列的发光 MOFs 材料证明。仅仅依赖于对发光强度的检测不能准确及选择性地检测不同的爆炸物,因为可能同时不同的具有缺电子的化合物都能猝灭荧光。跟框架具有较强作用的分析质在猝灭荧光的同时还能导致发光波长的位移,因此可以引入荧光波长的改变这一参数,这样就使得从一维传感变为二维传感。李静等成功实现发光 MOFs 对一系列化合物的二维传感,大幅提高了传感的专一性。

6.3.3.4 离子传感

由于离子对环境、食品及生命体等有非常重要的作用和影响,对于离子的检测传感一直是科学家研究的热点之一。无论是阴离子还是阳

① Lan A, Li K, Wu H, et al. A luminescent microporous metal-organic framework for the fast and reversible detection of high explosives[J]. Angew Chem Int Ed, 2009, 48: 2334-2338.

离子都能被发光 MOFs 传感。稀土离子具有非常特征的发光，发光波长不改变，发光强且发光强度容易受到敏化剂及离子外围环境的影响，因此常用作发光 MOFs 的金属离子。

研究表明，Cu^{2+}、Zn^{2+}、Cd^{2+} 及 Hg^{2+} 会与氮杂环配位使得 Eu^{3+} 的发光强度降低，而 Ag^{+} 与氮杂环的空的配位点作用后会明显增强其荧光，使得 $^5D_0 \rightarrow {}^7F_1$ 的跃迁增强 4.9 倍，而 $^5D_0 \rightarrow {}^7F_1$ 和 $^5D_0 \rightarrow {}^7F_4$ 的跃迁很大程度上消失。这样的发光变化可以归属于 Ag^{+} 配位后使得 MOFS 的刚性增强以及改变了金属的顺磁自旋态。

研究表明，Ca^{2+} 可以使得 Tb^{3+} 的 $^5D_4 \rightarrow {}^7F_5$ 发射光强度及寿命明显增强和增长，而其他离子不影响发光或明显减弱发光。

除了稀土 MOFs 材料可以作为金属离子的荧光传感器外，基于过渡金属离子或主族金属离子的发光 MOFs 也可以传感金属离子。严秀平等①报道了 MIL-53（Al）可以在水相中高灵敏度和高选择性传感 Fe^{3+}。主要的传感机制是源于 Fe^{3+} 可以很容易地与 MIL-53(Al)的 $A1^{3+}$ 交换，使得荧光猝灭，线性范围在 3 ~ 200 μmol/L，检测限为 0.9 μmol/L。研究表明，0.8 mol/L Na^{+}，0.35 mol/L K^{+}，11 mmol/L Cu^{2+}，10 mmol/L Ni^{2+}，6 mmol/L Ca^{2+}、pb^{2+} 和 Al^{3+}，5.5 mmol/L Mn^{2+}，5 mmol/L Co^{2+} 和 Cr^{3+}，4 mmol/L Hg^{2+}、Cd^{2+}、Zn^{2+} 和 Mg^{2+}，3 mmol/L Fe^{2+}，0.8 mol/L Cl^{-}，60 mmol/L NO_2^- 和 NO_3^-，10 mmol/L HPO_4^{2-}、$H_2PO_4^-$、SO_3^{2-}、SO_4^{2-} 和 $HCOO^-$，8 mmol/L CO_3^{2-}、HCO_3^- 和 $C_2O_4^{2-}$ 和 5 mmol/L CH_3COO^- 对检测 150 μmol/L 的 Fe^{3+} 不产生干扰。

无机阴离子（如 F^-、Cl^-、Br^-、SO_4^{2-}、PO_4^{3-} 及 CN^- 等）也一直是传感研究的重点。黄永德等②利用稀土金属离子 Tb^{3+} 与有机配体黏液酸合成了一例稀土 MOFS 材料 $[Tb(Mucicate)_{1.5}(H_2O)_2]\cdot 5H_2O$。该 MOFs 遇到阴离子 CO_3^{2-}、CN^- 和 I^- 后其荧光会增强，遇到 SO_4^{2-} 和 PO_4^{3-} 则

① Yang C X, Ren H B, Yan X P, et al. Fluorescent metal-organic framework MIL-53(Al)for highly selective and sensitive detection of Fe3+ in aqueous solution[J]. Anal Chem, 2013, 85: 7441-7446.

② Wong K L, Law G L, Yang Y Y, et al.A highly porous luminescent terbium-organlc framework for reversible anion sensing[J].Adv Mater, 2006, 18: 1051-1054.

不会。陈邦林等[1]也用发光的稀土 MOFs 材料 [Tb(btc)·3MeOH(MOFs-76b; H^3btc=1,3,5-苯三甲酸)作为传感器来识别阴离子,他们发现阴离子 Br^-、Cl^-、F^-、SO_4^{2-} 和 CO_3^{2-} 会使得发光增强,其中 F^- 增强最明显。可能的机理是 F^- 会与甲醇形成最强的氢键,阻止它猝灭 Tb^{3+} 的发光,从而加入 F^- 后会使得荧光增强。此外,钱国栋等也发现一例稀土 MOFs 材料 [Tb(nta)]·H_2O(H_3nta=氨基三乙酸)在水相中可以传感 PO_4^{3-}。过渡 MOFS 也展现出对阴离子的传感,如 $[Zn(L^7)(H_2O)_2](NO_3)_2 \cdot H_2O$ [L^7=(*NE*,*N'E*)-4,4′-(乙烯-1,2-二)双(*N*-(2-亚甲基吡淀)苯胺)]通过离子交换后[ClO_4^-、$N(CN)_2^-$、N_3^- 及 SCN^-]会发射出不同颜色的光。

6.3.3.5 生物检测及成像应用

现今 MOFs 荧光材料的研究主要集中在固态 MOFs 材料的制备与应用,但块体材料较大的尺寸限制了其在生物医药领域的应用,因此必须将 MOFs 制备成纳米尺寸材料才能实现细胞及生物活体内的检测及诊断功能。

近年来将纳米尺寸的镧系 MOFs 应用于生物成像、生物标记和药物装载的研究已经获得越来越多的关注。主要是由于能将化学和生物功能相结合,以及镧系独特的发光性质,如高耐光性、较长的衰减率、大斯托克斯位移、窄发射频段。除了它们的发光特性,镧系纳米 MOFs 材料可以具有顺磁性特性,组织成像时它们还可作为磁共振成像(magnetic resonance imaging, MRI)时的磁性造影剂。荧光成像和磁共振成像结合了荧光的灵敏度与磁共振成像的高空间分辨率,双模态成像在医疗诊断上更受欢迎,因为它提高了灵敏度和分辨率,使形态可视化。

荧光纳米 MOFs 材料应用于生物成像的研究尚处于起步阶段,目前研究主要集中在摸索纳米 MOFs 材料的制备方法方面。目前有关纳米 MOFs 合成方法的报道较多,最常用的合成方法一般有四种,分别是再沉淀法、溶剂热法、微乳液法和模板法。再沉淀法是指在室温下将两种溶液混合后直接析出纳米粒子,这种方法简单易操作,经常被人们用来合成各种配位聚合物纳米粒子。溶剂热法合成纳米 MOFs 一般要通过常规加热或微波加热,通过调节温度和加热速率来控制纳米粒子成核及

① Chen B, Wang L, Zapata F, et al. A luminescent microporous metal-organic framework for the recognition and sensing of anions[J]. J Am Chem Soc, 2008, 130: 6718-6719.

尺寸。微乳液法是一种可以控制纳米 MOFs 的成核过程和生长动力学的合成方法,是由表面活性剂稳定非极性有机相中的水滴而形成的,该方法已被用于合成晶型纳米棒材料。模板法可以有效控制所合成纳米材料的形貌、结构和大小,也是目前制备纳米材料的一种重要方法。大多数的纳米 MOFs 都可用上述四种方法来合成,通过调节反应溶剂、温度、pH、表面活性剂、模板分子或其他因素就可得到一系列具有特定组成和形貌的纳米 MOFs,对纳米 MOFs 的生长机理和生长动力学的深入研究可以促进其作为一种在生物和医学应用具有前景性的复合纳米材料的发展。

在合成过程中,使光学染料与纳米 MOFs 结合一般情况下有两种方法:合成后法,通过其价键接上荧光分子或光学染料作为客体分子载入纳米 MOFs 中。然而绝大多数方法制备出的纳米粒子在生物环境下不具备较好的水溶性且会发生团聚或者沉淀,所以保持其长时间稳定是生物成像应用中一个十分重要的问题。通过适当的表面修饰,可以降低纳米粒子的比表面能,使其具有好的水溶性和分散性,并且还可以调节与其他材料的相容性和反应特性。目前大部分纳米 MOFs 材料主要用有机聚合物和二氧化硅进行表面修饰。二氧化硅广泛应用于聚合物纳米粒子,主要是因为其具有优良的亲水性、稳定性和生物相容性;能有效阻止纳米粒子团聚;在磁性纳米粒子表面水解后形成的核壳结构纳米粒子尺寸均一,重复性好等优点。

2008 年林文斌课题组用类似的方法制备了 [Mn(bdc)(H_2O)$_2$] 和 [Mn_3(btc)$_2$(H_2O)$_6$] 纳米 MOFs 晶体材料①,在每个锰原子单元上,其纵向弛豫效能 r_1 分别达到 5.5(mmol/L)$^{-1}$/s 和 7.8(mmol/L)$^{-1}$/s,横向弛豫效能 r_2 分别达到 80(mmol/L)$^{-1}$/s 和 78.8(mmol/L)$^{-1}$/s,展现了优异的 MRI 成像性能。为了减小其生物毒性和增强其稳定性,他们通过用 TEOS 改良的有机硅胶 PVP 进行纳米 MOFS[Mn_3(btc)$_2$(H_2O)$_6$] 表面包裹,然后进一步用荧光染料罗丹明 B(rhodamine B)和靶向蛋白分子 cyclic-(RGDfK)进行纳米 MOFs 表面修饰以实现良好的生物相容性和分子靶向性。其聚焦实验表明具有荧光物质和靶向分子的纳米 MOFs 材料 [Mn_3(btc)$_2$(H_2O)$_6$] 大幅度增加了其在人结肠癌细胞中

① aylor-Pashow KML, Rleter W J, Lin W. Manganese-based nanoscale metal-organic frameworks for magnetic resonance imaging[J]. J Am Chem Soc, 2008, 130: 14358-14359.

(HT-29)的摄入量。通过大鼠尾静脉注射这种荧光染料的纳米 MOFs 材料 1 h 后,纳米 MOFS 可以被肝脏、肾和大动脉迅速吸收并成像。

2009 年林文斌课题组又报道了一种通过后修饰具有高孔隙率的 Fe^{3+}-NMOFS 即 $[Fe_3(\mu_3\text{-}O)Cl(bdc)_3(H_2O)_2]$①,用其来运载荧光染料和抗癌药物。如图 6-15 所示,作者先用带有氨基的对苯二甲酸配体与 Fe^{3+} 合成了氨基功能化的铁 - 羧基纳米 MOFs,然后将此纳米 MOFs 浸泡在含有 Br-BODIPY 的 THF 溶液中,从而得到了装载有荧光染料 BODIPY 的纳米颗粒,装载量为 5.6% ~ 11.6% (质量分数),而装载在 Fe^{3+}- 纳米 MOFs 中的荧光染料 BODIPY 由于三价铁具有的 d → d 跃迁将其荧光猝灭。此外,铂类抗癌药物(ethoxysuccinato-cisplatin, ESCP)也可以被装载进这种纳米 MOFs 材料中,装载率可以达到 12.8% (质量分数)。共聚焦激光扫描图像显示装有 BODIPY 的纳米 MOFs 可以穿过细胞膜并且将 BODIPY 染料释放到人结肠癌细胞(HT-29)中,因此细胞显示出荧光,然而没有进行装载的 BDC-NH-BODIPY 荧光染料却在细胞中不显示荧光,这表明此纳米 MOFs 是一个运载光学成像造影剂的有效平台。

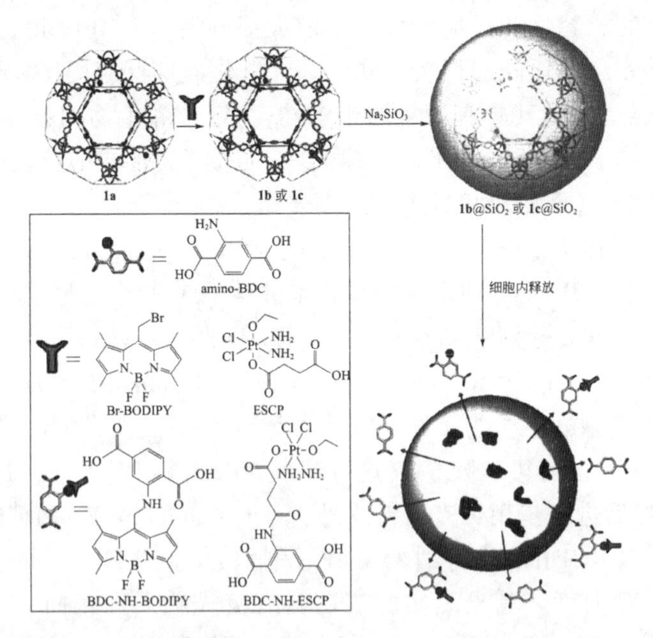

图 6-15 Fe^{3+}- 纳米 MOF 的合成、修饰及荧光染料 BODIPY 与抗癌药 ESCP 装载示意图

① Taylor-Pashow KML, Rocca JD, Xie Z, et al. Postsynthetic modincations vof iron-carboxylate nanoscale metal-organic frameworks for imaging and drug delivery[J]. J Am Cham Soc, 2009, 131: 14261-14263.

2009 年 Boyes 课题组[1]将三种物质共同修饰在纳米尺寸 Gd–MOFs 颗粒上，分别为细胞染料荧光素 O– 甲基丙烯酸酯（O–methacrylate）、具有靶向性的 H– 甘氨酸 – 精氨酸 – 甘氨酸 – 天冬氨酸 – 丝氨酸 –NH_2（GRGDS–NH_2）和抗肿瘤药物甲氨蝶呤（MTX），聚合物在 Gd– 纳米 MOFs 表面涂布的厚度为 9 nm。将这种修饰了靶向分子的 Gd– 纳米 MOFs 颗粒添加于犬内皮肿瘤细胞 FITZ–HSA 的培养基中研究其抗癌靶向性跟活性，他们发现孵化 1 h 后靶向纳米 MOFs 粒子表现出细胞定位，然而未接靶向分子的纳米 MOFs 不表现出任何的定位和摄入。通过荧光成像证明聚合物改进的 Gd– 纳米 MOFs 对犬内皮肿瘤细胞 FITZ–HSA 具有靶向性，这是由于多肽物质 GRGDS–NH_2 能够识别肿瘤细胞 FITZ–HSA 中的 $\alpha_v\beta_3$ 表达。在 FITZ– HSA 细胞生长抑制试验中，和同等浓度的 MTX 相比，修饰后的 Gd– 纳米 MOFs 表现出相同的抗癌效果。

相对于荧光发射光谱位于紫外及可见光区的生物荧光探针，发射光谱位于近红外区（波长为 650 ～ 1 100 nm）的近红外荧光探针（near infrared fluorescent probes，NIR–FPs）在生物医疗诊断分析领域备受瞩目。首先，生物基体极少在近红外光谱区自发荧光，使得基于 NIR–FPs 标记的分析检测免受背景荧光干扰；其次，因散射光强度与波长的四次方成反比，发射光位于长波区的 NIR–FPs 受其干扰小；最重要的是近红外光对生物组织穿透力强且损伤小，使其在无损检测及生物成像等方面得到广泛应用。2013 年 Petoud 等合成了一种具有近红外光的纳米 MOFs 作为活细胞成像探针，将大量的 NIR 发射型镧系元素 Yb^{3+} 与致敏剂（ohenylenevinylene dicarboxylate，PVDC）包裹于纳米 MOFs 内，该 MOFs 结构不仅为镧系元素的敏化和保护提供了一条新途径，同时也因其单位体积内携带探针数的增加而大大提高了检测灵敏度。

---

① Rowe M D, Thamm DH, Kraft S L. Polymer–modified gadolinium metal–organic framework nanoparticles used as multifunctional nanomedicines for the targeted imaging and treatment of cancer[J]. Biomacromolecules, 2009, 10: 983–993.

第7章　配位聚合物铁电材料

金属－有机骨架配合物是由有机配体与金属离子通过自组装过程形成的,多样的有机配体和各类金属离子的自组装必然带来丰富的空间拓扑结构和独特的物理性能,因此在光、磁、电等多个领域存在广泛的应用前景。对于配合物铁电性能的研究起源较早,但是由于单晶培养及测试技术的限制,一度进展缓慢。最近几年,在化学家、材料学家和物理学家的共同努力下,配合物铁电性的研究进展突飞猛进,取得了大量颇有意义的成果,然而近年来介绍配合物铁电性的专著并不多见。

早在18世纪与19世纪,材料的焦电性和压电性已被科学家广泛研究,压电性是指如果对没有对称中心的晶体外加电场会产生应变;若给予晶体外加应变,也会产生电极化的改变。若晶体电极化的改变同时会受到外在应力和温度的影响,则称为焦电性。然而并非所有的焦电材料与压电材料都具有铁电性。① 凡在外加电场作用下产生宏观上不等于零的电偶极矩,从而形成宏观束缚电荷的现象称为电极化。具有自发极化,且该极化能够随外场重新取向的一类材料称为铁电材料。铁电材料是介电材料的一个亚类,介电材料是一类以感应的方式对外加电场做出响应,即沿电场方向产生电偶极矩或者电偶极矩改变的材料。由于自身结构的原因,铁电材料同时具有压电性、热电性、非线性光学效应、电光效应、声光效应、光折变效应和反常光生伏打效应。这些性质使得它们可以将声、光、电、热效应相互联系起来,成为一类非常重要的复合材料。② 铁电材料具有以下特点:数值较大的介电常数(dielectric constant, ε')、强的非线性效应、显著的温度和频率依赖性。在外加电场和机械力的作用下,一方面,它们具有温度响应的自发极化作用,因而

① 和来福.具有光、磁和铁电性质的手性分子基稀土功能材料的构筑与研究[D].郑州:郑州轻工业学院,2011.

② 杨玉亭.含氮和羧基配体构筑的配位聚合物的合成、结构和性质研究[D].天津:南开大学,2012.

可以应用在温度传感器、信息储存、机械驱动和能量捕获等方面；另一方面，其有可调控的介电响应和非线性光电效应，可以用来处理和操控电磁波铁电体。

罗谢尔（Rochelle，RS）盐（$[KNa(C_4H_4O_6)]\cdot 4H_2O$）是史上第一个铁电体化合物，Valasek 于 1920 年揭示了它特异的介电性质，开启了铁电材料研究的热潮。铁电材料包括无机氧化物、无机–有机杂化材料、有机化合物、液晶、聚合物等多种类型，至今已经报道了三百余种。铁电体与铁磁体在许多性质上具有相应的类似性，“铁电体”之名即由此而来，其实它的性质与“铁”毫无关系。介电常数的反常变化是铁电（或反铁电）相变的重要标志之一，它与电滞回线、居里温度共同成为铁电特征的充分条件。

然而，不稳定性、复杂的结构和罗谢尔盐独特的铁电现象导致了早期铁电体研究上的困难。这方面的研究真正快速发展起来是在钛矿型铁酸钡（BTO）和锆酸铅盐（PZT）发现之后。直到最近几年，金属–有机配合物铁电功能材料才引起了国内外同行的研究兴趣。本章主要介绍单晶状态金属–有机框架配合物（MOFs）的铁电现象研究。铁电体金属–有机框架配合物的出现填补了纯无机物和纯有机物铁电体之间的空白。作为一种杂化材料，其优点在于利用无机物和有机物进行组装的过程中，产物结构多变并且可以根据需要进行调整和修饰。此外，这类材料的合成方法相对简单，所需温度也较低。这些优势可以帮助突破铁电体基础研究的一个瓶颈，也就是以往合成方法的偶然性以及由此导致的铁电体数量限制。

随着铁电体配合物的涌现和应用不断扩大，铁电理论在多个方面得到发展，如热力学方法中的 Landau-Devonshire 理论，微观理论中的软模理论、仿自旋波动理论、电子振动理论以及第一性原理计算法。关于这些理论的详细信息，读者可以阅读相关书籍和综述，本书在此不予赘述。铁电体配合物的主要特征是自发电极化作用，这种作用在外加电场下方向可以发生翻转。铁电体同时显示焦电、压电和二次谐波（second harmonic generation，SHG）现象。晶胞内的原子，由于不同的堆叠结构，使得正负电荷产生相对位移，形成电偶极矩，让晶体在不加外电场时就具有自发极化现象，且自发极化的方向能够被外加电场翻转或重新定向，铁电材料的这种特性被称为铁电现象或铁电效应。在 32 个点群中，只有 10 个点群具有特殊极性方向,分别为 C_1、C_s、C_2、C_{2v}、C_3、C_{3v}、C_4、C_{4v}、C_6、C_{6v}。这 10 个点群称为极性点群。所有铁电晶体的结构都属于极性点群,都是非中心对称的,只有属于这些点群的晶体才有可能发生自发极化。[①] 也就是说,我们讨论配合物铁电现象必须在单晶状态下才有意义。由于组装铁电材料的金属离子和有机配体在构筑配合物的过程中具有很大的随机性,因此定向构筑铁电材料并探究其组装规律及性质,成为铁电材料前沿领域极具挑战性的研究热点。下面首先介绍一些与铁电材料研究相关的基本概念。

7.1 配位聚合物铁电材料基本概念

7.1.1 相变

相变就是指物质从热力学系统的一种相转变为另一种相的过程。在铁电化合物中,相变的特征就是顺电 - 铁电(paraelectric-fellroelectric)相变。这一转变通常伴随晶体结构的改变,并导致化合物的介电性、弹性、热稳定性等多种性质强烈的反常变化。同时,这种相变会受到压力、电场、冲击波、激光等因素的影响。根据不同的标准,相变有多种不同的分类方式。

基于热力学函数变量吉布斯自由能(G)的行为,相变可以分为一级相变和二级相变(甚至更高级相变)。一级相变自由能的一阶导数在相变点是不连续的,而二级相变自由能的一阶导数在相变点是连续的,类似于函数熵(S)、体积(V),但是二级相变自由能的二阶导数在相变点是不连续的,类似于比热容(C_p)[图 7-1(a)]。对于铁电体,晶体化合物的固有偶极矩定向排列产生自发极化(P_s)。极性状态的出现导致结构从高温、高对称性的顺电相转变为低温、低对称性的铁电相。随着温度降低,一些高温相对称元素在临界温度(T_c)以下会丧失,这也被称为对称性破缺(symmetry breaking)。在这种情况下,需要引入有序参数来衡量系统的有序度。对于经历相变的铁电系统,引入的有序参数是自发

① 和来福.具有光、磁和铁电性质的手性分子基稀土功能材料的构筑与研究[D].郑州:郑州轻工业学院,2011.

极化强度 P_s。自发极化强度的不连续变化对应一级相变,连续变化对应二级相变[图 7-1(b)]。

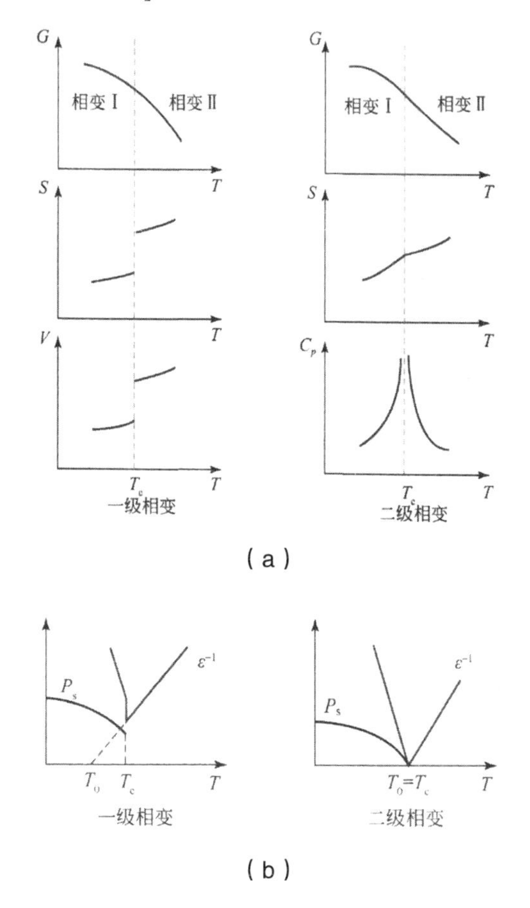

图 7-1 (a)物理性质随温度的变化规律;(b)介电常数和一级、二级相变的极化作用随温度变化规律

另一种铁电相变的分类方法是基于在临界温度点发生的相变性质,包括:位移型(displacive type);有序-无序型(order-disorder type)(图 7-2)。无机氧化物一般属于第一种类型,如 $BaTiO_3$,离子的相对位移产生自发极化。$NaNO_2$ 属于典型的第二种铁电类型,其中 NO_2^- 的偶极再定位产生铁电现象。这两种类型并不相互排斥。事实上,铁电晶体通常既显示位移型又显示有序-无序型特征。

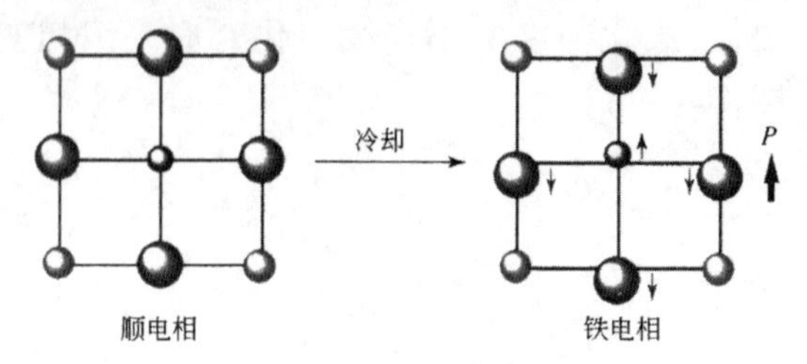

（Ⅰ）位移型：$BaTiO_3$

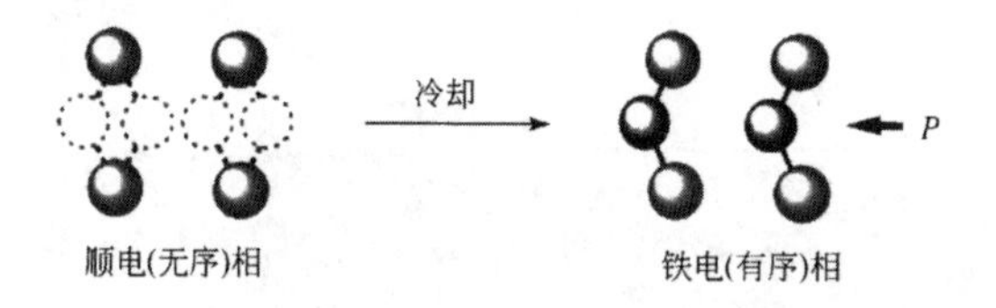

（Ⅱ）有序－无序型：$NaNO_2$

图 7-2 铁电体两种类型示意图

铁电体相变的级数及其他相关的详细信息，需要通过热分析、介电常数测试、结构分析、光谱测试等多种手段获得。差示扫描量热法（DSC）和比热容可以对确定相变级数提供非常有用的信息。例如，在DSC曲线上，一级相变在临界温度显示一个峰，而二级相变会出现阶梯状。在一些具有有序－无序型相变的实例中，铁电体对应于有序态的顺电相时，对分子取向的估计值可以根据量热数据，利用玻耳兹曼方程$\Delta S = nR\ln(N)$获得。式中ΔS为熵变，数值可以从精细热容测试数据中获得；n为摩尔分子数量；R为摩尔气体常量；N为无序系统的混乱度。

在临界温度附近，与温度相关的介电常数通常表现出明显的不规则变化。介电常数的峰值变化范围甚至高达几十到10^6，这是相变发生的有效指示。根据居里－外斯定律，$\varepsilon = C/(T - T_o)$，式中，$\varepsilon$为介电常数；$C$为居里常数；$T$为温度；$T_o$为居里－外斯温度，通过拟合可以得到顺电和铁电相中的居里常数之比C_{para}/C_{ferro}（图 7-2 Ⅱ）。如果比值接近 8，一般就可以判定为一级相变（$T_o < T_c$）；如果比值接近 2，通常为二级相变（$T_o = T_c$）。值得注意的是，在光学频率中，折光率（n）在临界温度显示不规则变化而非介电常数，原因是$n^2 \approx \varepsilon$。

根据居里常数数值，铁电化合物可以分为三种类型：

（1）铁电体的居里常数$C \approx 10^5$ K，多数属于位移型相变。

（2）铁电体的居里常数$C \approx 10^3$ K，属于无序－有序型相变。

（3）铁电体的居里常数 $C \approx 10$ K，此时铁电相是由一些物理量引发的，而不是极化作用，它们也称为不恰当的或外在的铁电体。

由于顺电 – 铁电相转变与结构相转变密切相关，因此要弄清楚铁电现象的起源，详细的结构分析是必不可少的，包括离子的位移、晶格中电活性群的有序 – 无序转变等。如前所述，对称性破缺发生在铁电体相变的临界温度以下。在顺电相，晶体可以是 32 个点群中的任何一种，但在铁电相中，晶体必须属于 10 个极性点群，其中包括 68 个极性空间群。根据居里对称性原则，铁电相的空间群应该是顺电相的子群，但是研究发现很多例外的情况。[①] 变温单晶 X 射线衍射和中子衍射是确定化合物结构对称性变化最直接的方法，通过对晶体结构对称性的分析可以揭示铁电体极化作用的微观机理。

然而，单晶化合物顺电相和铁电相的结构分析通常是有难度的，因为离子微小的位移不但彼此高度相关，而且同容易导致错误精修值和多重解的热参数相关。在探索铁电现象方面，二次谐波技术是一种非常有效的工具。二次谐波对于时间分辨的对称性破缺响应非常敏感。当发生从中心对称的顺电相到非中心对称的铁电相转变时，在相变点附近可以观察到二次谐波信号的变化。根据 Landau 理论，二次谐波对温度的变化曲线与 P_s 曲线是相似的。[①]

通过多种光谱技术可以对铁电相变进行更深入的了解。例如，红外光谱、拉曼光谱和中子散射实验能够对铁电体单晶的软模和晶格振动性质提供非常详细的信息。固态核磁技术特别适用于铁电化合物动力学过程的评价。对线形和弛豫实验的定量分析可以在分子水平上提供相变附近的动态和结构特征，从而获得单个离子对铁电现象的贡献情况。同时，相变过程中的局部动力学和具体原子的电子密度分布特征可以通过电子自旋共振和 Mössbaue 光谱进行研究。

7.1.2 极化作用和电畴

在铁电相中，电位移或者极化作用对电场（P–E）的测试可以提供电滞回线（图 7–3）。作为铁电现象的直接特征，电滞回线实际上是铁电体在介电击穿场下电畴或极化开关运动的宏观反映。电畴是晶体中自

① 王晓利 . 含膦化合物以及螺环铵盐化合物的结构和介电性质研究 [D]. 南京：东南大学，2017.

发极化均匀取向的区域。从电滞回线上，可以获得一些描述铁电现象的特征参数，如自发极化强度(P_s,OI)、剩余极化强度(P_r,OD或OG)、矫顽场(E_c,OE或OH)。矫顽场通常定义为完全转换剩余极化强度所需的最小场。铁电转换是一个依赖于温度和电场强度的活化过程。

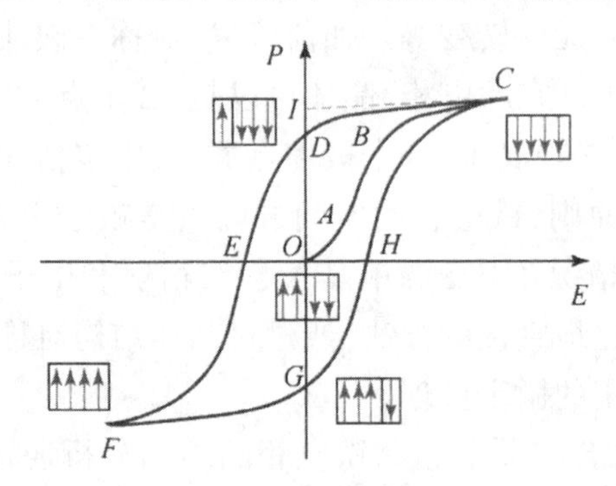

图 7-3　极化强度对电场(P–E)的曲线，即电滞回线

从微观角度分析，铁电晶体最初由等量的正、负电畴组成，因此晶体中不存在净极化作用。在较低的正向场中，P 和 E 之间是线性相关的(OA)，此时晶体表现为常见的介电体。这是因为电场强度太低，不能够影响铁电体的极化作用，对应于没有一个畴被转换的过程。当电场强度接近矫顽场时，一定数量的负电畴被转换为正向的，此时极化作用迅速增强(AB)。在高场中，所有的畴正向排列形成单畴，预示着达到饱和状态(BC)。当电场强度降低到零时，由于一些电畴仍然正向排列，所以极化强度沿 CD 变化。极化作用曲线和 Y 轴交点之间的距离为剩余磁化强度 $P_r(OD)$。当矫顽场 $E_c(OE)$ 应用在负方向时，极化作用降低到零。场强在负方向进一步增加，逆转后完成一个循环($CDEFGHC$)。这样的电滞回线是铁电晶体的一个典型特征。具有双稳态性质的铁磁性化合物，其磁化强度对磁场的曲线(M–H，磁滞回线)与电滞回线类似。

事实上，电滞回线也包括电介质位移和电导率的微小贡献。当电导率的贡献变得不可忽略时，会出现一个圆形循环。有时候，化合物经测试有明显的电滞回线，但实际却与铁电现象部分相关或者毫不相关，这种情况是很常见的。此类情况下的电滞回线不能够用于评估矫顽场和剩余极化强度。铁电性的确凿证据必须由其他独立的方法，如压电、焦电或二次谐波等测试手段提供。因为最重要的铁电化合物的特征是极化开关或电滞回线，所以了解电畴的结构对于充分理解铁电现象是非常必要的。极化开关通常包括现存反平行畴的增加、畴壁运动以及新反平行畴的晶核形成和生长。

7.2　铁电效应概述

7.2.1 铁电效应基本概念

所谓铁电效应，是指材料的晶体结构在不加外电场时就具有自发极化现象，其自发极化的方向能够被外加电场反转或重新定向。铁电材料的这种特性被称为“铁电效应”。自 1920 年 Valasek 发现有机酒石酸阴离子和 K^+、Na^+ 阳离子组成的 Rochelle 盐（$NaKC_4H_4O_6 \cdot 4H_2O$）铁电体以来，大量的铁电化合物被发现。铁电材料晶格点阵中的原子团，在某一方向上被极化分离产生正负离子，在晶体内部产生电偶极子。当给这种晶体加上一个电压时，这些偶极子就会在电场作用下有序排列。改变电压的方向，可使偶极子的方向反转。在一定温度下，电偶极子的取向排列可以被“冻结”。偶极子的这种可换向性，意味着它们可以在记忆芯片上表示一个“信息单元”，实现信息存储。

金属 – 有机配合物铁电材料（MOCs）代表了一类基于分子水平的铁电体。与传统的无机陶瓷铁电材料如钙钛矿型化合物 $BaTiO_3$（BT）、Pb（Ti,Zr）O_3（PZT）相比，金属 – 有机配合物铁电材料因其组成多样、结构可控的特性，为寻找新型铁电材料提供了机遇。由于产生铁电相变与材料的晶体结构密切相关，从分子设计及晶体工程出发，可控制各金属 – 有机配位聚合物是获得铁电相变晶体的有效途径。

依据其相转变的微观机制，铁电化合物可分为两类。

（1）位移型铁电体，其自发极化与正负电荷的相对位移紧密相关，正负电荷重心沿特定方向发生位移，使电荷正负中心不重合，形成电偶极矩。整个晶体在该方向上呈现极性，一端为正，一端为负。如图 7–4 所示是 $BaTiO_3$ 铁电相中，Ti 原子偏离氧原子八面体中心。

（2）有序 – 无序型铁电体，其铁电相转变同化合物永久偶极的有序化相联系，图 7–5 是铁电化合物 [Me_4N]$CdBr_3$ 中，阳离子 [Me_4N]$^+$ 的有序排列使化合物发生铁电相转变。

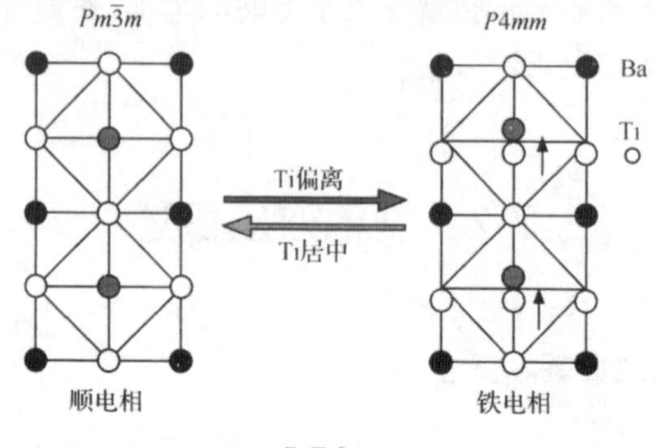

图 7-4　位移型铁电体化合物 $BaTiO_3$ 的铁电相中，Ti 原子偏离氧原子八面体中心

铁电效应的微观机制由以下几种因素决定：

（1）短程的相邻离子间电子云的排斥力有利于顺电相的形成，长程的库仑力有利于铁电相的形成。

（2）长程力和短程力的相互作用影响晶体的结构，从而导致铁电相变。

（3）短程作用下电荷分布的高度不对称产生的影响有利于铁电相的形成，如化学键、立体结构和空间效应的作用增强了电荷分布的不平衡而有利于形成铁电相。

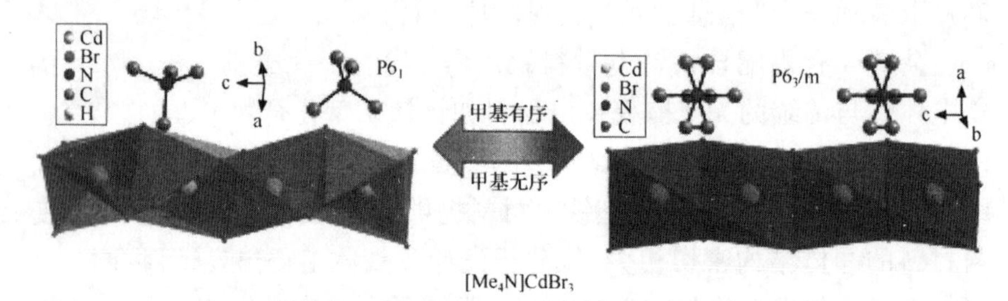

图 7-5　有序 - 无序型铁电化合物 $[Me_4N]CdBr_3$ 中，阳离子 $[Me_4N]^+$ 的有序排列使化合物发生电极化

铁电体的微观机制除了基于上述因素外，在一些铁电材料中，电子的自由度及电子的相互作用使自发电极化作用增强，有利于形成铁电相，这类铁电体称为电子铁电体，依据其来源不同，电子铁电体可分为两类：

（1）电荷有序型，如 $LuFe_2O_4$ 晶格中混合价态的铁离子产生电荷阻挫结构，磁有序增强了电极化作用。

（2）自旋有序型，如 $TbMnO_3$ 由自旋失措产生铁电效应。这种铁磁性与铁电性共存的现象，称为多铁性(multiferroic)。

7.2.2 铁电相变的结晶学条件

从晶体对称性角度考虑，顺电—铁电的相变过程必然伴随晶体结构的变化(空间群转化)。铁电相的晶体结构必须属于以下十种极性点群中的一种，包括 C_1 、C_s 、C_2 、C_{2v} 、C_3 、C_{3v} 、C_4 、C_{4v} 、C_6 、C_{6v} ；顺电相的晶体结构可属于 32 个点群中的一种。根据 Aizu 规则，有 88 种空间群可以发生从顺电相到铁电相的转变，其中有 18 空间群种产生单轴铁电相转变过程，如图 7-6 所示。关于 Aizu 记号，以 2/mFm 为例，F 表示铁电相转变，在铁电相中为 2/m，在顺电相中为 m。通常情况下，高温相表现出相对无序和更高的对称性，当温度下降时，相变发生，形成相对有序的低对称相。在这一过程中，一些对称元素随之消失，对称元素减少的现象称为对称性破缺，依据 Landau 理论，对称元素减半通常伴随着二级相变的发生。Curie 对称性原理表明，铁电相的空间群一定是顺电相的一个子群。

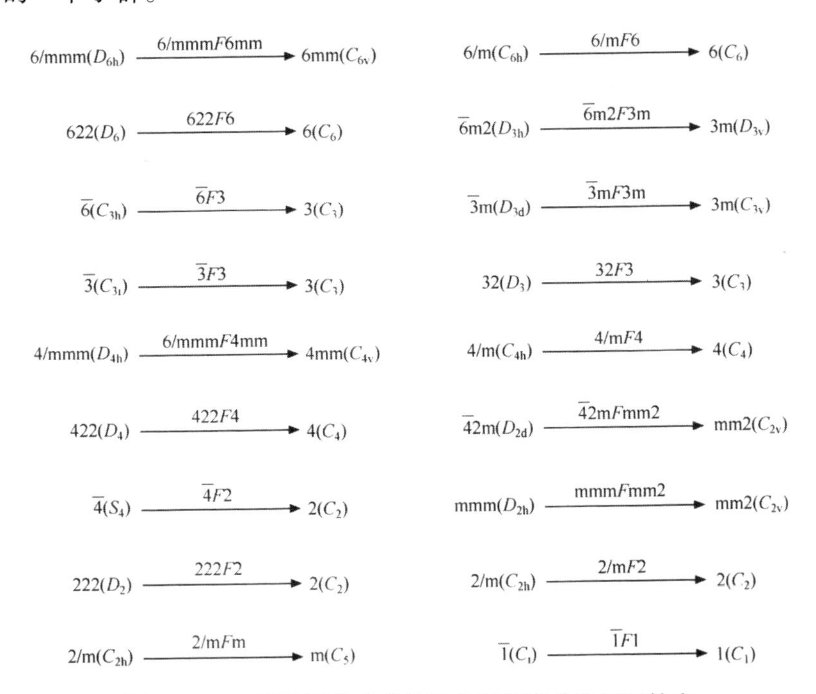

图 7-6　18 种可能发生单轴铁电相转变的空间群转变

7.3 铁电材料的性质研究和测试仪器

7.3.1 目标化合物的介电和铁电性质的研究

由于电介质中束缚电荷的正、负电荷中心不重合产生了电极化，使其具有传递、存储或者记录电的特征。由于电极化的过程与物质的结构联系紧密，再加上铁电性质具有自发极化和发生相转变温度等特点，便可根据目标化合物在不同温度下的介电响应情况，来判断它们是否具有相变特性。铁电材料具有很多独特的性能，电滞回线是判断铁电材料最重要的特征之一，这也是区别其他介电质的一种重要途径，铁电性质的研究主要从电滞回线里观测包括饱和极化值、极化翻转的性质，以及耐疲劳等特性，这些性能的优劣与材料的应用前景息息相关。

王刚等[①]利用芳香多羧酸（间苯二甲酸和5-羟基间苯二甲酸）配体在溶剂热条件下合成两例配位聚合物。它们都结晶在非中心对称的空间群（*Cc*），铁电测试表明它们都具有铁电行为。

付大伟等[②]合成了一种新型的二异丙胺溴盐，其自发极化率为23 μC/cm²，与钛酸钡的相近居里温度是426 K，高于钛酸钡，并具有高介电常数和低介电损耗的优点，同时该化合物具有良好的压电和界限清楚的铁电畴。

7.3.2 铁电性质测试仪

利用美国Radiant公司提供的PREMIER Ⅱ型铁电性能测试仪能够进行铁电性质的测试。对结晶于铁电材料10种极性点群之一的配合物，进行选择性培养，制备出一定尺寸的单晶，从不同晶面涂覆导电银胶，测试极化强度 P 与外加电场强度 E 的关系曲线、外电场 E 为零时的剩余极化强度 P_r、极化强度为零时的矫顽电场强度 E_c、整个晶体成为单畴

---

① 王刚．溶剂热条件下新型金属有机配位聚合物的合成、结构和性能研究[D]．长春：吉林大学，2010.

② 付大伟，熊仁根．二异丙胺系列高温分子铁电材料研究进展[J]．中国基础科学，2014，16（6）：3-9.

晶体的自发极化强度 P 及介电常数随温度变化的关系,找出其相变温度,测试晶体的自发极化消失时的温度。[①]

7.3.3 介电以及差示扫描量热等性质测试仪

通过 RT6000 铁 - 介电性能综合测试仪测试材料的介电性质。以信号发生器输出端的负电极作为参考,得出两端信号的幅度 V_0 和 V_p 及其相位差 θ ,由微处理器中的相关数字解调进行计算,得到待测铁电薄膜的等效电阻值 R_p 和等效电容量 C_p ;计算出待测铁电薄膜的相对介电常数 ε_r 和介质损耗 $tg\delta$,测试样品介电常数在不同温度及不同频率下的变化规律,研究化合物的相变温度。通过 Q2000 DSC 测试晶体吸收(或放出)热量发生的明显变化,与介电常数变化进行相互验证,并通过结构进行证实。[①]

作为铁电现象存在的直接证据,一些影像技术,如光学法、扫描显微镜法、扫描探针显微镜法等,可以将电畴模式可视化。可视化和电畴模式操控技术的进步是铁电畴广泛应用的关键。本章涉及的金属 - 有机框架配合物涵盖了相当广泛的化合物,除了经典的 MOFs(金属离子或金属簇通过不同的有机配体连接形成一维、二维或三维结构),还包括无机和有机部分通过氢键连接而形成的零维离子化合物。之所以将氢键离子化合物放在 MOFs 里面讨论,原因是氢键具有共价键、范德华力、离子甚至阳离子 $\pi-\pi$ 作用的特征,这些特征使之在超分子相互作用中变得非常独特。例如,在氢键铁电体中,通过氢键进行的质子转移能够引发铁电相变。

铁电体 MOFs 是由阴离子或有机配体组成的,临界温度下通常伴随结构相转变,本章在介绍的时候尽量避免覆盖铁电体的各个方面,只把重点放在对它们的合成、结构分析、介电性和铁电性的研究上。铁电体 MOFs 的介电行为在外加电场的低频范围(<10 MHz)会受到限制,因此本章只详细描述介电常数(ε')的真实部分,不讨论其弛豫性质。

---

① 于银梅.三脚架咪唑配合物和冠醚包合物的组装、结构及铁—介电性质研究[D].赣州:江西理工大学,2014.

7.4　常见的配位聚合物铁电材料

进行分子设计时，能够把不对称分子（如低对称性 / 手性桥联配体、低对称性 / 手性抗衡离子等）加入反应体系，从而和金属离子发生反应形成配位聚合物，这是制得非中心对称晶体的重要方法，也是制得金属－有机铁电体的重要方法。

7.4.1 一维链状结构配位聚合物铁电材料

7.4.1.1 低对称桥联配体组装的一维配位聚合物

在反应体系中使用不对称配体来制得配位聚合物，是形成非中心对称晶体的重要方法。在水热体系中，使用含有—CN 基团的第对称配体，引入 N_3^-，通过[3+2]环加成反应，能够制得新的含四氮杂环的低对称桥联配体 L（反 -2,3- 二氢 -2-（4′ - 吡啶基）-3-（3′ - 苯腈基）苯并吲哚），配体 L 能够与 Cd（Ⅱ）产生原位及组装，从而制得非中心对称的一维配位聚合物 $[Cd(L)_2(H_2O)_2]_n$。

如图 7-7 所示，是一维配位聚合物 $[Cd(L)_2(H_2O)_2]_n$ 的制备过程。

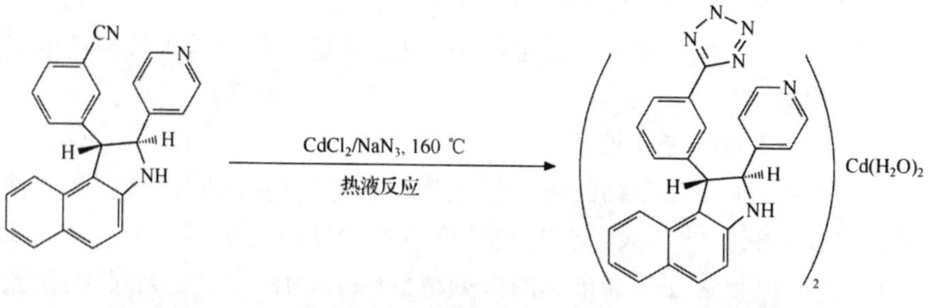

图 7-7　一维配位聚合物 $[Cd(L)_2(H_2O)_2]_n$ 的制备过程

配位聚合物 $[Cd(L)_2(H_2O)_2]_n$ 中的 Cd（Ⅱ）离子，能够形成第对称 V 形桥连配体相互连接起来，从而得到 M_2L_2 环状一维链。如图 7-8 是配位聚合物 $[Cd(L)_2(H_2O)_2]_n$ 的晶体结构。

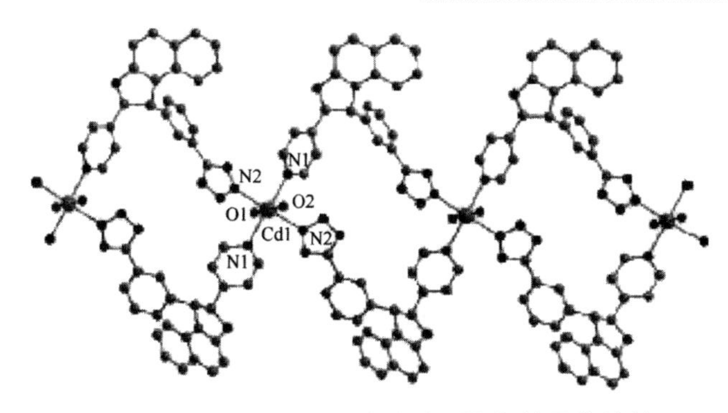

图 7-8　配位聚合物 $[Cd(L)_2(H_2O)_2]_n$ 的晶体结构

晶体所属空间群为非中心对称的 *Aba*2 群，*P* – *E* 测定结果表明，该配位聚合物具有弱的铁电行为，剩余极化强度 P_r 为 0.12 ~ 0.28 μC · cm²，矫顽场 E_c 为 10 kV · cm 。

在手性配体 HQA（6- 甲氧基 –（8 *S*，9 *R*）– 奎宁基 -9- 醇 -3- 羧酸）中加入 $ZnCl_2$，能够得到手性一维配位聚合物晶体 $[(HQA)(ZnCl_2)(2.5H_2O)]_n$。晶体所形成的空间群是手性的 *P*1 群，Zn（Ⅱ）离子之间利用 HQA 配体中的喹啉环氮原子及羧基氧原子可以发生桥连，从而得到一维链。图 7-9 为一维配位聚合物 $[(HQA)(ZnCl_2)(2.5H_2O)]_n$ 的晶体结构。

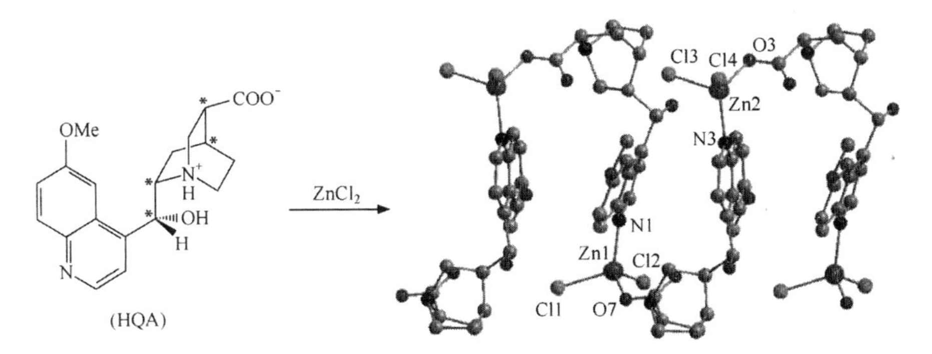

图 7-9　一维配位聚合物 $[(HQA)(ZnCl_2)(2.5H_2O)]_n$ 的晶体结构

配合物中羧酸质子转移到另外一个氮原子上，以保持晶体的整体电中性，同时配体分子成为大的偶极分子。*P* – *E* 测定结果表明，该配位聚合物具有弱的铁电行为，剩余极化强度 P_r 为 0.04 C · cm^{-2}，矫顽场 E_c 为 25 kV · cm^{-1}。化合物在 T_c 温度下的活化能 $E = 0.94$ kJ · mol^{-1}，弛豫时间 $\tau_0 = 1.6 \times 10^{-5}$ s，表明该化合物的弱极性特征。其铁电行为是由链间的偶极作用弛豫过程造成的。

7.4.1.2 含季铵离子的一维配位聚合物铁电材料

将季铵离子引入配位聚合物中,通过控制温度的变化能够使季铵离子发生有序—无序转变,这有可能促使化合物产生铁电效应。化合物 $[Me_4N]CdBr_3$ 在室温下属六方晶系,$P6_3/m$ 空间群。$[CdBr_3]^-$ 沿 c 轴方向形成一维链,$[Me_4N]^+$ 四面体无序排列。在温度下降的条件下,化合物 $[Me_4N]CdBr_3$ 由室温无序相变为低温有序相,温度低于156 K 时,其铁电相所属空间群为 $P6_1$。图 7-10 为配位聚合物 $[Me_4N]CdBr_3$ 在高低温变化时空间群的转变。

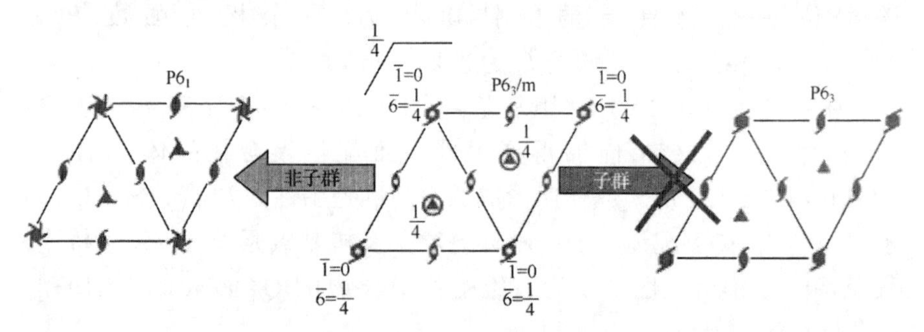

图 7-10 配位聚合物 $[Me_4N]CdBr_3$ 在高低温变化时空间群的转变

从图 7-10 不难发现,对称元素数目由 12(E, $2C_6$, $2C_3$, C_2, i, $2S_3$, $2S_6$, σ_h)转变为 6(E, $2C_6$, $2C_3$, C_2),这说明发生的相变属于二级相变。但是,改配位聚合物所属空间群 $P6_1$ 并不是顺电相空间群 $P6_3/m$ 的子群,这说明发生的箱变不满足 Curie 对称性原理,因此,该相变并不是简单的有序—无序型相变而具有部分位移型相变的特征。

如图 7-11 所示,晶体沿不同方向表现出不同的介电特性。沿 c 轴方向,在低于 Curie 温度 156 K 时表现出铁电性。125 K、50 Hz 下电滞回线得到其饱和极化强度 P_s 为 0.12 μC · cm^{-2}。此外,沿 a 轴方向,介电常数随温度的降低而减小,在 156 K 时突然增大,导致"入"形曲线最大值的出现。然而,相变点介电常数的变化仅为 20%,且在温度高于 156 K 时并没有出现典型的 Curie-Weiss 规律所描述的特征。该化合物的铁电相变与 $[Me_4N]^+$ 四面体的有序—无序排列密切相关。

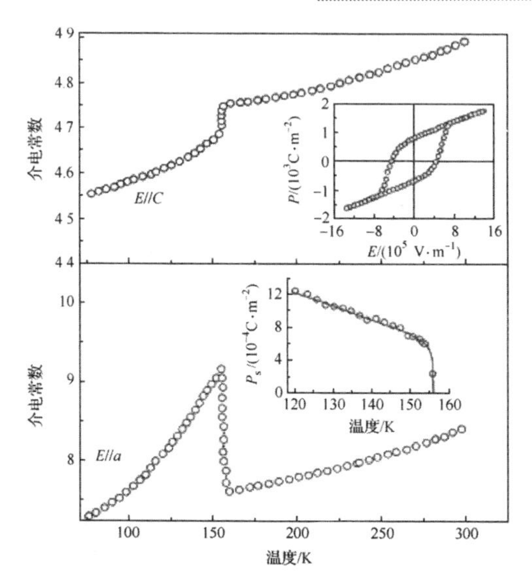

图 7-11 $[Me_4N]CdBr_3$ 晶体沿不同方向表现不同的介电/铁电特性

从当前研究进展出发，在所有 $[Me_4N]MX_3$ 型铁电化合物中，$[Me_4N]HgX_3$（$X = Cl^-, Br^-, I^-$）的晶体结构与 $[Me_4N]CdBr_3$ 是截然不同的。$[Me_4N]HgX_3$（$X = Cl^-, Br^-, I^-$）类化合物的饱和极化强度值在 1～3 μC/cm² ，是其他已知 $[Me_4N]CdBr_3$ 类似化合物的若干倍。这可能是由于 $[Me_4N]HgX_3$ 的铁电相形成机制与化合物 $[Me_4N]CdBr_3$ 的形成机制不同所造成的。

与之类似的一维结构含季铵盐化合物 $[C_5H_{10}NH_2]_2BiCl_5$、$[C_5H_{10}NH_2]_2BiBr_5$ 和 $[C_5H_{10}NH_2]_2SbBr_5$ 属于典型的有序-无序型铁电配位聚合物。

配位聚合物 $\{[C_5H_{10}NH_2]_2BiCl_5\}_n$ 的晶体结构属于正交晶系、铁电相为 $Pna2_1$ 空间群；配位聚合物 $\{[C_5H_{10}NH_2]_2BiBr_5\}_n$ 和 $\{[C_5H_{10}NH_2]_2SbBr_5\}_n$ 也属于正交晶系，铁电相为 $P2_12_12_1$ 空间群。配位聚合物 $\{[C_5H_{10}NH_2]_2BiCl_5\}_n$ 由 $[BiCl_5]^{2-}$ 阴离子链和 $2n$ 个 $[C_5H_{10}NH_2]^+$ 阳离子组成，$2n$ 个阳离子中 n 个是有序的，另外 n 个是无序的。

上述三种化合物都在高温区域发生结构相变，且具有相似的相变机理，即有序—无序相变。电滞回线表明三种化合物均具有一级相变的特征。有趣的是，含氯化合物的相变温度比类似的含溴化合物的相变温度低 20 K（分别在 344.5 K 和 363.5 K 发生铁电相变），这可能由以下两个原因造成：

①由氯原子到溴原子半径增大,使得有机阳离子所占的空穴增大,有利于阳离子在低温时的旋转运动。

②溴的氢键作用比氯弱。

7.4.2 二维层状结构配位聚合物铁电材料

7.4.2.1 含季铵离子的二维配位聚合物铁电材料

以化合物$[Me_2NH_2]_3Sb_2Cl_9$为例,其顺电相属单斜晶系、$P2_1/c$空间群。在温度下降到242 K以下时,c滑移面便不存在了,从而形成铁电相空间群P_c。晶体结构测定表明,其阴离子点阵是由变形的$[SbCl_6]^{3-}$八面体连接而成的与bc面平行的平面层状结构。图7–12为二维层状结构配位聚合物铁电体$A_3Sb_2X_9$($A=[Me_2NH_2]^+$,$[Me_3NH]^+$)的结构。

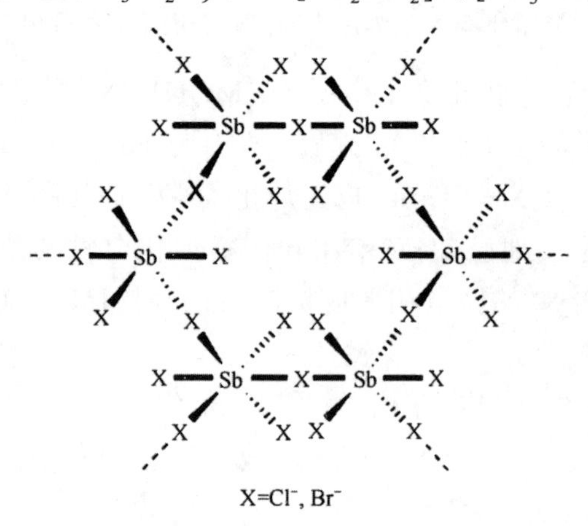

图7–12　二维层状结构配位聚合物铁电体$A_3Sb_2X_9$($A=[Me_2NH_2]^+$,$[Me_3NH]^+$)的结构

在每一个独立的晶胞中,有2个$[Me_2NH_2]^+$阳离子与氯离子结合得到氢键。其中,一个阳离子位于层与层间,另一个阳离子位于由6个$[SbCl_6]^{3-}$八面体形成的空隙中,这两种阳离子都属于无序排列,这对铁电相转变机理的形成有重要意义。较低温度下阳离子$[Me_2NH_2]^+$趋于有序,说明该化合物铁电相转变为有序–无序型相变,即顺电–铁电相变是由$[Me_2NH_2]^+$阳离子的冻结引起的。

另外,一个重要的含季铵离子的二维配位聚合物铁电体是$[EtNH_3]_2CuCl_4$,该配位聚合物是并不常见的铁磁/铁电共存的多铁材料。图 7-13 为二维层状结构配位聚合物铁电体 $[EtNH_3]_2CuCl_4$ 的结构。

室温下,配位聚合物 $[EtNH_3]_2CuCl_4$ 属正交晶系 *Pbca* 空间群。晶体由 $[EtNH_3]^+$ 阳离子层与 Cl 桥联的 Jahn – Teller 畸变 Cu^{2+} 阴离子层交替排列组成钙钛矿型结构。$[EtNH_3]^+$ 阳离子的构型和取向变化以及 Cu^{2+} 的 Jahn – Teller 效应导致随温度变化,配位聚合物的结构发生一系列变化。随着温度升高,结构转变过程可以表示为: triclinic ($T_4 = 232\ K$) → Pbca ($T_3 = 330\ K$) → rhombic ($T_2 = 356\ K$) → $P2/c$ ($T_1 = 364\ K$) → $Bbcm$ 。在铁电相转变温度 T_c 以下,晶体的空间群为 $Pca2_1$,该空间群属于室温相所属空间群 *Pbca* 的子群。

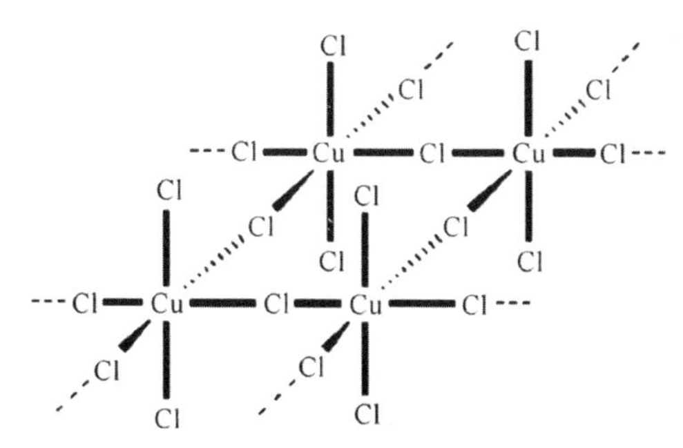

图 7-13 二维层状结构配位聚合物铁电体 $[EtNH_3]_2CuCl_4$ 的结构

配位聚合物 $\left[EtNH_3\right]_2 CuCl_4$ 变温磁化率测定表明, Cu (Ⅱ)离子间存在铁磁相互作用,且铁磁相转变温度为 $T_c = 10.2\ K$ 。在 5 K 下磁化强度快速达到饱和。化合物表现为二维 Heisenberg 铁磁体,层内相邻 Cu (Ⅱ)自旋间的偶合参数 $J / k_B = 18.6\ K$ 。

7.4.2.2 离子型二维配位聚合物铁电材料

$Fe\left(Et_2dtc\right)_3$ (Et_2dtc^- = 二乙基二硫代氨基甲酸)的 $CHCl_3$ 溶液与 $CuCl_2 \cdot 2H_2O$ 的乙腈溶液反应,制得混合价态的离子型二维配位聚合物 $[Cu^{I}_4Cu^{II}(Et_2dtc)_2][Cu^{II}(Et_2dtc)_2]_2(FeCl_4)$ 。

X 射线单晶结构分析表明,该二维配位聚合物由单核桥联单元 $Cu(Et_2dtc)_2$ 连接五核 $[Cu_5(Et_2dtc)_2Cl_3]$ 结构片段,形成带正电荷一维链, $[FeCl_4]^-$ 阴离子通过静电力将上述一维链进一步连接为二维结构(图 7-14)。

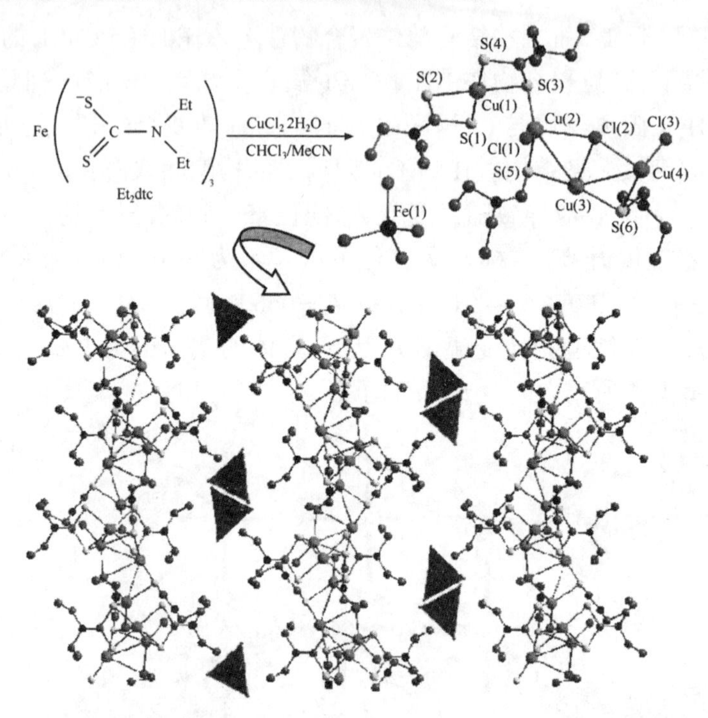

图 7-14 $[Cu^{I}_{4}Cu^{II}(Et_2dtc)_2][Cu^{II}(Et_2dtc)_2]_2(FeCl_4)$ 的组装及晶体结构

P - *E* 测定结果表明,该配位聚合物具有明显的铁电行为,在 260 K 下出现电滞回线。但晶体结构分析表明,该配位聚合物所属空间群为中心对称群 *Pnma*,出现这一反常现象的原因有待进一步深入研究。

7.4.2.3 手性桥联配体组装的二维配位聚合物

使用单一手性桥联配体进行自组装,是制得手性晶体的重要方法。有学者利用手性配体 H-Q（质子化奎宁）与 $CuCl_2$ 进行组装,制得了手性二维配位聚合物晶体 $[Cu_8X_{10}(H\text{-}Q)_2]_n (X=Cl,Br)$,如图 7-15 所示。晶体所属空间群为手性的 *C*2 群, Cu（Ⅱ）离子分别通过 H-Q 配体中的喹啉环氮原子及乙烯基 π 电子基进行桥联,从而制得二维结构。

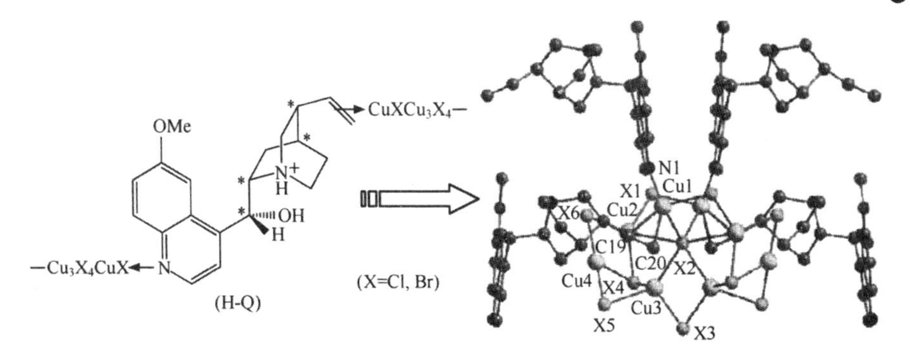

图 7-15 手性桥联配体组装的二维配位聚合物 $[Cu_8X_{10}(H\text{-}Q)_2]_n(X=Cl,Br)$ 的晶体结构

P–E 测定结果表明，该配位聚合物具有铁电行为，剩余极化强度 P_r 为 0.12 μC·cm^{-2}，矫顽场 E_c 为 5.0 kV·cm^{-1}。化合物在 T_c 温度下的活化能 E=0.94 kJ·mol^{-1}，弛豫时间 $t_0=1.6\times10^{-5}$ s，表明该化合物的弱极性特征。其铁电行为是由链间的偶极作用弛豫过程造成的。

7.4.3 三维骨架结构配位聚合物铁电材料

7.4.3.1 三维骨架结构 AM（HCOO）$_3$ 型铁电材料

在三维骨架结构配位聚合物铁电体 $AM(HCOO)_3$ 中，A 表示 NH_4^+ 或 $[Me_2NH_2]^+$，M 表示二价金属离子 Zn^{2+}、Mn^{2+}、Co^{2+}、Fe^{2+} 或 Ni^{2+}。

化合物 $(NH_4)Zn(HCOO)_3$ 在室温条件下晶体结构属六方晶系、$P6_322$ 手性空间。当温度下降到 192 K 以下时，$P6_322$ 空间群中，沿 ab 平面方向的二次轴和二次螺旋轴消失，沿 c 轴方向的六次轴、三次轴和二次螺旋轴保持不变，最终使低温相形成 $P6_3$ 空间群，属空间群 $P6_322$ 的一个子群。在 100 Hz～1 MHz 的频率范围内，沿 c 轴方向交流介电常数的实部 ε' 随温度的变化曲线在 192 K 处出现最大值，这说明在该温度下发生了铁电相转变。$1/\varepsilon$ 随温度的变化在 210～260 K 温度范围内很好地满足 Curie 定律，Curie 常数 $C=5.39\times10^3$ K。介电行为与有序－无序型铁电化合物 KH_2PO_4 和 TGS 类似。沿 c 轴方向作化合物 $(NH_4)Zn(HCOO)_3$ 的电滞回线，结果表明在略低于 T_c 的 189 K 时出现特征的滞后曲线，饱和极化强度 $P_s=1.03\ \mu C/cm^2$，矫顽场 $E_c=2.8\ kV/cm$。NH_4^+ 阳离子的有序－无序排列是铁电性出现的原因。

对于类似的 3D 配位聚合物$[Me_2NH_2]M(HCOO)_3$（ M = Zn^{2+} , Mn^{2+} , Co^{2+} , Fe^{2+} , Ni^{2+} ）。引起铁电相变的原因是$[Me_2NH_2]^+$阳离子的有序－无序在低温下冻结所致。当温度高于 T_c 时，阳离子可以在由$[M(HCOO)_3]^-$骨架形成的八面体空穴中旋转，而当温度低于 T_c 时，这种旋转被冻结。

7.4.3.2 普鲁士蓝类三维骨架结构铁电材料

有研究报道了普鲁士蓝类三维骨架结构非整比配位聚合物 { $\{Rb_{0.82}Mn^{II}_{0.20}Mn^{III}_{0.80}[Fe^{II}(CN)_6]_{0.80}[Fe^{III}(CN)_6]_{0.14}\cdot H_2O\}$ ，如图 7–16 所示。变温 XRD 测试表明，在高温下（ 276 K ）晶体属中心对称空间群 $F43m$ ，在低温下（ 184 K ）晶体则属非中心对称的 $F222$ 群。

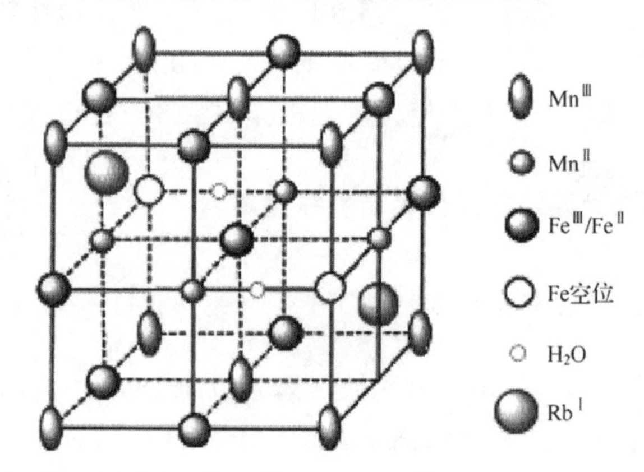

图 7–16 $\{Rb_{0.82}Mn^{II}_{0.20}Mn^{III}_{0.80}[Fe^{II}(CN)_6]_{0.80}[Fe^{III}(CN)_6]_{0.14}\cdot H_2O\}$ **的晶体结构**

磁性测定表明，配位聚合物 $\{Rb_{0.82}Mn^{II}_{0.20}Mn^{III}_{0.80}[Fe^{II}(CN)_6]_{0.80}[Fe^{III}(CN)_6]_{0.14}$ $H_2O\}$ 为铁磁体，其铁磁相转变温度为 $T_c = 11\ K$ 。$P - E$ 测试表明，低温下该配位聚合物出现电滞回线，77 K 时，剩余极化强度 $P_r = 0.041\ \mu C/cm^2$ ，矫顽场 $E_c = 17.5\ kV/cm$ 。其铁电行为与体系中非整比存在的 Fe^{II} 、Fe^{III} 、Fe 空位、Mn^{II} 及 Jahn－Teller 变形的 Mn^{III} 离子有关。

7.4.3.3 手性桥联配体组装的三维配位聚合物

利用外消旋的手性配体 rac–Hpapa（3–（3– 吡啶基）–3– 氨基－丙酸）与 $Cd(ClO_4)_2\cdot 4H_2O$ 在 MeOH 中进行溶剂热反应（ 78 ℃ ），可以得到非中心对称的二重互穿网络三维配位聚合物晶体 Cd（ rac–papa ）（ rac–Hpapa ）] ClO_4H_2O ，其结构及组装过程如图 7–17 所示。晶体所属空间群为非中心对称的 *Cc* 群。*P* – *E* 测定结果表明，该配位聚合物具有铁电行为，电滞回线显示，剩余极化强度 P_r 为 0.18 ~ 0.28 μC/cm²，矫顽场 E_c 为 1.0 kV/cm 。

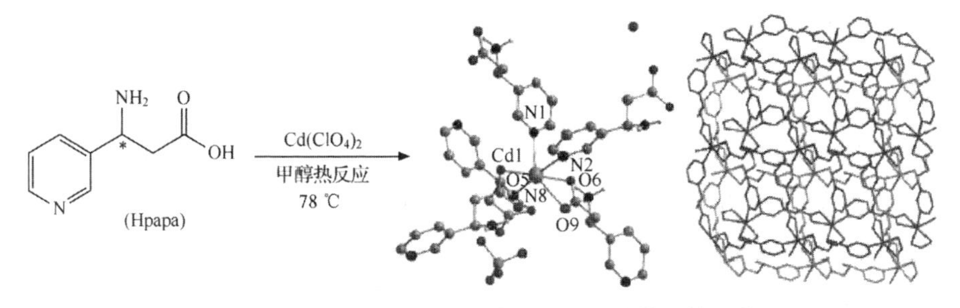

图 7–17　$[Cu_8X_{10}(H\text{-}Q)_2]_n$ (X=Cl, Br) 的晶体结构

尽管已经取得了令人瞩目的成绩，但是由于缺乏对铁电现象基本的了解，配位聚合物铁电体的研究和应用仍受到很大限制，这一领域还需要长期探索。未来对配位聚合物铁电体的研究将包括高性能铁电体，如接近室温的相转变温度和强烈的极化作用。结合晶体工程原理和配合物的构筑策略，设法精确调节配位聚合物中不同的阴阳离子组分是达到这一目标的有效途径。同时，对铁电现象起源的深入研究也必不可少。对于化学家来说，这是一项既有挑战性又充满趣味的工作。这些研究需要用到多种理论工具，因此物理学家和材料学家的帮助是必不可少的。

7.5　金属 – 有机框架配合物的多铁性质

科学技术快速发展，对小型器件的要求越来越高，这就意味着需要同时具备两种或两种以上功能的新材料，来满足发展的需要，并期望获得新型的多功能材料。应用铁磁材料制得的此存储器件已经得到了广泛应用，应用铁电材料制得的铁电随机存储器有非挥发性和写入速度高等优点，这就预示着将两者合二为一会给科技的发展带来巨大的应用前景。

20 世纪，随着铁电体的发现，人们就试图将铁电性和磁性联系起来，因为它们之间有很多相似性。“多铁”这一定义是由瑞士日内瓦大学的 Schmid 首次提出的，即同时具有两种或者两种以上基本铁性（如铁磁性、铁电性）的材料称为多铁材料。但随后经历了 20 多年的低潮。直到 2001 年，在压电材料 Terfenol–D 复合体系中理论预测并实验观察到巨磁电效应，才迎来了多铁性复合材料的研究高潮。在多铁性复合材料中，磁电耦合是非本征行为，目前已在多种磁电复合材料中观察到了室温巨磁电效应，导致了可实用的基于这种复合材料的新一代高灵敏磁场探测器件等的出现，为多铁性材料的实际应用带来了新的生机。[①]

过去对多铁材料的研究主要集中在无机双氧化物。对于配位聚合物来说，它具有结构多样性、可调控性等优良特点，因此必定能带来多铁材料的新发展。2006 年，Kobayashi 课题组报道了第一例多铁配位聚合物，其铁磁有序温度为 T_c=8.1 K，猜想铁电性质可能来源于客体分子。之后，熊仁根等合成并表征了第一例基于稀土的多铁配位聚合物，其铁磁有序温度为 T_c=6 K，铁电参数小于常见的 KDP，但是与 $NaKC_4H_4O_6 \cdot 4H_2O$ 相当。

根据晶体工程原理，在设计 MOFs 时，将两种分别具有不同性能的组分通过化学方法组装在一起，就有可能制备出多功能材料。多铁配合物的获得就是对这一思路的成功实践。然而，目前报道的多铁金属 - 有机框架配合物仅仅是两种性质的共存，还没能实现二者的相互耦合。从应用前景角度考虑，我们更需要两种性能之间的耦合，也就是说内在的磁性可以被电场改变或者内在的电极化作用能够被磁场改变。尽管科学家们在这方面也做了很多努力，但尚未取得突破性进展，仍然需要深入细致地研究。此外，一旦实现 MOFs 中客体分子对铁电性质的调节，多种多样的新材料将不断涌现，如客体调节的光敏铁电体。毫无疑问，该领域的研究将极大丰富 MOFs 领域的内容。

① 齐岩．低维阻挫系统磁性驱动铁电性的理论研究 [D]．沈阳：东北大学，2010．

参考文献

[1]（瑞士）亚历山大·冯·兹莱夫斯基．配位化合物的立体化学 [M]. 北京：北京理工大学出版社，2018.

[2] 卜显和．配位聚合物化学 上 [M]. 北京：科学出版社，2019.

[3] 卜显和．配位聚合物化学 下 [M]. 北京：科学出版社，2019.

[4] 陈勇强．配位聚合物的结构性能及应用研究 [M]. 北京：中国原子能出版社，2019.

[5] 成飞翔．配位化学 [M]. 北京：科学出版社，2017.

[6] 单秋杰．配合物及其应用 [M]. 哈尔滨：哈尔滨工业大学出版社，2003.

[7] 丁泽扬，汤宗兰．聚合物化学 [M]. 成都：成都科技大学出版社，1990.

[8] 高竹青．功能配位化合物及其应用探析 [M]. 北京：中国水利水电出版社，2015.

[9] 何仁．配位催化与金属有机化学 [M]. 北京：化学工业出版社，2002.

[10] 李晖．配位化学 [M]. 北京：化学工业出版社，2020.

[11] 李晖．配位化学 双语版 [M]. 北京：化学工业出版社，2011.

[12] 林尚安，于同隐．配位聚合 [M]. 上海：上海科学技术出版社，1988.

[13] 林深．配位化学 [M]. 厦门：厦门大学出版社，2019.

[14] 林展如．金属有机聚合物 [M]. 成都：成都科技大学出版社，1987.

[15] 刘祁涛．配位化学 [M].2 版．沈阳：辽宁大学出版社，2002.

[16] 刘伟生．配位化学 [M]. 北京：化学工业出版社，2013.

[17] 刘伟生．配位化学 [M]. 北京：化学工业出版社，2019.

[18] 刘又年,周建良 . 配位化学 [M]. 北京：化学工业出版社,2012.

[19] 刘志亮 . 功能配位聚合物 [M]. 北京：科学出版社,2013.

[20] 刘志伟,卞祖强,黄春辉 . 金属配合物电致发光 [M]. 北京：科学出版社,2019.

[21] 罗勤慧 . 配位化学 [M]. 北京：科学出版社,2012.

[22] 宋廷耀 . 配位化学 [M]. 成都：成都科技大学出版社,1990.

[23] 宋学琴,孙银霞 . 配位化学 [M]. 成都：西南交通大学出版社,2013.

[24] 苏成勇,潘梅 . 配位超分子结构化学基础与进展 [M]. 北京：科学出版社,2010.

[25] 孙为银 . 配位化学 [M]. 北京：化学工业出版社,2004.

[26] 孙为银 . 配位化学 [M].2 版 . 北京：化学工业出版社,2010.

[27] 童叶翔,刘鹏,杨绮琴 . 配位化合物电化学 [M]. 广州：广东科技出版社,2006.

[28] 吴绍起,蔡万福 . 配位化学 [M]. 台北：淡江大学出版部,1983.

[29] 徐志国 . 现代配位化学 [M]. 北京：化学工业出版社,1987.

[30] 杨天林 . 配位化学导论 [M]. 银川：宁夏人民教育出版社,2007.

[31] 杨晓婧,乔永生,杜君,等 . 现代配位化学及其应用 [M]. 徐州：中国矿业大学出版社,2010.

[32] 游效曾,孟庆金,等 . 配位化学进展 [M]. 北京：高等教育出版社,2000.

[33] 卓立宏,郭应臣 . 简明配位化学 [M]. 开封：河南大学出版社,2005.

[34] 游效曾 . 配位化合物的结构和性质 [M]. 北京：科学出版社,2011.

[35] 游效曾 . 配位化合物的结构和性质 [M].2 版 . 北京：科学出版社,2012.

[36] 于丽 . 医药配位化学 [M]. 天津：天津科技翻译出版公司,2006.

[37] 翟慕衡,魏先文,查庆庆 . 配位化学 [M]. 合肥：安徽人民出版社,2007.

[38] 张岐 . 功能配合物研究进展 [M]. 北京：中国原子能出版社,2007.

[39] 章慧 . 配位化学：原理与应用 [M]. 北京：化学工业出版社,2009.

[40] 朱龙观 . 高等配位化学 [M]. 上海：华东理工大学出版社,2009.